AIGC极简入门

Anymose ◎ 编著

科学出版社
北京

内 容 简 介

在科技迅猛发展的今天，生成式人工智能不仅在创意产业、商业领域和教育系统中发挥着越来越重要的作用，也正在改变人们的生活和工作方式。本书以简明易懂的方式介绍AIGC的基本概念和原理，同时精选了多个实用案例，详细讲解如何在实际工作和生活中应用AIGC技术，帮助读者将知识转化为实际操作的能力。

本书适合对AIGC感兴趣但缺乏相关知识的入门读者，同时也适合希望利用AIGC提高工作效率的上班族。通过阅读本书，读者将发现AIGC不仅是一个技术工具，更是一种新的思维方式和创作手段。

图书在版编目（CIP）数据

AIGC极简入门 / Anymose编著. -- 北京 ： 科学出版社，2025. 1. -- ISBN 978-7-03-079971-5

Ⅰ. TP18

中国国家版本馆CIP数据核字第2024CP1199号

责任编辑：孙力维　喻永光 / 责任制作：周　密　魏　谨

责任印制：肖　兴 / 封面设计：DaDa

科 学 出 版 社 出版

北京东黄城根北街16号

邮政编码：100717

http：//www.sciencep.com

北京九天鸿程印刷有限责任公司印刷

科学出版社发行　各地新华书店经销

*

2025年1月第　一　版　　开本：787 × 1092　1/16

2025年1月第一次印刷　　印张：18　1/4

字数：320 000

定价：98.00元

（如有印装质量问题，我社负责调换）

前　言 Preface

撰写背景

在当今科技飞速发展的时代，人工智能已经逐渐渗透到人们的日常生活和工作中。生成式人工智能（AIGC）作为人工智能的一个重要分支，通过生成对抗网络、自然语言处理和深度学习等技术，具备了自动生成文本、图像、音乐和视频等多种内容的能力。这项技术不仅在创意产业、商业领域和教育领域发挥着越来越重要的作用，也正在改变人们的生活和工作方式。

AIGC 的应用在多个行业展现出巨大潜力。例如，在艺术创作领域，AIGC 可以生成独特的画作和音乐作品，为艺术家提供新的创作工具和灵感来源。在商业领域，AIGC 可以帮助企业生成高效的市场营销文案，优化客户服务流程，并通过数据分析来辅助决策。在教育领域，AIGC 可以生成个性化教学材料，辅助教师开展教学，提高学生的学习效率。此外，AIGC 在医疗健康管理领域的应用也正在迅速发展，它能够辅助医生进行疾病诊断，生成个性化的医疗方案，并实时监测患者的健康状况。

然而，对许多初学者和非技术专业的人来说，AIGC 依然是一个陌生且复杂的领域。为了帮助大家轻松掌握 AIGC 的基本原理和实际应用，我撰写了这本《AIGC 极简入门》。本书旨在通过通俗易懂的语言和丰富的案例，系统介绍 AIGC 的核心知识和实操方法，帮助读者尽快理解和掌握应用能力。

读者对象

本书特别适合对 AIGC 感兴趣但缺乏相关知识的新手，同时也适合希望利用 AIGC 提高工作效率的上班族和企业管理者。

对于新手和初学者，本书将带领你从零开始，逐步了解 AIGC 的基本概念和应用，帮助你打下扎实的基础。对于上班族，本书将教你如何利用 AIGC 简化工作流程，提高工作效率，增强职业技能，帮助你在职场中脱颖而出。对于企业管理者，本书将展示 AIGC 在商业领域的广泛应用，帮助你发现业务创新的机会，并提高企业竞争力。

此外，本书还适合自由职业者和创意工作者。AIGC 技术能够为你提供全新的创作工具和灵感来源，提升作品的质量和多样性，拓展业务范围。无论你是艺术家、作家、音乐人还是设计师，书中的案例和应用指南都将为你提供实用的参考和启发。

内容结构

本书分为 4 个部分，每部分都针对特定的主题，帮助读者系统地了解 AIGC 的不同方面。

第 1 部分介绍 AIGC 的基础知识，包括 AIGC 的基本概念、发展历史和主要应用领域。重点是讲清楚 AIGC 是什么、为什么重要以及它能做什么，还介绍了 AIGC 的基本原理，生成对抗网络、自然语言处理和深度学习等技术的基础知识，以及 AIGC 系统的工作流程。

第 2 部分主要讲述 AIGC 的应用场景。这一部分详细探讨了 AIGC 在不同领域的具体应用，无论是在创意产业、商业应用、教育领域，还是在日常生活和医疗健康管理方面，AIGC 的应用都能带来显著的效果和便利。

第 3 部分重点介绍 AIGC 的新手操作指南。通过具体的实操案例，讲解如何使用 AIGC 进行创作、分析和管理，并提供详细的操作步骤和实用技巧。这部分内容将帮助你从零开始，逐步掌握 AIGC 的实际操作方法，快速提升技能水平。

第 4 部分更进一步，探讨 AIGC 的未来与挑战。这一部分展望了 AIGC 的未来发展趋势，讨论了伦理和法律方面的相关问题，从更全面的视角来理解 AIGC 在社会发展中的影响和挑战。

本书目标

- 快速掌握 AIGC 的基础知识，了解其发展历史和主要应用领域。
- 学会利用 AIGC 进行创作、分析和管理，提升实际操作能力。

- 拓展思维，发掘 AIGC 在不同领域的广泛应用潜力。
- 洞察 AIGC 技术的未来发展趋势，理解其对社会发展的影响。
- 认识到 AIGC 在伦理和法律方面的挑战，培养负责任的技术使用意识。

希望本书能帮助你打破对 AIGC 的陌生感，带你走进这个充满无限可能的世界，开启一段全新的旅程。感谢吴恩达教授制作的“GenAI 入门”系列课程，感谢《通往 AGI 之路》文档的全体参与成员，感谢硅谷 AI+ 等伙伴的大力支持，也要特别感谢我的太太潘点点对我的理解与包容。

欢迎你开启这段充满创意和探索的旅程！

目录 Contents

第1部分　AIGC基础入门

第 2 部分　AIGC 内容创作实战

第 3 部分 利用 AIGC 打造“超强大脑”

第4部分 AIGC的终章使用守则

第1部分 AIGC基础入门

AIGC这个词语越来越多地出现在社交媒体中，它是什么？它来自哪里？它能做什么？该如何使用它？接下来为你一一揭晓。

第1章　新手初识AIGC

1.1　什么是AIGC

科技发展如此之快，很多时候我们并不了解一个新事物，但已经被其包围，人工智能（artificial intelligence，AI）便是这一现象的典型代表。人工智能听上去很玄幻，充满了科技感，经常出现在各种科幻作品里。它拥有超越人类的智慧，无所不能，让人感觉既遥远又神秘。然而，时间进入到2024年，AI还是那么陌生又遥远吗？答案可以是“是”，AI的进化速度和效率已经超出了人类的理解，它所展现出来的卓越能力令人叹为观止，仿佛真的遥不可及；答案也可以是“否”，因为今天AI已经悄然融入我们的日常生活，我们已经在不知不觉中深度参与、使用了AI。你不相信？我来给你举一些例子。

此刻，我正打开腾讯文档，准备开始写本书的第1章。当我写下第1行“AIGC极简入门”的时候，文档出现了一个对话框，提示我可以帮助我撰写文档。点击右侧箭头，AI工具马上就开始“书写”了，如图1.1所示。

图1.1　智能写作助手（截自：腾讯文档）

这是腾讯提供的人工智能助手，它可以帮助你快速起草文章、对文章内容提问、总结文章中心思想，甚至可以将文档转换为PDF、PPT等多种格式。AIGC就在这个时候悄无声息地进入了人们的视野，你无须理解它的原理，只需简单操作，真的很顺手。

还有其他案例吗？太多了！当你使用美图秀秀想把照片修得更好看的时候，可以用AI美颜快速实现；当你点了外卖，等待的过程中可以通过AI助手与客服实时沟通、处理订单；当你被营销电话骚扰，正在生气准备发火时，发现对方竟然是AI虚拟人；当你打开小红书浏览感兴趣的文章时，你阅读的标题、文案可能都是 AI 生成的，甚至点了小红心收藏的美好照片，也是 AI 生成的；你不停滑动抖音，在不同的内容上停留，点赞或不喜欢，你可能并不知道，你正在训练自己的个性化推荐 AI……

人工智能生成的文字、图片、视频、音频、代码等内容正在悄然进入我们的世界，现在已经很难辨识哪些内容是人类创造的，哪些内容是 AI 生成的。

让我们回到起点：什么是 AIGC？

很多专业术语都是英文单词的缩写，AIGC 就是英文 artificial intelligence generated content 的首字母缩写，直译过来是“人工智能生成内容”。仔细观察这个组合词，是否有点眼熟？对啦！聪明的你很快就发现了，你肯定听说过图 1.2 中的“UGC”（user generated content，用户生成内容）、“PGC”（professionally generated content，专业生成内容），AIGC 和它们构成法似乎是一样的。

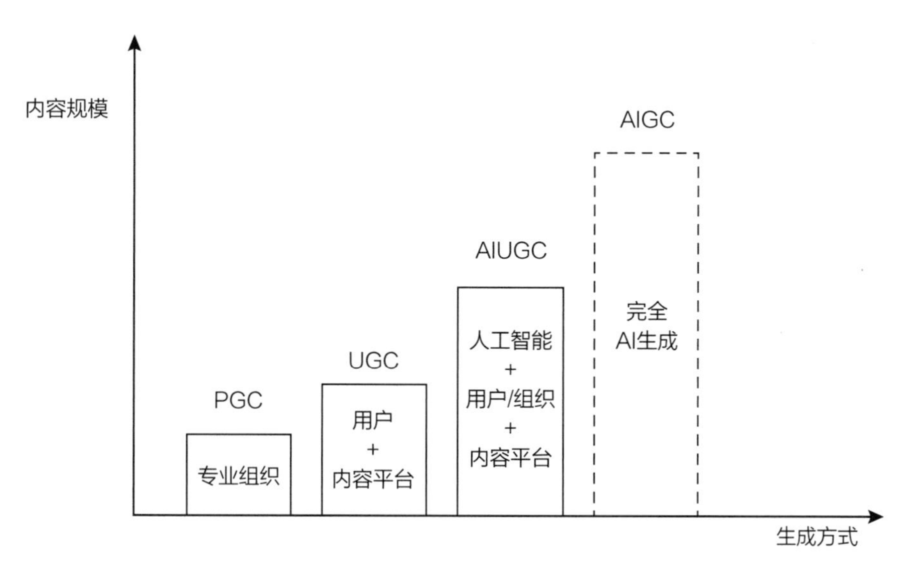

图 1.2　内容生成历史沿革

的确，AIGC 更像是为了方便大众理解而强行塑造的词。而在更大的范畴，业界使用的描述更多是 GAI、GenAI 或 Generative AI（generative artificial intelligence，生成式人工智能）。维基百科这样解释：“生成式人工智能是一种人工智能系统，能够产生文字、图像或其他媒体以回应提示工程”。AIGC 和 GenAI 两个概念有一些细微的差别，有必要详细解释一下。

如图 1.3 所示，AIGC 和 GenAI 在概念上有很多重叠，但 AIGC 更侧重于具体内容的生成，而 GenAI 则涵盖了更广泛的生成任务，包括但不限于内容生成。AIGC 是 GenAI 的一个重要应用领域，GenAI 的应用范围和目标更为广泛和多样。本书中默认提及的 AIGC 都是最接近大众理解的内涵，即“利用人工智能技术生成各种类型的内容，如文本、图像、音频和视频”。AIGC 通常应用于内容创作领域，包括新闻报道、市场营销文案、社交媒体帖子、艺术作品等，其主要目的是借助 AI 技术生成高质量的内容，提升创作效率。但是，技术的边界总是模糊的，本书也会介绍一些旨在提升工作效率、激发设计灵感、提供代码提示的功能。从严格意义上说这些已经超出了“内容”的范畴，应该属于生成式人工智能，为了便于理解，我们统一称为 AIGC，后面不再赘述。

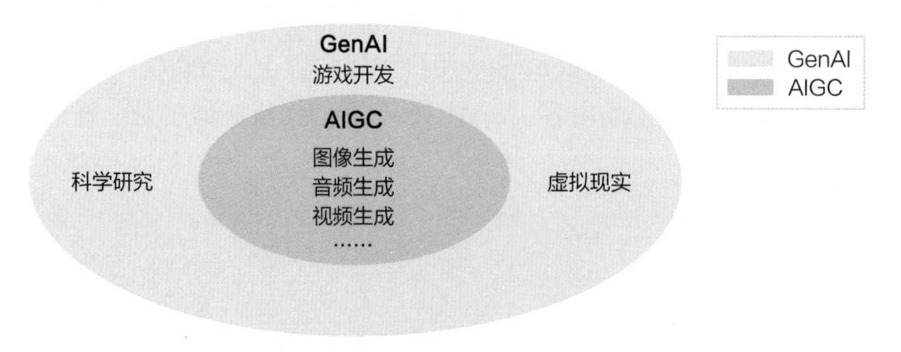

图 1.3　GenAI 与 AIGC 的关系

让我们更进一步，现在，把 AIGC 拆成 A、I、G、C（人工、智能、生成、内容）一个一个来看，再把它组合起来，这样就可以更加清晰地了解 AIGC 是什么。

1.1.1　人工和智能

AI 是由 artificial 和 intelligence 两个英文单词的首字母组成。

artificial 表示人工的、非自然的，这意味着人工智能系统是由人类设计和创建的，而不是自然而然存在的。在 AI 语境下，artificial 指的是这些智能系统和技术是人类运用计算机科学和工程技术创造出来的。例如，苹果公司推出的智能助手 Siri，便是借助复杂的程序和算法实现的，并不是自然存在的生命形式。

intelligence 通常被直译为“智力”“智慧”，它涵盖了理解、学习、推理、解决问题和适应环境的能力，这些都属于认知功能的一部分。在 AI 语境中，

intelligence 指的是计算机系统能够执行类似于人类智力的任务，如学习、推理、理解自然语言、图像识别和做出决策等。例如，AlphaGo 就是一个人工智能程序，它能够下围棋并打败人类冠军，这展示了它所具备的“智慧”。

把两个单词合起来，变成 artificial intelligence，也就是经常见到的人工智能。以 Siri 为例，在人工（artificial）层面，Siri 是由苹果公司的工程师设计和编程的，它包含复杂的代码和算法；在智能（intelligence）层面，Siri 能够理解用户的语音命令、回答问题、设置提醒以及播放音乐，这些功能充分展示了它的语言理解和决策能力。因此，简单来说，人工智能就是让机器能够模拟人类思考和行动的技术。

1.1.2 生　成

“生成”（generate）是 AIGC 中的核心组成部分，指的是人工智能系统利用算法和模型自动生成各类内容，如文本、图像、音频和视频等。理解“生成”的过程可以帮助我们更好地把握 AIGC 的工作原理和应用。内容生成的过程通常涵盖以下几个步骤（图 1.4）。

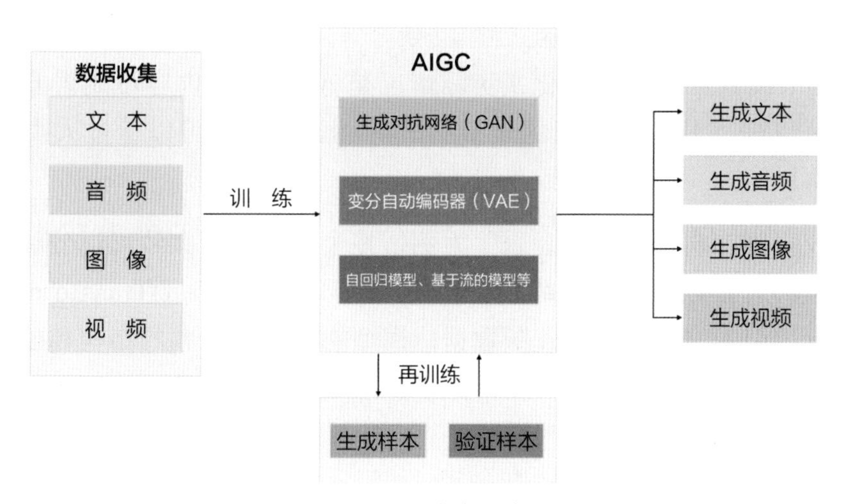

图 1.4　AIGC 内容生成过程

1. 数据收集

人工智能系统的高效运作依赖于庞大的训练数据，这些数据广泛来自于互联网、数据库、传感器等多种渠道，比如，生成文本需要大量文本数据作为支撑，生成图像则离不开丰富的图像数据。收集的原始数据需要经过清洗、标注和预处理，以确保数据的质量和一致性，例如，文本数据需要去除噪声和重复内容，图像数据则需要进行标准化处理并准确标注。

2. 模型训练

根据生成内容的类型，选择合适的 AI 模型。常用的模型包括生成对抗网络（generative adversarial network，GAN）、变分自动编码器（variational auto encoder，VAE）、循环神经网络（recurrent neural network，RNN）和 Transformer 模型等。利用处理好的数据对模型进行训练，使其能够从数据中捕捉并学习到各种模式和特征，训练过程通常需要消耗大量的计算资源和时间。

3. 内容生成

用户通过输入关键词、主题或其他具体需求，告诉 AI 系统需要生成什么样的内容。训练好的模型根据用户的输入生成全新的内容。例如，文本生成模型能够根据给定的主题创作文章，而图像生成模型则可以根据描述生成相应的图像。

4. 结果优化

图 1.4 中没有给出结果优化，实际情况是 AI 生成的内容可能需要进一步审核和优化，以确保其达到所需的质量和准确性。这一步可以通过人类编辑的介入，或借助其他 AI 工具来完成。

以生成一段“欢快的电子音乐”为例，整个创作流程大致可以分解为：收集海量的音乐和音频数据作为训练素材；使用循环神经网络或 Transformer 模型进行训练，通过深入学习大量的音频数据，模型能够理解音频的结构和模式；用户根据需求输入音乐风格或主题，模型生成相应的音乐片段。

1.1.3 内　容

“内容”（content）作为 AIGC 的产出结果，涵盖多种内容格式，当然也包括更广泛意义上的 GenAI 产物。从实际应用的角度出发，主要的内容格式包括文本、音频、图像、视频、代码等，并且它们之间又存在着相互转化的可能性。

1. 文　本

文本是最常见的内容格式，也是我们与计算机进行交互的主要方式之一。利用单词或单词标记进行训练的 AIGC 系统，如 GPT-3、LaMDA、Llama、BLOOM、GPT-4、Gemini 等，能够进行自然语言处理（natural language processing，NLP）、机器翻译和自然语言生成，还可以作为其他任务的基础模型。AIGC 的广泛应用让文本有了更多的应用场景。

（1）新闻写作。可以使用 AIGC 自动生成新闻报道，尤其是在财经报道、体育赛事和天气预报等需要频繁更新和标准化格式的领域。AI 系统能够快速处理和分析数据，生成准确且实时的新闻内容。例如，华尔街日报和美联社已经开始使用 AIGC 技术撰写财经报道和股票市场新闻。

（2）市场营销。AIGC 能够生成市场营销文案，包括广告语、产品描述和社交媒体内容。通过分析消费者数据和市场趋势，AI 系统可以创建高度定制化和有效的营销内容，从而提高品牌的曝光率和影响力。

（3）客户服务。智能客服机器人利用 AIGC 生成对话内容，为客户提供及时、准确的服务。这些机器人可以回答常见问题，处理客户投诉，并引导用户完成购买流程，大大提升客户体验和满意度。

（4）内容创作。AIGC 可以辅助作家和创意工作者进行内容创作，包括小说、剧本和博客文章等。AI 系统可以根据关键词生成故事大纲、情节发展和角色对话，帮助创作者克服写作障碍，提高创作效率。

（5）教育。在教育领域，AIGC 可以用来生成教学材料、考试题目和学习指南。AI 系统能够根据不同学生的需求和学习进度，提供个性化的学习内容，从而提升教育质量和学生的学习效果。

（6）翻译。AIGC 在翻译领域的应用也非常广泛。通过自然语言处理技术，AI 系统可以快速准确地将文本从一种语言翻译成另一种语言，广泛应用于跨国企业和国际交流中。

真是令人惊叹！人工智能究竟是如何对文本进行处理并实现这些不可思议的功能呢？别着急，这些原理我们会在后面的章节里详细介绍，比如自然语言处理、生成对抗网络、预训练语言模型、序列到序列模型、强化学习等。如果你继续追问，仅仅是自然语言处理涉及的文本生成模型就包括 LSTM、Word2vec、ELMo、Transformer、BERT、GPT 等，这些技术术语可能听起来有些晦涩难懂，那么能否用通俗一点的例子来说明原理？

图 1.5 给出了 AIGC 生成文本的简要流程。当我们谈论 AIGC 在文本生成方面的应用原理时，可以用一个简单的比喻来解释。想象你是一位作家，正在写一篇文章。你需要考虑语法规则、词汇选择以及句子结构，以确保文章通顺、连贯。在 AIGC 的世界里，这个作家变成了一个虚拟的“写作机器”，它通过学习大量的文本数据，自动掌握语言的规律和特点。

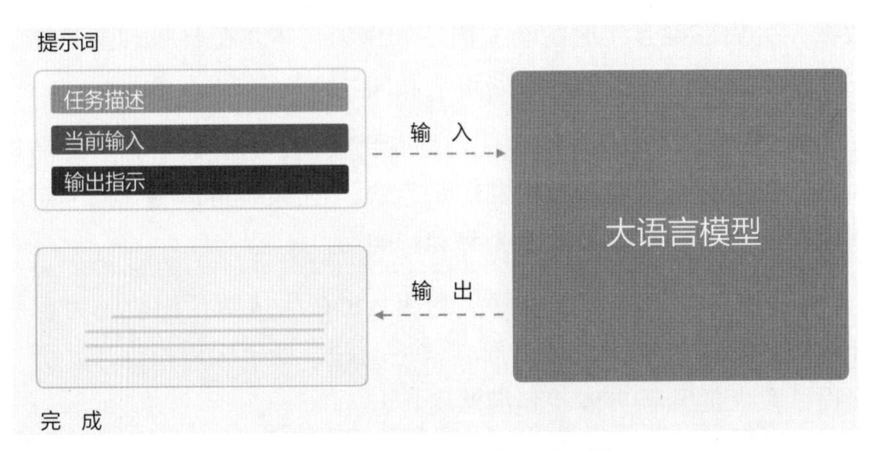

图 1.5　AIGC 生成文本简要流程

这个“写作机器”的工作原理有点像一个巨大的“语言游戏”，它会根据输入的提示或指令，像解开谜题一样，逐步生成文章的内容。例如，如果你让这个“写作机器”写一篇新闻报道，它会首先明确报道的主题和要点，然后根据已有的新闻样本，自动生成符合规范的报道内容。

这种生成过程又有点像一种“模仿游戏”，AIGC 会尽量模仿已有的文本样本，以确保生成的内容质量和风格与现实中的文章相似。但与真正的作家不同的是，AIGC 并没有情感和创造力，它只是根据已有的数据进行模式匹配和生成。在这个过程中，AIGC 还会不断地进行“反馈学习”，就像一个不断修正错误的学习者。每次生成内容后，它都会接受反馈并根据反馈调整生成策略，逐步提升自己的表现。

最后，AIGC 完成文本生成后，会呈现给你，你可以对生成的文本进行评价和修改。如果你对生成的文本不满意，可以提出修改意见，AIGC 会再次进行调整，直到满足你的要求。

2. 图　像

图像生成无疑是 AIGC 应用中的一个亮点，我们可以借助计算机算法和模型，通过文生图、图生图等方式创造出新图像，或者利用 AI 工具直接对图像进行优化、调整和处理。下面，我用更通俗易懂的语言来解释 AIGC 生成图像的原理。

想象一下，AIGC 就像一位画家，他能根据你的要求创作出各种各样的作品。这位画家有一支神奇的“画笔”和一本神奇的“画册”，“画笔”可以根据指令在画布上绘制图案，而“画册”则存储了多种不同风格的图案。

当你让这位画家画一幅海滩的风景时，他会打开“画册”，找到海滩的样板，然后用“画笔”在画布上勾勒出海浪、沙滩、太阳等元素。再逐渐填充海鸥、船只、棕榈树等细节，直到完成整幅画作。但是，这位画家不是机械地复制“画册”上的图案，他还会根据你的要求进行创作。比如，如果你希望画的是黄昏时的海滩，他会调整颜色和光线，使画面更柔和；如果你想要一幅卡通风格的海滩，他会将“画笔”调整为卡通风格并添加卡通元素。

AIGC 通过学习和模仿能够生成各种各样的图像。他的“画笔”就是深度学习（deep learning，DL）模型，可以根据要求绘制图像，而“画册”则类似于训练数据集，存储了各种风格的图像样本。AIGC 在图像领域的应用非常广泛，我们可以在以下场景中使用它：

（1）图像编辑和修复。AIGC 可以用于自动编辑和修复图像（图 1.6），例如去除噪点、修复瑕疵、调整亮度和对比度等。利用深度学习技术，AIGC 能够识别图像特征，并根据预设的规则进行修复，提高图像的质量和美观度。

（2）图像生成和合成。通过学习大量图像数据，AIGC 能够生成逼真且富有创意性的新图像。比如给 DALL-E 或者是 Midjourney 一个指令，AIGC 就可以生成符合要求的图像，如风景、人物、动物或抽象图像。另外，它还可以将多张图像合成为一张新的图像，如添加特效、改变背景等。

图 1.6　AIGC 修复破损的老照片

（3）图像识别和分类。AIGC 能够准确识别图像中的各种元素，并进行有效分类和标记。它能识别和分类图像中的对象、场景等，这种技术常被用于图像搜索、图像标注、智能相册等，帮助用户快速找到所需的图像资源。

（4）图像风格转换。AIGC 可以将图像的风格从一种转换为另一种，例如将一张照片转换成卡通风格、水彩风格等。这种技术在艺术创作和图像处理领域有广泛应用，能够为图像赋予不同的艺术风格。

（5）图像超分辨率。AIGC 能提高低分辨率图像的清晰度和细节。这主要得益于图像超分辨率技术，该技术能够从低分辨率图像中恢复高分辨率图像，提高图像品质，适用于数字图像处理、医学影像和监控系统等领域。

那么，AIGC 是怎样实现图像处理的？继续以画家为例，他会仔细观察模糊的照片，尽力识别其中的物体、颜色和形状。尽管照片很模糊，但他依然能看出是风景照，有山峰、河流、天空、树木等元素。画家有一本巨大的画册，里面有很多类似风景的清晰照片，他已经掌握这些元素的特征。接下来他会根据模糊照片和画册中的清晰照片，在一张空白的画布上重新绘制。他会先画出轮廓然后逐步添加细节，在绘制过程中，画家会不断对比模糊照片和他正在绘制的画，每当发现哪里细节不足或不准确时，他会参考画册中的清晰照片进行调整和修正，直到整个画面变得非常清晰。

3. 音　频

想象一下，你有一位非常聪明的音乐家朋友，他擅长演奏多种乐器，还能模仿各种声音和语音。这位音乐家朋友可以根据你的需求，创作出风格迥异的音乐，甚至能模仿你或其他人的声音，生成语音内容。

他是如何成为音乐奇才的？

首先，靠的是聆听和模仿。这位音乐家会投入大量时间聆听各种音乐和语音，他有一个庞大的音乐和语音库，里面有各种各样的音乐和语音素材。通过不断地聆听和模仿，他学会了演奏不同乐器，唱歌以及模仿人说话的方法。

然后，是学习和记忆。他通过反复练习和模仿，记住了各种声音的特征。比如，他了解钢琴与吉他的音色差异，也懂得人声的发声原理。他还学会了如何将这些声音融合，创作出完整的乐曲或连贯的语音。

最后，是创作和生成。当你向他提出创作要求，比如让他创作一首欢快的钢琴曲，他会回忆听过的钢琴曲目，然后根据你的要求，在钢琴上弹奏。凭借他的记忆和技巧，他可以很快创作出一首动听的钢琴曲。如果你让他模仿某个人的声音，他会仔细聆听那个人的说话方式，然后用自己的声音进行模仿，生成一段语音。

听上去有些不可思议？那么来点实际的，在 AIGC 音频处理技术中，通常借助神经网络和深度学习技术。神经网络就像那位聪明的音乐家，通过大量的训练数据进行学习，掌握各种声音和语音的特征。

AIGC 音频处理利用生成模型来创造新的音频内容，这些模型可能是卷积神经网络（convolutional neural network，CNN）、循环神经网络或生成对抗网络等。借助这些模型，AIGC 可以生成逼真的音乐和语音。AIGC 在旋律方面的主要应用如图 1.7 所示。

图 1.7　AIGC 在旋律方面的主要应用（截自：gloriadeusdao.com）

在语音合成过程中，AIGC 会先解析输入的文本，然后根据学到的语音特征，将文本转换为语音，类似于音乐家根据乐谱演奏音乐。借助语音合成技术，AIGC 可以生成自然流畅的语音。

这个过程像不像婴儿学习说话？不断聆听、学习、模仿，然后喊出人生的第一句话。近年来，AIGC 在音频领域的应用取得了飞跃式的进步，许多自媒体人、音乐人已开始在日常工作中使用 AIGC 技术，具体来说，可以用在以下几个方向：

（1）音乐创作。AIGC 可以根据用户需求自动创作音乐。比如，你想要一首欢快的背景音乐，只需输入“欢快”“钢琴”等关键词，AIGC 就能生成符合这些描述的音乐。Spotify 等音乐平台已采用 AIGC 技术，为用户推荐可能喜欢的音乐。

（2）语音合成。AIGC 能生成自然流畅的语音，广泛应用于语音助手和导航系统中。比如，苹果公司的 Siri 和亚马逊公司的 Alexa，都是利用 AIGC 技术生成语音内容，与用户互动。

（3）语音克隆。AIGC 能模仿特定人物的声音，生成语音内容。这在配音和影视制作中非常实用。例如，如果某位演员无法参与录音，AIGC 可以模仿其声音，生成需要的语音内容。很多自媒体人在聊天时滔滔不绝，一旦面对镜头讲话就磕磕绊绊，现在，利用 AIGC 可以将文稿直接通过克隆后的声音输出，效率极高！

（4）噪声消除。AIGC 可以用于音频处理，如去除录音中的背景噪声，提升音质，这在电话会议和音乐制作中尤其有用。通过深度学习，AIGC 能识别和去除音频中的噪声，使声音更加清晰。

结合这些应用和原理，AIGC 在音频领域展现了强大的能力和广泛的应用前景，为人们的日常生活和工作带来了极大的便利。

4. 视　频

谈到视频，我们换个视角，直接分享两个视频生成领域的明星项目，看看它们可以提供什么样的服务，以及这些服务如何深刻地改变了人们的生活和工作方式。

Runway ML

Runway ML 是一个集成了多种 AI 工具和模型的平台，旨在助力创意工作者轻松运用最前沿的机器学习技术，通过 AIGC 进行视频生成与编辑，快速将创意变为现实，Runway ML 的核心功能包括：

（1）视频生成和编辑。Runway ML 提供多种视频生成和编辑工具。用户可以借助预训练模型生成动画效果、添加视觉特效，甚至执行复杂的合成操作，如图 1.8 所示。这些工具显著降低了视频制作的时间和成本，提升了创作效率。

图 1.8 Runway ML 的文本转视频功能（截自：Runway ML 官网）

（2）图像处理。除了视频，Runway ML 还支持图像处理，包括图像修复、风格迁移、超分辨率处理等。用户只需简单的操作，即可应用复杂的 AI 技术增强图像质量和视觉效果。

（3）实时应用。Runway ML 支持实时场景应用，用户可以在视频通话、直播等场合实时添加 AI 特效和滤镜，丰富互动体验。

Runway ML 为视频行业的工作者提供了强大的工具，助力他们更快速、高效地实现创意。在广告、影视、社交媒体等领域，Runway ML 都展现了强大的应用潜力和广泛的影响力。广告公司利用 Runway ML 快速制作创意广告视频，实现视觉特效和动画效果；电影制作人使用 Runway ML 添加特效，进行后期编辑，大幅提高影片的制作效率；内容创作者借助 Runway ML 快速生成高质量的视频和图像内容，增强社交媒体的影响力和用户参与度。

Pika

Pika 是一个新兴的 AIGC 平台，专注于视频内容的生成和编辑。它融合了最新的 AI 技术和用户友好的界面，旨在简化视频创作流程，让更多人能够轻松制作出专业级的视频内容。

Pika 提供多样化的视频模板，用户可以根据自己需求选择合适的模板进行编辑。这些模板涵盖产品展示、活动宣传、教育培训等多种场景，助力用户快速生成符合需求的视频。Pika 的智能剪辑功能可以自动识别视频中的关键场景，并生成精华片段。用户只需上传视频，Pika 就会自动完成剪辑工作，大大节省了时间和精力。Pika 内置多种特效和滤镜，用户可以轻松添加到视频中，提升视觉效果。无论是色彩调整、动态特效，还是文本动画，Pika 都能满足用户的多样化需求。具体来说，Pika 在以下方向运用了 AI 技术，让视频生成更加简单、高效。

（1）文本生成视频。Pika 支持用户通过输入文本描述来生成视频，使创作过程变得简单直观。用户只需描述场景，Pika 就会自动生成相应的视频内容。

（2）图像生成视频。用户可以将照片、绘画或插图转换成动态视频场景，使创作更加灵活，轻松将静态图像转化为生动的视频内容。

（3）视频编辑和特效。Pika 提供强大的编辑工具，用户可以修改视频中的任何元素，添加特效或改变视频的风格。例如，可以改变角色的服装，添加新的角色，甚至延长视频长度。

（4）实时音效生成。Pika 还具备音效生成功能。用户可以通过文本提示生成所需音效，或者让 Pika 根据视频内容自动生成音效。

Pika 简化了视频制作流程，让创作者能更快速地完成高质量视频内容，同时降低对昂贵设备和专业技能的依赖，使更多人能够参与到视频创作中。通过提供丰富的创作工具和模板，Pika 激发了创作者的灵感，让他们能够自由表达想法，使视频创作变得更加简单高效。无论是个人用户还是企业用户，Pika 都能帮助他们快速实现视频创作需求，提升工作效率和生活质量。

除了上述文本、图像、视频、音频，AIGC 还被广泛应用于 3D、数字人、代码、机器人等诸多领域。随着 AI 技术的飞速发展，内容的边界不断被拓宽，AIGC 也成为离用户最近的人工智能分类。

1.2　AIGC 发展简史

AIGC 的历史可以追溯到 20 世纪 50 年代，当时计算机科学家们已经开始探索如何利用计算机生成内容。日本漫画中的哆啦 A 梦向大雄展示早期人工智能应用的场景引人入胜（图 1.9），但这仅是虚构，与此同时，在很多漫画和科幻电影里都出现了各种各样对于人工智能生成内容的想象。而哆啦 A 梦展示的 AIGC“文生图”功能在 40 多年后已变成现实，小学生都能借助各种 AIGC 工具，模仿大雄的指令，创作出高质量的漫画书。但是，真实的 AIGC 历史是人类不懈努力与探索的过程。以下简要总结 AIGC 发展历程中的一些重要里程碑。

图 1.9　科学家哆啦 A 梦（截自：漫画《哆啦 A 梦》）

1. 1957 年：世界上第一首计算机创作的音乐——Illiac Suite

历史上第一个人工智能生成的内容是音乐。1957 年，勒贾伦・希勒（Lejaren Hiller）和伦纳德・艾萨克森（Leonard Isaacson）在伊利诺伊大学使用计算机创作了“Illiac Suite”，被广泛认为是第一首由计算机创作的乐谱。ILLIAC Ⅰ计算机通过编写算法自动生成音乐序列，并将音符排列成完整的乐曲。这标志着计算机辅助内容生成的开端，展现了计算机在艺术创作中的潜力。

2. 1966年：第一个聊天机器人——ELIZA

1966年，麻省理工学院的计算机科学家约瑟夫·维森鲍姆（Joseph Weizenbaum）开发了首个聊天机器人ELIZA。ELIZA能模拟心理治疗师与用户对话，通过简单的模式匹配和预设回复生成对话内容，如图1.10所示。尽管ELIZA并不具备真正的理解能力，但它展示了计算机生成文本与人对话的潜力，激发了后续对自然语言处理和生成的研究。

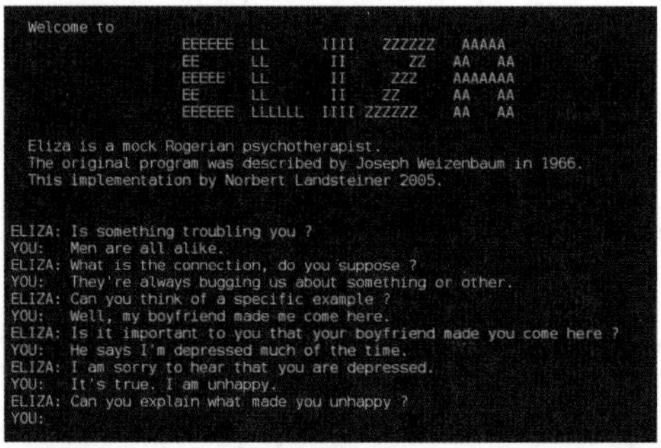

```
  Welcome to
                    EEEEEE  LL      IIII   ZZZZZZ   AAAAA
                    EE      LL       II       ZZ   AA   AA
                    EEEEE   LL       II     ZZZ    AAAAAAA
                    EE      LL       II    ZZ      AA   AA
                    EEEEEE  LLLLLL  IIII ZZZZZZ    AA   AA

  Eliza is a mock Rogerian psychotherapist.
  The original program was described by Joseph Weizenbaum in 1966.
  This implementation by Norbert Landsteiner 2005.


ELIZA: Is something troubling you ?
YOU:   Men are all alike.
ELIZA: What is the connection, do you suppose ?
YOU:   They're always bugging us about something or other.
ELIZA: Can you think of a specific example ?
YOU:   Well, my boyfriend made me come here.
ELIZA: Is it important to you that your boyfriend made you come here ?
YOU:   He says I'm depressed much of the time.
ELIZA: I am sorry to hear that you are depressed.
YOU:   It's true. I am unhappy.
ELIZA: Can you explain what made you unhappy ?
YOU:
```

图1.10　与ELIZA对话模拟心理治疗（截自：ELIZA官网）

随着计算机科学的发展，生成模型从简单的统计模型演变为复杂的深度学习模型，为AIGC的快速发展奠定了基础。

3. 1984年：AIGC作家——Racter

1984年，威廉·张伯伦（William Chamberlain）和托马斯·埃特尔（Thomas Etter）开发了Racter，这是一个能生成英文散文的程序。Racter生成短篇小说和诗歌，展示了计算机在文学创作方面的能力，如图1.11所示。这一成就证明了计算机不仅可以生成结构化数据，还可以创作具有创意的内容。

4. 2014年：生成对抗网络提出

进入21世纪，计算机硬件迭代加速，人工智能也取得了长足进步，深度学习技术的兴起推动了AIGC的进一步发展。

2014年，伊恩·古德费罗（Ian Goodfellow）及其同事提出了生成对抗网络的概念。生成对抗网络由生成器和判别器组成，生成器负责创建新的数据样本，判别器负责评估这些样本的真实性。通过不断对抗训练，生成器能够生成逼真的图像和其他内容。该技术在图像生成领域取得了巨大成功，被广泛应用于艺术创作、数据增强和图像修复等。

图 1.11　第一本 AIGC 图书《警察的胡子是半成品》封面（截自：ubu.artmob.ca）

5. 2015 年：DeepDream 发布

2015 年，Google 公司的工程师亚历山大·莫尔德温采夫（Alexander Mordvintsev）发布 DeepDream，旨在研究和可视化卷积神经网络的内部机制。DeepDream 通过反向传播算法，生成具有梦幻效果的图像，揭示了神经网络的内部工作原理，对人工智能和计算机视觉领域产生了深远的影响。通过可视化卷积神经网络的内部工作原理，DeepDream 可以帮助研究人员更好地理解和改进深度学习模型。DeepDream 与艺术相结合，激发了大量艺术创作灵感，推动了新的艺术形式的发展，这也为后来大放异彩的计算机生成艺术奠定了基础。

6. 2018 年：GPT-2 发布

2018 年，OpenAI 公司发布了 GPT-2（图 1.12），一个基于生成预训练模型的自然语言处理模型。GPT-2 能生成连贯且有意义的文本内容，广泛应用于文本生成、对话系统和自动写作等领域。GPT-2 的发布标志着 AIGC 在文本生成领域的重要进展。

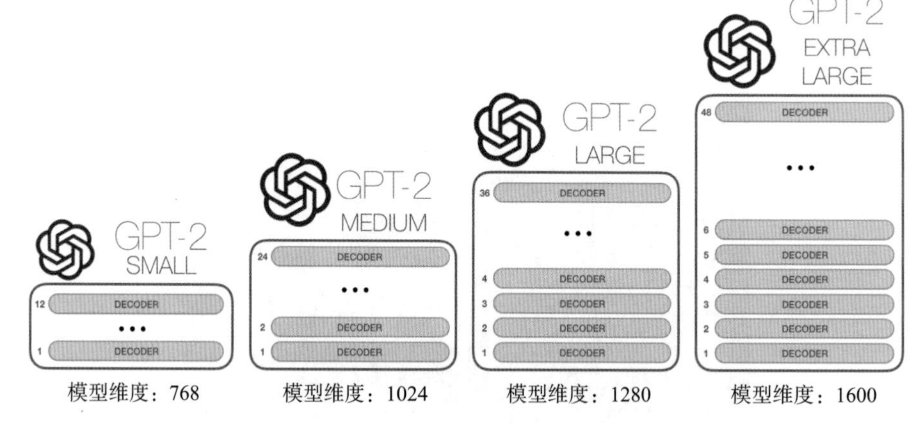

图 1.12　图解 GPT-2（截自：github.com）

随着 AIGC 技术的不断进步，多模态生成模型开始出现，它能够同时处理和生成多种数据模态（如文本、图像、音频等）的内容。这些模型进一步扩展了 AIGC 的应用范围。

7. 2020 年：DALL-E

2020 年，OpenAI 公司发布了 DALL-E，一个能够根据文本描述生成图像的模型。DALL-E 结合了生成对抗网络和变分自动编码器技术，可以生成创意和视觉效果俱佳的图像，满足各种创意需求。

DALL-E 被整合在 ChatGPT-4 和后续版本中，通过简单对话描述即可生成相对准确的图像，定义了后续 AIGC 生成内容的方向，即自然语言指令。

8. 2022 年：ChatGPT

2022 年，OpenAI 公司发布了 ChatGPT，一个基于 GPT-3.5 的对话模型。ChatGPT 能够进行自然、流畅的对话，生成有意义的对话内容，在客户服务、教育和娱乐等多个领域得到广泛应用，展示了 AIGC 在自然语言处理和对话生成中的强大能力。

2024 年 5 月，OpenAI 公司发布了 GPT-4o（“o”代表“omni”），这是一个里程碑式的产品更新，自此，AI 能实时推理音频、视觉和文本，如图 1.13 所示。你可以利用它实时对话翻译语音，通过摄像头观察周围世界并立即给出反馈，当然，它也可以根据你给出的任何内容类型实时和你交谈。

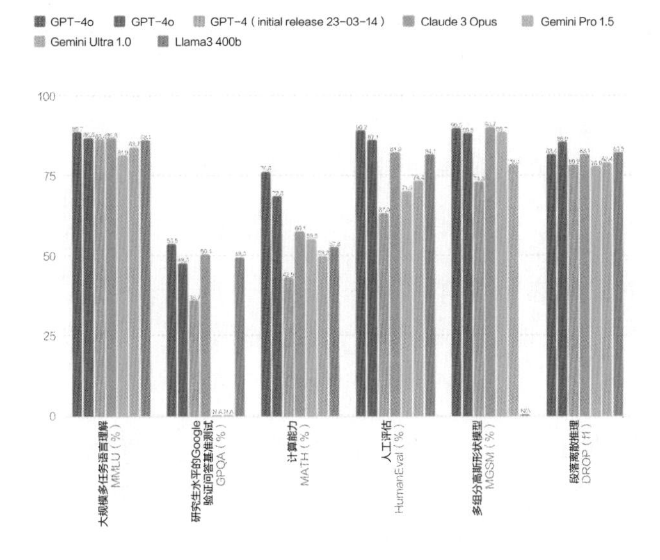

图 1.13 GPT-4o 和不同模型文字处理对比（截自：OpenAI 官网）

GPT-4o 接收文本、音频、图像和视频的任意组合作为输入，生成文本、音频、图像和视频的任意组合输出。它可以在短短 232ms 内响应音频输入（平均为 320ms），与人类在对话中的响应时间差不多。它在英语和代码文本上的表现与 GPT-4 Turbo 相当，在非英语语言文本上的表现有显著改善，同时也更快、更便宜。与现有模型相比，GPT-4o 在视觉和音频理解方面尤为出色。

从 20 世纪 50 年代的计算机生成音乐到如今的多模态生成模型，AIGC 技术的发展历程展示了其在各领域的巨大潜力。随着深度学习和生成对抗网络的引入，AIGC 能力显著提升，应用范围不断扩展。上述 AIGC 发展史仅选择了一些标志性应用，这些应用比起晦涩难懂的技术更贴近生活。技术的成熟标志之一是被普通用户所采用，AIGC 从小众的极客试验品到飞入寻常百姓家，短短几十年的历史确实有太多值得标注的时刻。

未来，随着技术的进一步发展和完善，AIGC 将继续为我们的生活和工作带来更多创新和变革。

1.3 AIGC能做什么

"我希望AI能帮我洗衣服和洗碗，这样我就能进行艺术创作和写作，而不是让AI帮我进行艺术创作和写作，结果我要去洗衣服和洗碗。"

——Joanna Maciejewska

AIGC能做什么？这是整本书都将讨论的问题，但这一节，我们聚焦于AIGC的实现机制，从宏观角度来理解AIGC能做什么，更重要的是，AIGC（暂时）不能做什么。那么，为什么要深入讨论这个问题？

事实上，在某些自媒体的渲染下，"AI万能论"甚嚣尘上，显然这是不科学的。"AI让70%的人即将失业""不会AIGC很快就会被社会淘汰"……诸如此类的吸睛标题常令初学者惊慌失措，这些都是真的吗？AI真有这么厉害？AIGC能把我们做的事情都做了吗？通过这本书的介绍，你将清晰地了解AIGC可以带给我们什么，以及在哪些情况下最好不要过度依赖它，哪些情况下甚至不应该完全信任它。

如图1.14所示，如果把整个AI看作一整套工具集，那么根据著名AI科学家吴恩达（Andrew Ng）的总结，监督学习（supervised learning，主要负责给内

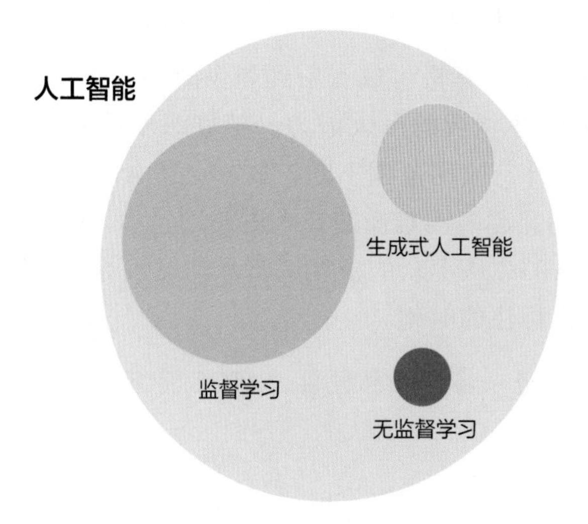

图1.14 人工智能技术构成简要示意

容打标签）占据了主导地位。近些年涌现出 Generative AI 或者 AIGC，也包括无监督学习和强化学习，主要负责数据聚类、降维、异常检测、生成模型和特征学习等任务。监督学习和生成式人工智能是核心工具，两者关系也最为密切。

监督学习这个术语颇为形象，它指的是在特定任务背景下利用训练数据让模型根据规则给内容设定标签并“预测”关联标签，类似于监督孩子完成家庭作业。监督学习通过运用带标签的数据来训练模型，从而能够执行分类、回归、序列预测、图像和视频处理以及自然语言处理等多种任务。它高度依赖大量的标注数据，通过不断优化模型参数，提高预测的准确性和效率。由此可以得出一个重要的结论，AIGC 给出的答案，更准确地说，是一种基于大量标记内容在各种算法和模型辅助下得到的“预测”。

“ChatGPT 也可能会犯错，请核查重要信息。”这句话始终显示在 ChatGPT 的输入框下方，时刻提醒用户 AI 可能会犯错。事实上，它不仅有时候会犯错，还可能言之凿凿，甚至长篇大论地来证明自己如何“正确”。通过前文的简单介绍，也许你已经了解了一些它的弱点，具体来说，AIGC 在以下方面可能会出错并给你造成困扰。

（1）缺少自主创新。AIGC 可以为你提供新颖、前所未有的东西，但它仍无法和人类大脑相提并论。通过吴恩达的结构图我们可以发现，AIGC 给出的内容源于大量的数据，它依赖于训练数据和预设模式，无法像人类一样拥有真正的创意和创新能力。所以在艺术、哲学等需要高度自主创新的领域，AIGC 目前只能作为参考或辅助工具，用于信息的具象化和整理，暂时还无法实现自主创新。

（2）深度思考与逻辑能力。生物学博士尹烨曾指出，人工智能与人最大的区别是它只会“计算”而不会“算计”。AIGC 在梳理上下文、设置结构方面表现出色，但是很难理解字里行间的逻辑以及言外之意。AIGC 擅长模式匹配和生成，但是对于更深层次的推理尤其是科学推理水平很差。

（3）伦理与道德。AIGC 在法律条文、规章制度的组合方面颇为精通，但是在涉及伦理道德时屡屡受挫。受训练数据地缘差异等因素影响，AIGC 可能生成包含偏见、不准确或不适当内容的文本和图像，不能像人类一样理解和遵循伦理道德准则。另外，它还可能涉及用户隐私和数据安全问题，更关键的是，它无法自主解决这些问题，需要人类进行监督和管理。

（4）个性化与情感表达。尽管很多科幻电影里都有把 AI 描述为伴侣的桥段，但实际上，AIGC 在理解人类情感和表达情感方面还差得非常远。也许它可以通过大量数据训练，成为心理咨询师，但是在高度情感化和个性化的交流中，它立刻就败下阵来，因为这些超出了它的理解范畴。

在使用过程中，应该尽量避免在上述情境中过度依赖或信任 AIGC，时刻铭记“ChatGPT 也可能会犯错，请核查重要信息。”的提示。在寻找信息方面，人类已经结构化了很多非常有价值的经验数据，比如食谱、旅游心得、育儿方法，这些数据加入了非常多的主观情感，AIGC 很难全面覆盖；在图像、视频处理方面，AIGC 可以很好地完成格式化内容，也可以高效批量完成标准化工作，但它也许永远无法具备审美情趣；在代码和思维指引方面，AIGC 可以精确实现特定功能，但暂时还无法做到像人类那样充满奇思妙想。

这样描述并非否定 AIGC 的价值，相反，在特定的历史背景下，局限性正是创新的动力，也许在本书出版的时候，很多之前设想的功能已经实现，这就是科技创新的魅力所在。在实际的技术场景中，我们可以按照不同的内容格式找到实际的应用场景，图 1.15 梳理出 AIGC 目前被广泛应用的领域。

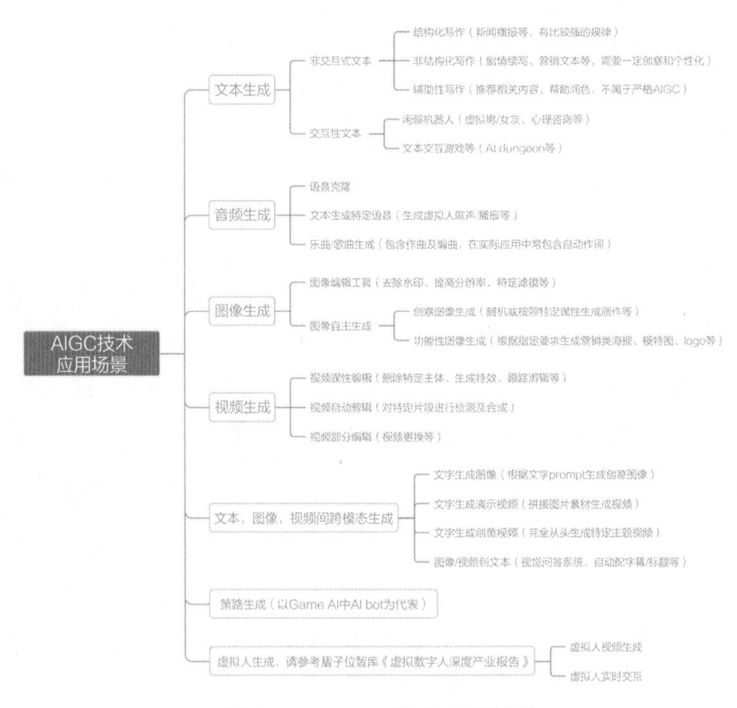

图 1.15　AIGC 技术应用场景

在文本生成领域，AIGC 能够根据给定的主题或关键词生成内容。例如，GPT-4o 可以生成高质量的文本，助力内容创作者提高写作效率，这部分主要侧重于非交互类文本，尤其是结构化写作，比如天气预报、财经报道等固定格式的内容。在交互类文本方面，AIGC 可以用于打造聊天机器人和虚拟助手，如 OpenAI 的 ChatGPT，可以与用户进行自然流畅的对话，提供客户服务、信息查询等服务。此外，GPT-4o 还实现了近乎实时的多语言翻译，为用户提供准确、自然的翻译结果。

在音频生成领域，语音克隆是非常吸引人的应用。AIGC 能够通过数据训练模拟特定人物的声音，生成语音内容，常被用于影视剧配音。有了声音样本，导航系统、语音助手工具可以根据文本和对话生成自然流畅的语音。音乐无疑是一个值得关注的细分应用，如今，用 AIGC 可以在短短几分钟内创作出一首“听上去还不错”的音乐，OpenAI 公司的 Jukedeck 工具就可以帮助创作者生成不同风格的背景音乐和主题曲。

在图像生成领域，AICG 的主要功能包括对已有图片的处理，比如智能去除水印、提升高分辨率以及各种一键美化滤镜。AIGC 还有凭空创作图像的本领，在通过大量数据进行训练后，它可以根据需求的格式化程度生成不同层次的图像，无论是要求宽泛的创意图像，还是设定各种规格参数的精确图像，它都可以帮助美术编辑在几分钟内做出上百张风格不同的图像。

在视频生成领域，我们已经在抖音、微博等很多包含视频剪辑的平台感受到 AIGC 的魔力。你只需要负责拍，AIGC 直接可以一键剪辑，配乐、卡点、转场、字幕、分镜头全部帮你完成，完全可以媲美熟练的剪辑师。除了剪辑，更神奇的是 AIGC 可以“无中生有”，根据文本描述直接创作出视频，Pika、Runway ML 等诸多工具都可以实现这个功能。另外，还有一个颇具争议性的视频应用——“移花接木”，AIGC 可以替换、修改动态视频的局部内容，比如更换人物（脸部）、改变场景等。这项技术运用得当可以极大提升影视作品的制作效率，如果被不法分子利用，后果会非常严重。

以上四种内容格式是最常见的应用，它们相互之间也存在诸多关联。AIGC 能够实现文字生成图片、音频、视频，图片生成视频，视频生成文本摘要等功能。

除了这些常见的内容形式，AIGC还孕育了一些相对冷门但非常实用的创新应用。

写代码其实更接近结构化文本，在明确特定目标需求之后，AIGC能够迅速用不同的编程语言相对准确地自动生成代码。在代码生成、补全、优化、测试、漏洞检测和文档生成等方面，AIGC都展现出了巨大的潜力。例如，由OpenAI公司和GitHub平台合作开发的Copilot，支持Python、JavaScript、TypeScript等多种编程语言，它可以根据开发者输入的注释或函数描述，自动生成相应的代码片段；Microsoft公司的IntelliCode则能在开发者编写代码时，基于上下文提供智能补全建议，提高编程速度和代码质量；亚马逊公司的CodeGuru能够分析代码、检测常见的错误和性能问题，并提供修复建议。

数字人是指利用AIGC技术创造的虚拟人类形象。通过图像生成、自然语言处理、语音合成和动画技术的结合，AIGC能够创造出高度逼真且智能的数字人，为用户提供个性化的互动体验。如今，数字人已被广泛应用于虚拟助手、虚拟主播、教育、娱乐等多个领域。Siri、Alexa、天猫精灵等虚拟助手已经可以和用户进行自然语言对话，提供信息查询、日程管理、智能家居控制等服务。而中国的虚拟歌手和虚拟主播洛天依，更是能够演唱歌曲，主持节目，与粉丝进行互动，深受年轻一代的喜爱。

第 2 章 AIGC 必须知道的重要概念

2.1 什么是人工智能

谈论 AIGC 时总绕不开人工智能（AI），所以让我们简要回顾并加深对这个基础概念的理解。人工智能（artificial intelligence，AI）这个术语由 artificial 和 intelligence 两个单词构成，artificial 的意思是人工的、非自然的、人造的，intelligence 的意思是智力、智慧、智能。由此至少可以明确，AI 并非如科幻电影中描绘的那样，是超自然的存在，拥有自主意识和智慧。实际上，今天接触到的 AI 更多是在人类设定的特定规则及条件下进行训练的计算程序。

2.1.1 人工智能的发展历程

很早以前人们就在幻想拥有超自然的力量，随着科技的进步，这种力量慢慢被具象化，并寄托在特定的物质之上。计算机与超级智慧结合，便是现代文明对“神话”的一种诠释，在各种科幻电影中都能看到这种诠释。

1968 年，导演斯坦利·库布里克（Stanley Kubrick）在电影《2001 太空漫游》（*2001：A Space Odyssey*）中塑造了一个经典的 AI 形象——HAL 9000（图 2.1）。这部影片讲述了在一艘前往木星的宇宙飞船上，AI 计算机 HAL 9000 与宇航员之间发生的冲突，HAL 9000 展现了高度智能和情感，但在执行任务时发生故障，对人类生命构成威胁。电影里 HAL 9000 已经具备语音合成、语音识别、面部识别、自然语言处理、艺术欣赏、情绪行为解读、自动推理、宇宙飞船驾驶和下国际象棋等多种能力。

图 2.1 《2001 太空漫游》中的 AI 形象 HAL 9000

1982 年，电影《银翼杀手》（*Blade Runner*）出现了复制人；1984 年，电影《终结者》（*The Terminator*）虚构了天网和终结者机器人；1999 年，电影

《黑客帝国》（*The Matrix*）构建了一个完全由人工智能控制的系统——矩阵（The Matrix）；2015年，在电影《机械姬》（*Ex Machina*）中出现了Ava这个超级人工智能形象，她已经具有自我意识和情感。在图书领域，艾萨克·阿西莫夫（Isaac Asimov）于1950年出版《我，机器人》（*I, Robot*）、1972年出版《神们自己》（*The Gods Themselves*）；威廉·吉布森（William Gibson）于1984年出版《神经漫游者》（*Neuromancer*）；凯瑟琳·阿萨罗（Catherine Asaro）于2000年出版《量子玫瑰》（*The Quantum Rose*）。这些作品都从艺术创作的角度给予AI无尽的遐想，其中一些功能现在已经实现，一些功能正在攻克之中，还有一些可能只能永远停留在想象之中。但是，这并不妨碍我们对科技的探索，在严肃的科技发展历程中，人工智能大概经历萌芽期、寒冬期、复兴期三个阶段，如图2.2所示。

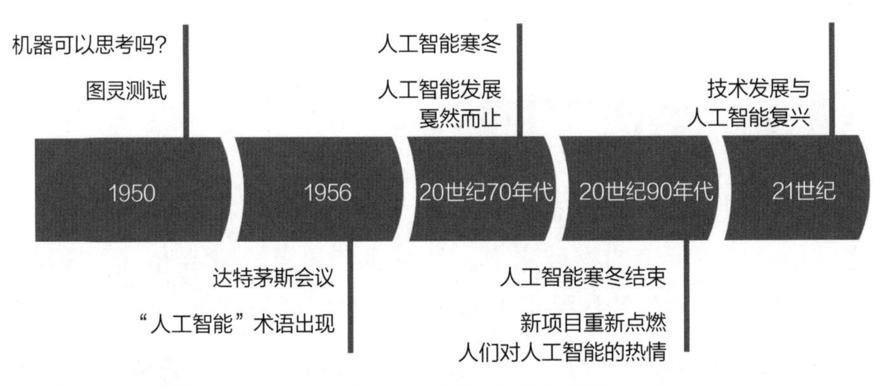

图2.2　人工智能历史极简脉络图

人工智能的概念最早可以追溯到20世纪50年代。1950年英国数学家和计算机科学家艾伦·图灵（Alan Turing）提出了图灵测试，用于判断机器是否具备智能，他建议将问题从机器是否“可以思考”改为“机器是否有可能表现出与人类无法区分的智能行为”。1956年，达特茅斯会议正式确立了“人工智能”这一术语，标志着人工智能作为一门独立学科的诞生，这个阶段的AI研究主要集中在逻辑推理、问题求解和象棋等领域。1965年，约瑟夫·维森鲍姆（Joseph Weizenbaum）开发了ELIZA，这是一个早期的聊天机器人，可以模拟心理治疗师与用户对话。然而，由于计算能力和数据量的限制，早期的AI系统功能较为有限，无法实现真正的智能。

20世纪70年代末到80年代初，AI研究进入一个被称为“AI寒冬”的低谷期，主要原因是技术瓶颈和过高的期望导致投资减少。当时的研究人员普遍乐观估计在几十年内 AI 就可以胜任人类的任何工作，但他们显然低估了技术难度。在这一时期，硬件技术、软件技术都没有出现有利于人工智能发展的重要突破，许多与 AI 有关的项目纷纷被迫中止，美国政府、英国政府都暂停了对人工智能研究的政策和资金倾斜，人工智能行业进入"寒冬"。到了 20 世纪 80 年代，人工智能在细分领域有了突破，模拟人类专家的知识和分析技能的应用受到市场追捧，到 1985 年，整个市场规模突破 10 亿美元。然而好景不长，1987 年 LISP 机市场崩盘，微型计算机开始淘汰大型工作站设备厂商，高利润率的硬件业务被淘汰，大多数 LISP 机制造商在 90 年代初就倒闭了，只剩下 Lucid Inc. 这样的软件公司或转向软件和服务以避免崩溃的硬件制造商。而建立在大型工作站基础上的人工智能同样背负了新的恶名，被看作掩盖技术倒退的营销话术。刚有一点起色的人工智能再次进入更加漫长的寒冬。

经历了两次寒冬，人工智能行业沉寂了许多年，但科研并没有完全停止。总结之前几十年的经验，科研人员逐渐放弃了过于科幻式的乐观态度，回归到严肃的研究原点，人工智能在哲学、计算机、数学、图形学等方向取得了长足的进步。杰弗里·辛顿（Geoffrey Hinton）等人开展神经网络研究，1990 年杨立昆（Yann LeCun）成功证明了卷积神经网络可以识别手写数字，这是神经网络里第一个成功的应用。科研人员不再追求大而全、不可验证的假想推论，不再追求创造多功能、全智能机器的目标，转而研究特定的、可验证的小应用，并通过统计学、经济学和数学等学科的合作来完成研究。

进入 21 世纪，许多科研成果已经被实际应用，只是很少被描绘成人工智能应用。2002 年，通用人工智能（artificial general intelligence，AGI）的概念出现，多家具有雄厚资金、科研实力的机构参与研究。深度学习技术的突破，使得 AI 在语音识别、图像处理、自然语言处理等方面取得显著进展。特别是 2012 年，神经网络模型 AlexNet 在 ImageNet 项目图像分类竞赛中取得突破性成果，标志着深度学习时代的到来。此后，AI 技术在各个领域的应用如雨后春笋般涌现。2015 年，DeepMind 公司开发的 AlphaGo 击败了世界围棋冠军；2020 年，OpenAI 公司发布大语言模型 GPT-3 应用，人工智能正式迎来复兴。

通过简要梳理人工智能的历史发展轨迹，可以发现，人工智能的发展史实际上是人类不断探索和研究想象力的过程，人们尝试将这些探索附着于实体之上，并最终选择计算机作为这一过程的载体。计算机硬件、软件技术在摩尔定律的引导下快速发展，为了可以让计算机更好地“理解”，近十年来，英伟达等科技企业为其赋予了“眼睛”（即图像识别和处理能力）。经过无数科研人员的不懈努力，人工智能逐渐发展成为一门严肃的、严谨的计算机科学技术，其目标是通过模拟人类的认知过程，创建能够自主思考、自我决策的智能系统，以帮助人类完成一些特定任务，包括学习、推理、解决问题、感知环境以及理解语言等。

2.1.2　人工智能的核心技术

如何更好地理解人工智能？为了达成这一目标，了解一些基本的技术概念必不可少，下面介绍和本书讨论的AIGC息息相关的三大类技术（图2.3）。

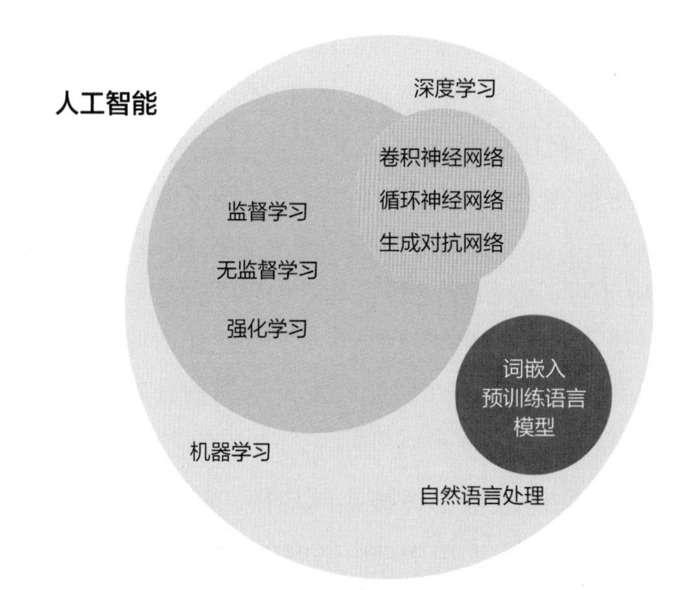

图2.3　人工智能主要技术框架

机器学习是人工智能的一个重要分支，它指的是通过数据训练模型，使计算机能够自动从数据中学习和改进。机器学习可以细分成三类：监督学习、无监督学习和强化学习。监督学习指的是通过带标签的数据进行训练，让模型能够根据输入预测输出。举例来说，在图像分类任务中，模型通过学习已标注的图片来识别新图片中的物体。无监督学习是通过未标记的数据进行训练，发现数据中的隐藏模式和结构。例如，聚类分析可以将客户分为不同群体，以便进行有针对性的营销。强化学习是通过与环境的交互学习最佳策略，以最大化累计奖励。AlphaGo 就是一个典型的例子，它通过与自己对弈学习围棋策略，最终击败了人类冠军。

深度学习严格意义上是机器学习的一个子领域，为了便于结构化理解，这里单独作为一个分类来介绍。深度学习基于人工神经网络（artificial neural network，ANN），模拟人脑的结构和功能，它通常由多个层次的神经元组成，这些层次称为“深度”。深度学习包含以下几种重要的网络结构，卷积神经网络（CNN）主要用于处理各种图像任务，如图像分类、目标检测和图像生成等；循环神经网络（RNN）主要用于处理序列数据，如时间序列预测、语音识别和自然语言处理等；生成对抗网络（GAN）由生成器和判别器组成，通过类似于对抗训练的方式生成逼真的图像、音频和视频等内容，广泛应用于图像生成和增强现实等领域。

自然语言处理旨在使计算机能够理解、生成和处理人类语言。自然语言处理包括文本分类、情感分析、机器翻译和对话系统等任务。在自然语言处理中，词嵌入技术通过将单词表示为低维向量，捕捉单词之间的语义关系，广泛应用于文本处理任务；预训练语言模型，如 BERT、GPT-3 等，通过大量文本数据进行预训练，然后在特定任务上进行微调，显著提高了自然语言处理的性能。

2.2　机器学习在学什么

人类历史上最重要的进化之一便是学会使用工具，人类不断创造和使用各种工具以便更好地生存和发展。远古时期，人类用动物的骨头做成矛来刺杀猛兽，制作成锤子来敲碎坚固的贝类，今天，人类正在尝试教“骨头”自己学会刺杀猛兽、敲开贝类，这就是关于机器学习的一个不太恰当的比喻。机器学习（machine learning）的中文意思更接近于“教机器学习”，即让计算机能够从数据中学习，并且在没有明确编程（即预设结果）的情况下做出预测或决策。这个过程就像人类通过经验和实践不断改进自己的技能和认知，以便应对新的情况。

接下来我们从机器学习类型、学习过程两个角度，深入理解机器学习。

2.2.1 机器学习类型

图 2.4 显示了现在主流观点对于机器学习的学习类型划分，包括监督学习、无监督学习和强化学习三种。

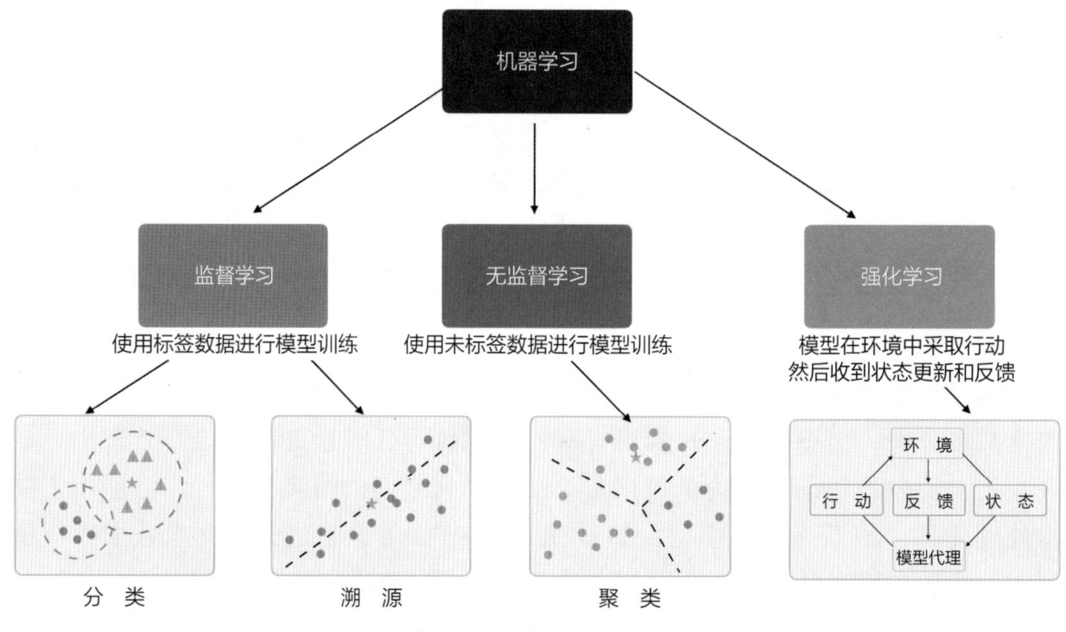

图 2.4　机器学习的类型

监督学习就像孩子在老师的指导下学习，老师会告诉孩子每道题的正确答案，孩子通过不断做题来逐渐学会如何找到正确答案。那么，机器是如何做到的呢？实际上，监督学习是借助带有标签的数据进行训练，模型根据输入数据和对应标签之间的关系来进行预测。监督学习主要用于结果预测，包括图像分类（如识别图片中的物体）、语音识别（如将语音转换为文本）、垃圾邮件检测（如识别并过滤垃圾邮件）等。举个例子，假设有一组学生的成绩数据，包括他们的学习时间和考试成绩，我们可以利用这些数据训练一个模型，预测新学生的考试成绩。

无监督学习就像孩子在没有老师指导的情况下，通过自己探索和发现来学习新知识。孩子会自然而然地把相似的东西归类，比如把玩具分成汽车、动物和积木等不同类别。回到机器学习原理，无监督学习是利用未标记的数据进行训练，让模型自行发现数据中的隐藏模式和结构。无监督学习的常见应用包括客户分群

（如将客户分为不同群体）、数据降维（如将高维数据映射到低维空间以便可视化）等。举个例子，假设有一组顾客的购物数据，但没有任何标签，无监督学习可以帮助我们挖掘顾客的购物习惯，并将他们分成不同的群体，以便进行有针对性的营销。

强化学习理解起来稍微难一点，就像孩子通过玩游戏来学习，孩子在游戏中尝试不同的策略，并根据游戏的奖励或惩罚来改进自己的策略。在强化学习中，给定一个假设环境，环境变量有多种可能性，每种可能性在被触发之后都会给机器提供一个反馈，机器则根据反馈来不断尝试寻找改进策略，如此反复。强化学习的常见应用包括机器人控制（如让机器人学会行走）、游戏 AI（如让 AI 学会下围棋）等。自动驾驶汽车就是非常直观的强化学习案例，假设有一辆自动驾驶汽车，通过与周围环境的不断互动，汽车逐渐学会如何在复杂的交通状况中行驶，以最大限度地减少事故并提高效率。

2.2.2 机器学习过程

图 2.5 显示了机器学习的基本过程。第一步收集数据，机器学习需要大量的数据，这些数据就是计算机学习的“教材”。数据可以是图片、文本、声音、视频等多种形式。例如，用于训练一个识别猫和狗的模型的数据集可能包含成千上万张猫和狗的图片。所有数据被存入数据库，然后进入第二步准备阶段，包括预处理数据和根据具体需求选择算法、模型等。模型是机器学习的核心，它是一组数学算法，用于从数据中提取信息并进行预测，模型就像学生，通过不断学习和练习逐渐提高自己的能力。第三步才进入真正的机器学习，训练是就是机器学习的过程，通过给模型提供数据，让它从中学习规律和模式，这就像学生通过做练习题来掌握知识一样，模型通过处理大量数据来提高预测能力。最后一步是输出结果，在这些结果被输出之前还有一个隐藏的步骤——测试，也就是在模型训练好之后需要通过测试来验证它的性能。测试数据是模型没有见过的数据，通过测试可以评估模型的准确性和泛化能力。

下一节，我们继续深入探讨几个“高大上”的名词。和别人谈起 AIGC 时，提及这几个名词，就知道你是“懂行”的，如 CNN、GAN、NLP、LLM……

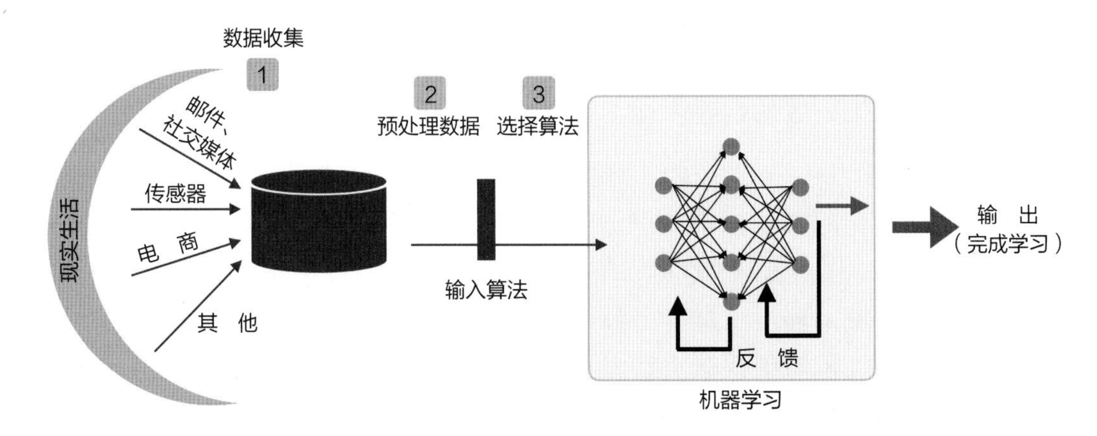

图 2.5 机器学习的简要过程

2.3 深度学习在学什么

深度学习是机器学习的高级版，通过使用复杂的人工神经网络模型，从大量数据中学习并处理复杂任务。无论是在图像识别、语音识别，还是在自然语言处理和自动驾驶中，深度学习都展现了强大的能力。人工神经网络通过模仿人类大脑的工作方式来处理信息。但是，请别误解，人工神经网络并非为了模拟生物大脑，只是一种形象的描述。

人工神经网络由许多被称为人工神经元的连接单元组成，这些单元类似于生物大脑中的神经元。神经元之间的每个连接（称为突触）都可以将信号传递给另一个神经元。接收到信号的神经元会对信号进行处理，然后将信号传递给下一个连接的神经元。

这些神经元通常具有一种状态，用一个介于 0 和 1 之间的数字表示。此外，神经元和突触还具有权重，这些权重会在学习过程中不断调整，增强或减弱信号的强度。

神经元通常按层级组织，不同的层可以对输入信号进行不同类型的转换。信号从输入层（第一层）开始，经过多层处理后，最终到达输出层（最后一层），如图 2.6 所示。

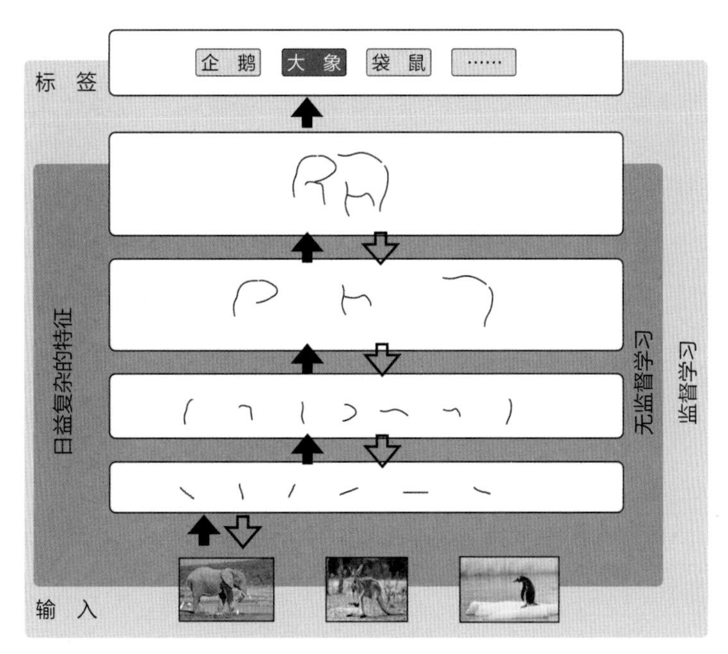

图 2.6　深度学习中的多层抽象表示

这一点很有趣，动物大脑的结构更接近于网络拓扑，但深度学习的所谓神经元可以理解成许多层级构成的结构，这些层包括输入层、中间层（或隐藏层）和输出层。每一层都对数据进行处理，并将结果传递到下一层。这个过程就像孩子学习时要经过小学、初中、高中等多个阶段，每个阶段都会逐步增加知识和技能。

人工神经网络最初的设计灵感来源于人脑的工作方式，但它并非生物神经网络的精确复制，而是一种对生物神经系统工作原理的抽象和模拟。随着时间的推移，研究重点转向了模拟特定的认知能力，开发出了反向传播等技术，反向传播是一种通过反馈调整网络的学习方法。

接下来介绍深度学习常见的 3 种类型。

2.3.1 卷积神经网络

卷积神经网络是一种专门用于处理图像数据的神经网络。它在图像识别、目标检测和其他计算机视觉任务中表现非常出色。卷积神经网络通过模拟人类视觉系统，逐层提取图像中的特征，最终实现对图像的分类或其他操作。

下面以识别一张黑白的猫咪图片的任务为例，介绍卷积神经网络里一些比较重要的概念。

想象你有一张黑白的猫咪照片，人类看一眼就知道这是一只黑白颜色的猫，但计算机能识别的只有像素信息，0 或者 1。卷积神经网络的第一层就是卷积层，它的主要作用是基础特征提取。怎么提取呢？卷积层使用多个滤波器（也称为卷积核）在输入图像上滑动，对每个位置进行卷积操作，生成特征图，如图 2.7 所示。

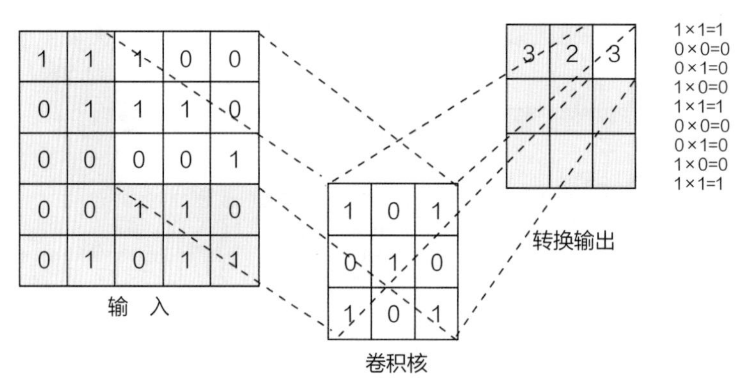

图 2.7　卷积层滤波器工作原理

滤波器就像一个小窗口，它会从图像左上角开始，一步步地滑过整张图片。每滑动一次，它都会计算这个小窗口内的像素值的加权和，从而生成一个新的数值，这个数值代表这个区域的特征。如果滤波器是边缘检测器，它会特别关注图片中哪里有明显的亮暗变化（边缘）。

在实际应用中，往往有多个滤波器对应不同的图像模式。滤波器得到的特征大部分都是线性变化的，那么如何处理曲线和更复杂的特征呢？这就需要用到激活层，激活函数 ReLU（rectified linear unit，线性整流函数）会将所有负数变为零，保留正数，这样可以引入非线性，帮助网络学习更复杂的特征。例如，如果某个区域的边缘特征特别明显（值很大），ReLU 会保留这个信息，而忽略那些边缘不明显的区域（负值变为零）。

滤波器完成了特征采集后会产生大量数据，每一个卷积层后面一般都会加一个池化层，也叫作子采样层。它的作用就比较好理解了，即保留滤波器采集到的主要特征，同时减小数据量。如果滤波器对多个特征的采集呈现相似性，池化层会向下采样，利用最大池化或平均池化等方法减少特征数量，如图 2.8 所示。

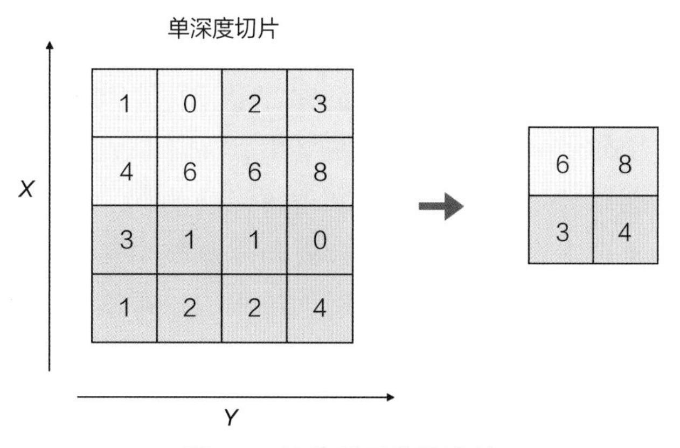

图 2.8　池化层下采样模型

从任务“找猫咪”来看，一个特征的确切位置并不重要，重要的是它相对于其他特征的粗略位置。这就是在卷积神经网络中使用池化层背后的想法。池化层用于逐步缩小表示的空间，减少网络中的参数数量、内存占用和计算量，从而控制过度拟合。

总结一下，通俗地理解池化层就像压缩图片的分辨率。例如，一个 4×4 的特征图，通过 2×2 的最大池化操作，每个 2×2 区域中选出最大的值，会将特征图缩小到 2×2。这样做不仅减小了数据量，还保留了最显著的特征。

经过多个卷积层和池化层之后，特征图可能已经被压缩得很小，但仍然包含丰富的信息。全连接层就是将这些信息平铺展开，然后像传统的神经网络一样，通过一系列权重和偏置进行计算，最终输出一个概率值，表示图片中的图像是猫的概率。经过卷积层、池化层和全连接层，一个简单的卷积神经网络就组装完毕了。

2.3.2　循环神经网络

卷积神经网络主要用于图像处理，那么对于语音类的处理则更多依赖循环神经网络。循环神经网络看上去就和“顺序”“时序”“序列”这样的名词相关，的确，这种深度学习算法通常被用来处理顺序、时间问题，比如语言翻译、自然语言处理、语音识别、图像字幕生成等。和卷积神经网络不同，循环神经网络可以拥有“记忆”，这主要因为它可以在网络中引入循环结构。

下面以阅读为例，拆分一下循环神经网络的基本组成单元。

想象你在阅读一段文字，每读一个词你都会记住之前读过的词，并将这些信息结合起来理解整个句子。在循环神经网络中，循环单元就像你的大脑，每次接收到一个新的词，会结合之前读过的词来理解当前的词。隐藏状态就像你记住的之前读过的内容，每读一个新的词，都会更新你对整个句子的理解。读完这段文字后，开始进行阅读理解解题，在整个阅读过程中，每读一个词你都会根据整段文字的理解来做出一些判断并以此来回答问题，这就是输出层。

抽象理解一下，首先将输入序列送入循环神经网络，假设输入是一段文字，每个时间步输入一个词。在每个时间步，循环单元接收当前词的输入和上一个时间步的隐藏状态，通过计算得到当前时间步的隐藏状态。隐藏状态在每个时间步更新，包含先前时间步的信息，循环神经网络能够通过这种方式记住和利用先前的上下文信息。输出层接收当前时间步的隐藏状态，通过线性变换和激活函数生成当前时间步的输出。循环神经网络依次处理输入序列中的每个时间步，通过循环结构记住和利用先前时间步的信息，最终生成整个序列的输出，如图 2.9 所示。

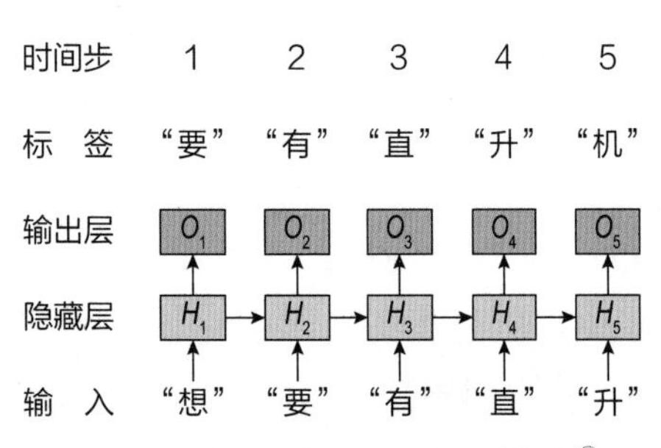

图 2.9　循环神经网络语言模型 ①

在循环神经网络中，循环单元的主要作用是处理每个时间步的输入并记住先前时间步的信息，而隐藏状态则用于存储和传递先前的时间步信息，输出层则用于生成每个时间步的输出。

2.3.3　生成对抗网络

这个概念比起之前两个更好理解一点，我们以武侠小说里精通左右互搏术的周伯通为例进行说明。周伯通通过左右双手互搏修炼武功，左手可以比喻成生成器，主要用于生成逼真的图像（生成数据）；右手则可以比喻成判别器，主要用于区分真实数据和生成的数据。

① 图片来源：阿斯顿・张，李沐，扎卡里・C. 立顿，等. 动手学深度学习. 北京：人民邮电出版社，2023.

如图 2.10 所示，首先，随机初始化生成器和判别器的参数，生成器先接收一个随机噪声向量，通过一系列非线性变换生成虚假数据。把真实数据和刚生成的虚假数据一起丢给判别器，判别器会通过计算给出一个真假数据概率并回过头来更新自己的参数，这就是在训练判别器。训练生成器则需要使用生成的虚假数据来计算判别器的输出，生成器的目标是最大化判别器误认为虚假数据是真实数据的概率。通过计算生成器的损失，更新生成器的参数。如此循环往复、交替训练，生成器会不断改进生成数据的质量，判别器则会不断提高区分真假数据的能力。

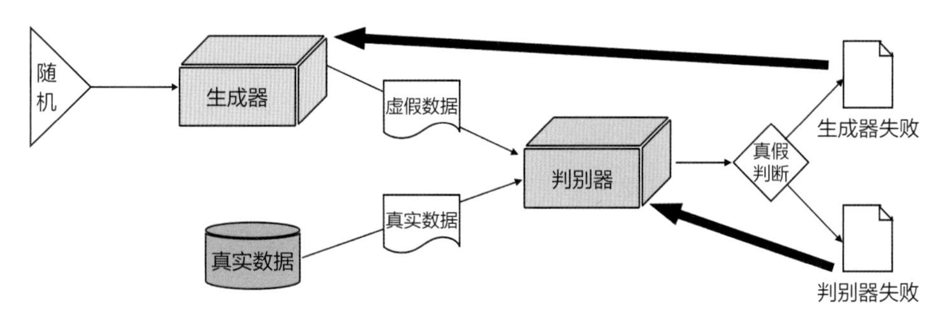

图 2.10　生成对抗网络简要流程

举一个可能不太恰当的例子，这个过程像极了学生和老师之间的“对抗”。学生尝试伪造一份作业交差，老师通过对比分析判断作业为假，让学生重新修改。学生根据老师的批语学习改进方法，再次提交作业，这次作业可能是学生自己改进的版本，也可能借助了某些工具。老师再次判定作业为假，给出评语让学生继续修改……如此往复，学生“伪造”水平越来越高，老师“鉴定”本领也越来越强。

生成对抗网络广泛用于图像生成任务，如虚拟人脸、动漫角色、风景画等。另外在超高分辨率图像生成、图像修复、风格转换、数据增强等方面也都有神奇的作用。

2.4　自然语言处理有多自然

人类的语言是极其复杂的，不仅有字面意思，还有弦外之音。一句完全相同的文字，在不同的情境、语速、语调，以及由不同角色说出时，都可能表达出截然不同的意思，因此，让机器"听懂"人类的语言就成为人工智能研究一个重要的分支。自然语言处理是将计算语言学与统计学、机器学习模型相组合，使得机器可以识别、理解和生成文本及语音的一个人工智能领域。

2.4.1 自然语言处理的过程

按照语言的构成等级，自然语言处理把语言处理拆分成词汇处理、句法分析、语义分析、语用分析等单元，每个单元又有不同的技术方案。接下来，我们一层一层拆解，并以实际的应用案例，帮助你更好地理解自然语言处理的整个过程。

1. 词汇处理

单词是句子的基本组成单位，机器在得到一段语言之后，首先要进行分词，并对词性进行标注，这个步骤被称为词汇处理，如图 2.11 所示。

分词有多种方式，不同的分词也可能产生不同的意思，所以还需要从更深层次来理解这句话。一般情况下，将文本分解成独立的词、词组即可。词性标注则是给分好的词组分配词性标签，比如动词、名词、形容词等。

2. 句法分析

拆分完词或词组之后就需要判断它们之间的相互关系，生成句法树，这比较好理解，就是分清文本中的语法结构，比如主语、谓语、宾语，以及更复杂的各种从句，如图 2.12 所示。除了句法树，词组相互之间的依存关系对于识别句子的结构和层次也至关重要。

我	喜 欢	学 习
代 词	动 词	名 词

图 2.11　自然语言处理中词汇处理示意

我	喜 欢	学 习
代 词	动 词	名 词
主 语	谓 语	宾 语

图 2.12　自然语言处理中句法分析示意

3. 语义分析

句法是死的，情感是复杂的，想要更好地理解一句话的意思，再上升一个等级就来到了语义分析，其中最重要的就是情感分析。机器可以分辨文本的情感倾向，简单一点有正面、负面、中立，复杂一点有讽刺、反讽，还有一些语言陷阱等。在语义分析这部分还有一个基础性质的工作就是把一些实体挑选出来，比如人名、地名、组织名称等。

4. 语用分析

语用分析更进一步，它把文本中表述的对象以及对其的描述与现实的真实事物、属性相关联。这部分可以处理文本中的各种关系，比如执行者、受影响者等。语用分析通过指代消解来解决很多代词关系，比如“李明喜欢学习，他每天都坚持学习”，这里的“他”在语用分析中就会被关联到“李明”这个角色。同理，还需要对进行语义角色标记，比如“李明今天打了篮球”，“李明”是执行者、“篮球”是受影响者。

通过上述单元拆解，基本了解了自然语言处理的工作流程，如图 2.13 所示。第一步是原始语言处理，即数据预处理，这里指的是清理并准备文本以便算法可以进行分析。预处理技术包括上面提到的分词、标注（词性标注）、关键信息提取等。第二步就可以进行算法开发，这一步是将预处理过的数据通过实体抽取、关系抽取、主题分类、情感分类等手段进行深度处理。

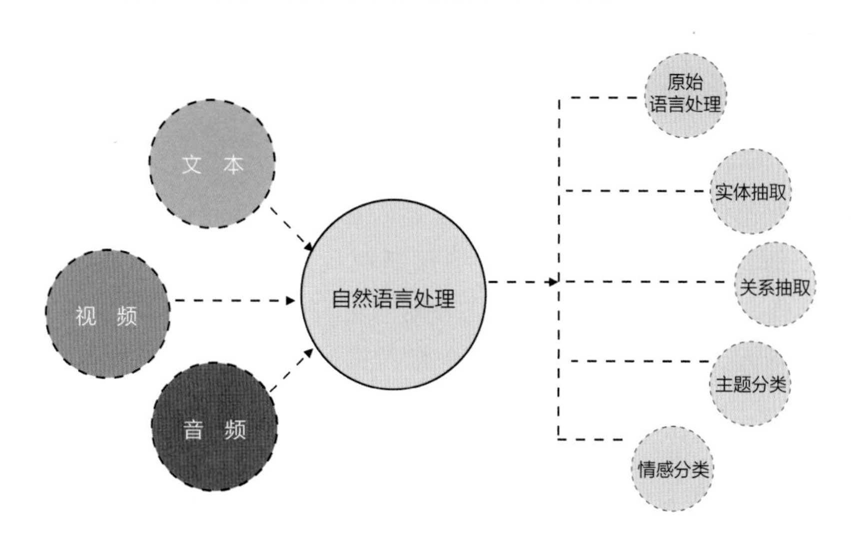

图 2.13　自然语言处理简要流程

2.4.2 自然语言处理的发展历程

自然语言处理的历史可以追溯到20世纪50年代，计算机专家开始探索机器与人类的交互，尝试让计算机可以理解人类的语言，下面一起回顾几个重要的时间节点。

1. 早期探索阶段

前文提到的图灵测试不仅是人工智能领域的重要里程碑，也是自然语言处理发展的重要节点。1950年，著名数学家、计算机科学家艾伦·图灵提出了图灵测试，这个测试的核心就是确立一些标准来判断计算机是否具有智能，测试让人类和机器对话，看人类能否分辨对话的对象是人类还是计算机，这是自然语言处理最早的思想启蒙。在早期探索阶段，技术人员开始开发一些基于特定规则的系统，尝试预定义一些规则来让计算机理解人类的语言输入。

2. 基于规则阶段

到了20世纪60年代，语法和语义分析被应用到自然语言处理之中，技术人员开始使用词性标注、句法分析等技术，让计算机可以更加准确地理解自然语言。在这个阶段，世界上第一个语料库诞生，即大型机器可以阅读的文本集合出现了。语料库里标注了很多基础信息，为后来的机器学习提供了非常好的数据基础。

3. 基于统计阶段

20世纪70年代，技术人员开始探索规则算法之外新的方法，统计学帮了大忙。使用统计学来处理自然语言的模型逐渐取代了早期粗糙的规则算法。进入20世纪80年代，自然语言处理的研究方向向更高效率的机器学习转移，机器算法在这个时候崛起，技术人员通过使用大量数据来训练模型并进行预测。

4. 深度学习阶段

进入21世纪，人工智能有了长足的进步，深度神经网络的兴起为自然语言处理带来了革命性的变化。深度学习模型，如卷积神经网络（CNN）和循环神经网络（RNN），极大地提高了自然语言处理任务的性能。BERT和GPT等模型，利用注意力机制来理解文本中的词语间关系，从而显著提升了语言理解和生成的效果。

自然语言处理的发展历程展示了计算机科学从基于规则的方法，逐步过渡到统计方法，再到深度学习和转换器模型的演进过程。这些技术的进步，使得计算机能够更好地理解和生成人类语言，为人机交互、信息处理和自动化带来了巨大的变革。未来，随着技术的不断发展，自然语言处理将在更多领域展现其潜力和应用价值。

2.5　大语言模型有多大

有了前面几个小节的基础知识，我们可以一起来认识一下经常看见的一个词“LLM”，也就是大语言模型（large language model，LLM）。顾名思义，大语言模型就是大量数据训练的模型，这种模型可以理解、生成自然语言和其他类型的内容并执行各种任务。随着 AIGC 的涌现，大语言模型几乎成为具有同样热度的词汇，看起来有点唬人，但关于它的基础概念前几节都涉猎了。

在软硬件技术研发人员的共同努力下，大语言模型的发展与机器学习、算法、神经网络的进步是同期发生的。大语言模型是一类基础模型，是基于大量数据进行预训练的超大型深度学习模型。神经网络充当大语言模型的底层转换器，转换器可以进行无监督训练或自主学习。值得注意的是，和循环神经网络不同，这里的转换器可以并行处理整个序列，而不是按顺序逐一处理。借助这一点，研究人员可以使用 GPU 训练大语言模型，其中通常包含数千亿个参数。

大语言模型的数据量非常庞大，可以举几个例子来直观感受一下。如图 2.14 所示，OpenAI 公司的 GPT-3 模型有 1750 亿个参数，到了 GPT-4，这个参数变成 1.76 万亿个！ GPT-4 由 8 个模型组成，每个模型有 220 亿个参数，其他模型如 Llama、Gemini、Claude 都已经突破千亿参数。

除了训练数据量大，大语言模型的大还可以是种类的数量大。大模型已经成为现在所有做 AI 的必争之地，拥有大语言通用模型某种意义上就是掌握了核心技术，不仅科技巨头纷纷深入，在国家层面也大举进入研发阵地。图 2.15 就很好地诠释了大语言模型的崛起与分布。

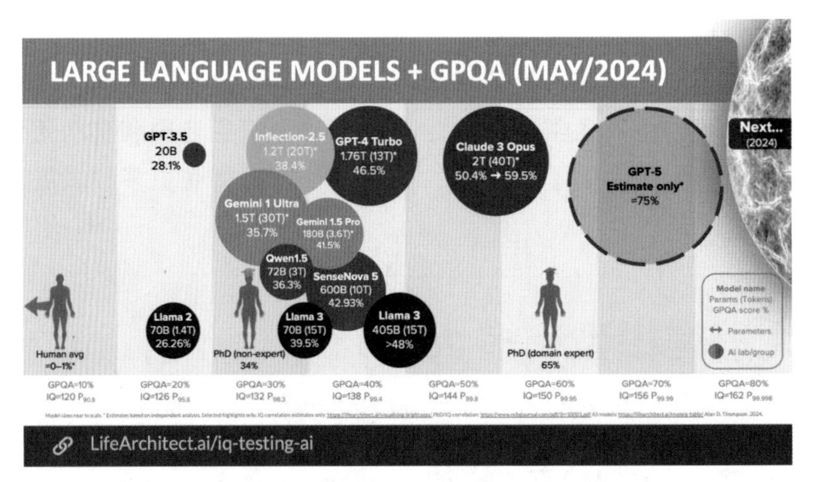

图 2.14　大语言模型参数对照（截自：lifearchitect.com）

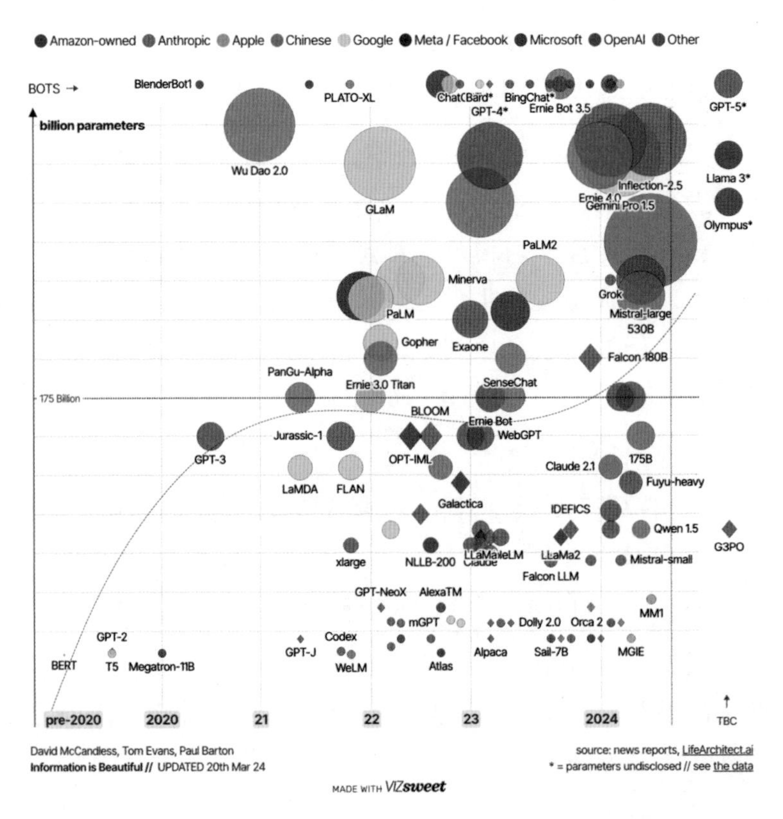

图 2.15　大语言模型进化分布（截自：lifearchitect.com）

图 2.15 中清晰可见大数据模型在 2022 年开始井喷，纵轴的参数（训练数据）迅速突破千亿水平线并在接下来几年继续快速扩大；横轴是时间线，从时

间分布来看，2022 年开始，大语言模型的种类也迅速增加，亚马逊、苹果、Google、Microsoft、OpenAI 等科技巨头纷纷进入大语言模型领域。

值得注意的是，统计图单独把中国大语言模型作为一个筛选项，如图 2.16 所示。百度文心一言、阿里通义千问、腾讯混元、华为盘古这些中国知名科技企业的大语言模型发展迅速。2024 年 5 月，由加州大学伯克利分校、加州大学圣地亚哥分校和卡内基梅隆大学合作的“全球大语言模型综合排名”中，中国产大语言模型排名最高的是由创新工场创始人兼 CEO 李开复领导的零一万物公司出品

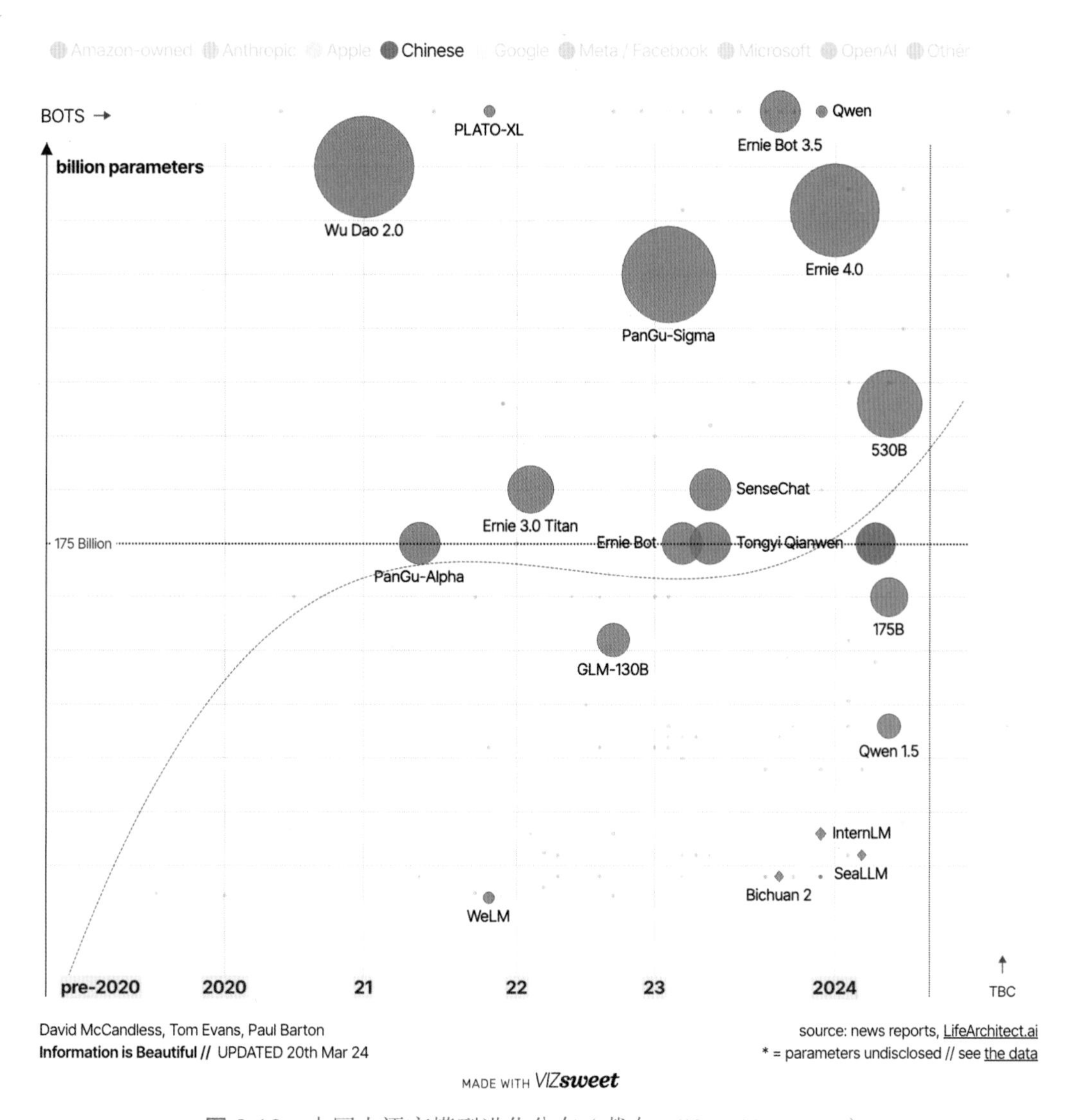

图 2.16　中国大语言模型进化分布（截自：lifearchitect.com）

的 Yi-Large。Yi-Large、Yi-Large-Preview 都是具有千亿参数的闭源大模型，在多个权威排名中都名列前茅。

2.6　ChatGPT 到底在聊什么

经过前面基础概念的学习，我们已经基本清楚了 AI、AIGC 的概念，按一般流程，这部分该开始动手操作了！不过，请先稍等，我相信还有很多新手有一些困惑，相比枯燥难懂的技术原理和概念，人人都在谈论的 ChatGPT 是什么？它和 AIGC 到底什么关系？是的，这的确是很多新手遇到的问题，实际上，很多人接触 AI 或者 AIGC 都是从了解 ChatGPT 开始。在铺天盖地的 AI 热潮中，ChatGPT 出现的频率要远高于 AIGC，某种意义上 ChatGPT 已经成为 AIGC 甚至是 AI 的一个代名词，所以，这一节单独把 ChatGPT 拿出来讨论。

最简单的理解，ChatGPT 就是一款人工智能应用、一个聊天机器人。你可以通过文字、语音甚至是摄像头等方式和它沟通，提出问题或需求，它会快速给出令人惊讶的处理结果。那它为什么如此受欢迎？为什么所有人谈论 AI 都离不开它？我们可以从 ChatGPT 的工作原理、发展历史和应用三个方面来理解。

1. ChatGPT 的工作原理

ChatGPT 是 OpenAI 公司开发的一种大规模自然语言生成模型，这个小小的聊天机器人背后蕴藏着海量的数据训练。正是基于 GPT（generative pre-trained Transformer）架构，通过对海量文本数据进行预训练，ChatGPT 具备了强大的自然语言理解和生成能力。可以通过其命名来理解这个神奇的工具，ChatGPT 由“chat”和“G”“P”“T”组成。chat 代表聊天，说明人与 ChatGPT 交互方式，可以像人与人自然交谈一样，不需要复杂的点击操作、规则设置，用户可以直接和机器人自然对话；G 代表 generative，生成式，表明机器人给出的所有答案或解决方案都是基于数据训练后的结果，并非人为控制的思维输出；P 代表 pre-trained，预训练，这是一种没有特定目标的训练，一般会先训练一个通用模型，如果有更细化的需求则会进行第二次训练以达到更好的效果；T 代表 Transformer，转换器，意思是把语言输出用编码器编码，然后经过解码器再解码的一个转换过程。所以，GPT 合起来就是一种预先训练好的生成模式，可以把输入的信息进行转换解释，而 ChatGPT 则是用聊天的方式完成这个过程。

2. ChatGPT 的发展历史

图 2.17 给出了 ChatGPT 的进化时间线，2018 年 OpenAI 公司发布了第一代 GPT 模型。此后，OpenAI 公司相继发布了 GPT-2、GPT-3、GPT-4，以及最新的 GPT-4o，每一代模型在参数规模和性能上都有显著提升。GPT-1 使用了深度学习技术，通过学习大量的文本数据，能够生成与输入文本相似的新文本，这也是首个基于 Transformer 模型的生成式预训练语言模型，并采用了无监督学习进行预训练。GPT-2 于 2019 年发布，参数直接飙升到 15 亿，这使得模型能够生成连贯、有意义的文本。2020 年 GPT-3 发布，这是我们比较熟悉的版本，这一代参数提升到 1750 亿，文本生成、问答、翻译等诸多功能都已经实现，大语言模型的优势得以显现。2023 年，GPT-4 将参数提升到 1.76 万亿，这代模型引入了更大参数规模、更复杂的模型，适用于更加复杂的语言任务。

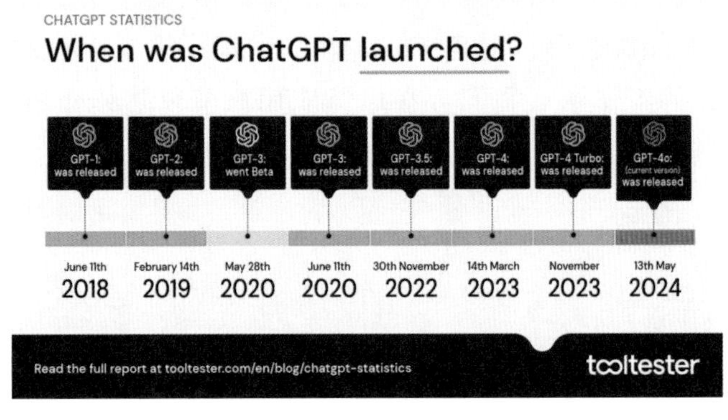

图 2.17　ChatGPT 进化时间线（截自：tooltester.com）

3. ChatGPT 的应用

GPT-4o 是 OpenAI 公司在 2024 年 5 月推出的旗舰语言模型，它在原有 GPT-4 模型的基础上进行了多项改进和优化，具备更高的性能和更广泛的应用能力。下面具体来看 GPT-4o 的新特性。

（1）性能提升与多模态能力。GPT-4o 的处理速度显著提升，响应时间比 GPT-4 更短。GPT-4o 新的语音模式响应时间缩短至 232 ms，已经接近自然沟通时间间隔。在提供相同级别智能的前提下，GPT-4o 的运行成本更低，使其在大规模应用中更具经济效益。

（2）多模态与实时处理能力。GPT-4o能够接收并处理文本、音频、图像和视频等多种输入形式，并生成相应的多模态输出。这使得模型在处理复杂任务时更加灵活和强大。借助摄像头，GPT-4o已经可以“看见”并“理解”真实世界，这是一个巨大的进步。GPT-4o还能实时处理音频和视频输入，例如，在实时视频中解释规则或提供实时翻译服务。

（3）图像理解与上下文扩展。GPT-4o在图像理解方面表现出色，例如，可以处理并解释图片中的内容，提供基于图片信息的翻译和解释等，在教育、旅游和信息查询等领域具有广泛的应用前景。GPT-4o可以处理最大128K字符长度的请求，大约是96000个单词或240页文档，不仅如此，GPT-4o处理长文档或复杂对话时能够保持更好的上下文连贯性，非常适合用于法律文档分析、技术报告生成等场景。

ChatGPT不仅提供了简单易用的交互界面和交互方式，还提供了基于Transformer模型的超级智慧。随着GPT-4o的出现，这个小小的工具已经可以处理绝大部分AIGC的工作了。我们会在后续应用章节里陆续介绍使用ChatGPT进行文本摘要、机器翻译、代码生成、PDF处理、思维导图制作、音视频总结等实际应用。

第3章 AIGC的正确打开方式

初步了解AIGC的相关概念后，你肯定已经跃跃欲试，准备大展身手了。但请先别急，这一章我们从学习方法、实践路径的角度再做一些基础准备工作。当然，也需要了解AIGC生态版图的全貌。

3.1 如何理解AIGC是生产力

学习AIGC到底在学什么？如果不先搞清楚这个问题，就一头扎进各种概念、原理中，可能会让人感到迷茫。其实没那么复杂，学以致用，学习AIGC的直接目的就是将其应用于实际，帮助人类更好地完成工作，提升工作效率。所以，本书会严格遵守这个原则，把AIGC当作生产力工具，后续所有章节都会以此为基准，帮助读者学会驾驭这个工具。

什么是生产力？简单来说，就是人类利用和改造自然的能力。和本书开头相呼应，使用工具是人类进化历史上重要的里程碑，而AIGC也许就是现代社会人人都需要熟练使用的那根“骨头”。AIGC的生产力表现如图3.1所示。为什么说AIGC是生产力呢？可以从以下几个方面详细探讨这个问题。

1. AIGC可以显著提高内容生产的效率

传统的内容创作过程往往需要耗费大量的人力和时间。比如，写一篇高质量的文章，设计一幅精美的图片，或者创作一段动听的音乐，都需要创作者投入大量的精力。而AIGC技术的出现，使得这些任务可以借助或完全使用人工智能来完成。以文本生成为例，像GPT-4这样的模型可以在几秒钟内生成长篇文章、新闻报道、营销文案等各种类型的文本内容。这样一来，原本需要数小时甚至数天才能完成的工作，现在只需短短几分钟即可完成，大大提高了生产效率。

例如，新闻机构可以使用GPT-4来快速生成新闻报道。效果最佳的是格式化新闻，比如财经、天气、路况等报道，即便是深度报道，AIGC也能提供很大帮助。当重大新闻事件发生时，记者可以输入关键事件和背景信息，GPT-4会生

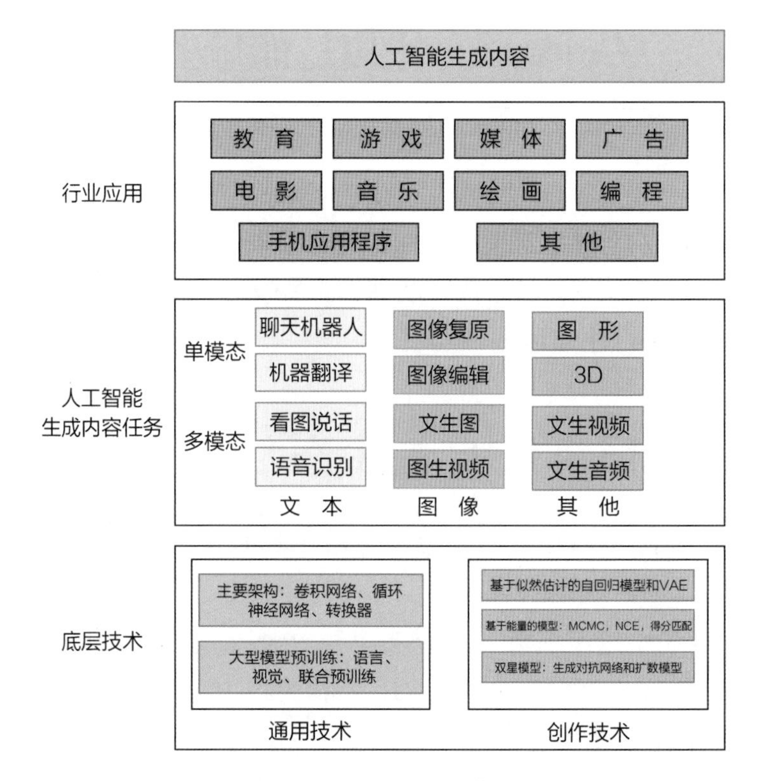

图 3.1　AIGC 生产力表现

成一篇详细的新闻报道。这样，不仅可以节省记者的写作时间，还能确保报道的及时性。过去，新闻机构需要大量记者和编辑来撰写和审核新闻，而现在借助 AIGC 技术，整个流程可以大大简化，提高了新闻发布的速度和效率。

除了文本生成，AIGC 在图像生成、声音生成方面也表现出色。通过生成对抗网络技术，人工智能可以根据输入的描述生成高质量的图像。这种技术在广告、设计和娱乐等领域有着广泛的应用。例如，设计师可以使用 AIGC 快速生成多种设计草图，从中选择最优方案进行进一步优化，从而大大缩短设计周期。此外，AIGC 生成的图像还可以用于电影特效、游戏开发等领域，极大地提升了这些行业的生产效率。

以电影特效为例，制作一个复杂的特效场景通常需要耗费大量的时间和资源。然而，借助 AIGC 技术，特效团队可以输入场景描述，AI 便能生成逼真的特效素材。例如，电影《复仇者联盟》系列中的部分复杂特效场景，就是通过人工智能辅助生成的。这不仅大幅缩短了制作周期，还显著降低了成本投入，使得电影制作变得更加灵活高效。在音乐创作领域，AIGC 同样展现出强大的能力，它可以根据输入的音乐风格和主题，自动生成旋律和伴奏。例如，流行歌手特拉维斯·斯科特（Travis Scott）在创作新专辑时，就使用了 AIGC 辅助创作工具。这些工具根据他的创作风格和输入的主题，生成新的音乐片段，供他参考和使用，这不仅丰富了他的音乐创作，还为他的音乐注入了新的元素和灵感。

2. AIGC 可以辅助决策，提升管理效率

通过分析大量数据，人工智能可以生成有用的见解和报告，辅助管理者进行决策。例如，AI 可以生成市场分析报告、财务预测和业务策略，帮助企业做出更明智的决策。此外，AI 还可以根据数据和历史记录，提供智能建议和预测，帮助企业优化决策和策略，提升整体运营效率。亚马逊公司就利用 AIGC 分析其全球销售数据，生成市场趋势和需求预测报告。这些报告助力亚马逊公司优化库存管理和市场策略，确保在不同地区提供合适的产品和服务。借助 AIGC 技术，亚马逊公司能够更加准确地预测市场需求，减少库存积压，提升运营效率和客户满意度。

3. AIGC 可以显著降低成本

传统的内容创作需要大量的人力资源，而人工智能的介入可以减少对人力的依赖，从而节省人力成本。例如，企业在进行营销活动时，需要大量的广告文案和宣传图片。过去，这些内容需要由专门的创意团队来完成，成本高且时间长。而现在，借助 AIGC 技术，企业可以自动生成这些内容，既节省了成本，又提高效率。此外，AIGC 生成的内容还可以进行大规模的复制和传播，进一步提升了资源利用效率。耐克在推出新产品时，就会利用 AIGC 技术辅助自动生成产品广告和宣传文案。AIGC 根据产品的特点和市场需求，生成多种风格的广告内容，供市场团队选择和优化。这不仅节省了广告创作的时间和成本，还确保了广告内容的多样性和创意性，从而提高了市场营销的效果。

总的来说，AIGC 通过自动化和智能化内容生成，极大地提升了生产效率，降低了生产成本，激发了创新和创造力，辅助了决策过程，并扩展了应用场景，带来了显著的经济效益和社会效益。随着技术的不断发展，AIGC 在更多领域展现出其潜力和应用价值，推动了社会生产力的进步和发展。人工智能生成内容已不再只是科幻小说中的概念，而是已经切实地改变了人们的生活和工作方式。利

用AIGC技术，我们能够更高效地完成任务，创造出更多有价值的内容，从而推动整个社会向前发展。

3.2 新手学习路径

好了，我知道AIGC很棒，很重要，那么如何正确、快速地学习AIGC呢？很多人在各种地方了解一些名词，去很多群里讨论一些概念或应用，也有人报名参加各种训练营……其实不用那么复杂，学习AIGC的路径可以很简单。

一句话：学以致用。既然AIGC是生产力工具，而工具必然是为需求而准备的，所以正确的学习路径应该是以需求为出发点、以工具为手段，最终实现降本增效的目的。因此，你大可不必先深度学习各种工具的使用，在了解基本概念后，应该先反过来问自己：我需要AIGC做什么？

CPAC框架可以帮助新手找到快速学习的路径和方法。C、P、A、C分别指代学习过程中的4个步骤，即了解概念（conception）、分析原理（principal）、观察应用（application）和动手创造（creation）。聪明的你也许已经发现了，这个框架正是本书的整体结构。本书前3章详细介绍了AIGC的基本概念、分析原理以及行业应用，这种结构和步骤可以帮助你在实践的时候更加得心应手。

以图3.2为例，任务是用AIGC生成并部署NFT。根据CPAC框架，首先需要了解NFT、智能合约的基本概念，弄清楚AIGC生成图像、代码的原理，找到市场上已经存在的近似项目，在综合汇总的基础上开始行动。首先需要定义好需求，通过ChatGPT把整个项目需求分析清楚并记录关键任务；下一步就是拆解任务，通过图像类AIGC工具设置提示词把NFT图像设计出来，这里可以借助Canva等批量处理工具；通过代码类AIGC工具生成基础智能合约代码并检查安全性，完成部署实践。为什么要举这个例子？因为设计、部署NFT是大部分新手非常陌生的事情，通过CPAC框架的思维训练，你可以更快地了解并借助AIGC快速实践。

真是神奇！所以别孤立地去学习一个软件工具的使用，要想学好AIGC并付诸实践，先退一步从宏观上不断重复训练自己的工作流。通过大量的概念、原理学习，把这些东西内化成一种解决问题的思路，然后通过创造性的劳动把目标完

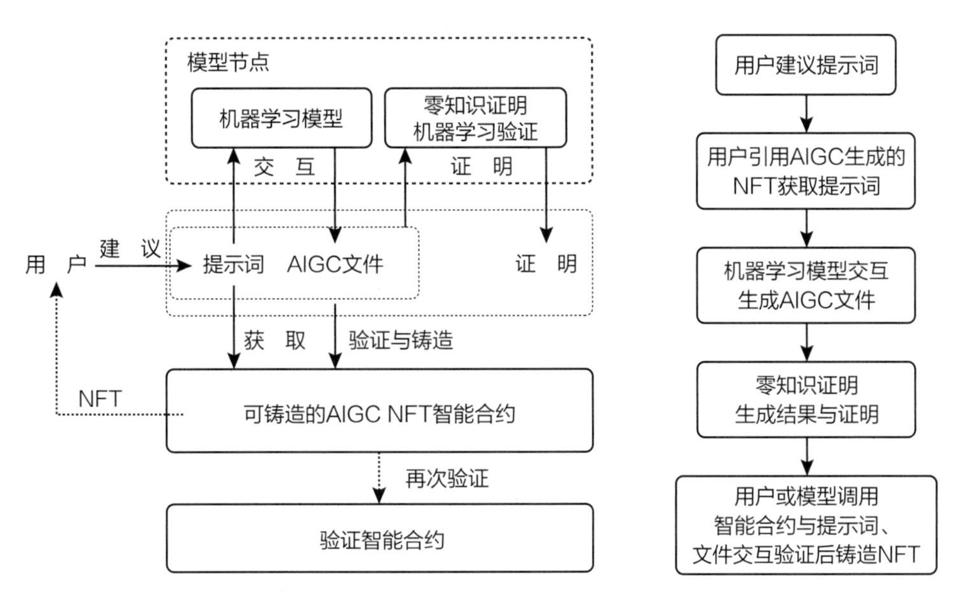

图 3.2　AIGC 生成并部署 NFT 工作流程

成。有没有觉得这段话很熟悉？对的，这就是 AIGC 的实现过程。输入信息，借助不同模型进行训练，通过转换器对输入和输出进行转换，最终给出结果。

至此，是人类在训练 AI 还是 AI 在训练人类，已经越来越模糊了。

3.3　AIGC 生态一览

这一节，跳出概念、原理、方法等枯燥的知识点，一览全局，从生态版图的高空视角看看 AIGC 行业都有什么产品、服务。AIGC 生态系统涵盖了从基础研究到应用开发的各个方面，形成了一个庞大而多样的体系，随着技术的不断进步，AIGC 在各个领域的应用将会更加深入和广泛。通过理解和利用这个生态系统，读者可以更好地掌握 AIGC 技术，为自己的工作和生活带来更多的便利和创新。

红杉资本每年都会出具 AIGC 的生态版图，最近更新的是 V3 版（图 3.3）。在 V3 版里，红杉资本调整了生态结构布局，把 AIGC 生态划分成消费市场、企业市场（横向、纵向）以及产销合一市场。

消费市场是用户可以直接接触、使用的场景，从红杉资本给出的细致分类里可以看见 AIGC 在娱乐、社交、数字人、教育、音乐、公共关系、个人助理、游戏等领域都有广泛应用。这些产品或服务大部分来自于我们熟悉的大公司、大企

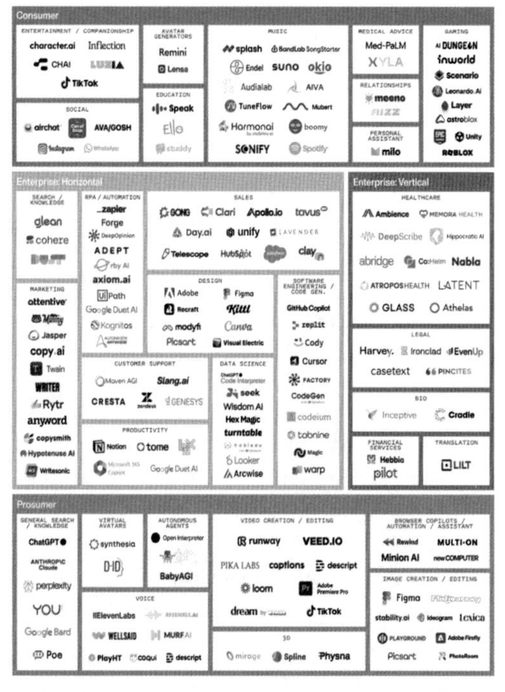

图 3.3　全球 AIGC 生态版图 V3 版[①]

业，比如 TikTok、Instagram、WhatsApp、Spotify、Roblox 等。它们在现有产品或服务中直接融入 AIGC 功能，比如 TikTok 的智能推荐、智能剪辑等都可以用 AIGC 完成。创新企业里，Lensa 已经成为比较受欢迎的数字人生成、运营平台，Suno 可以辅助音乐创作。

红杉资本将企业市场按横向、纵向做了分类整理。横向分类里，营销服务、客户支持、设计辅助、数据科学、软件工程、销售支持、生产力工具占据了 AIGC 版图的半壁江山。纵向分类里，健康、法律、生命、金融、翻译则补充了许多优秀的个案。和消费市场一样，巨头身影总是不可或缺，Google、Salesforce、Adobe、Microsoft 等都有非常棒的企业级 AIGC 产品，创新服务里，Canva 已经成为内容创作必备平台，Notion AI 在资料辅助管理方面表现令人惊讶，GitHub Copilot 已经成为编程领域不可或缺的基础设施。红杉资本还在 V3 版里新增了一个版图来分类盘点 AIGC 基础设施堆栈情况（图 3.4）。

① 图片来源：https://www.sequoiacap.com/article/generative-ai-act-two/

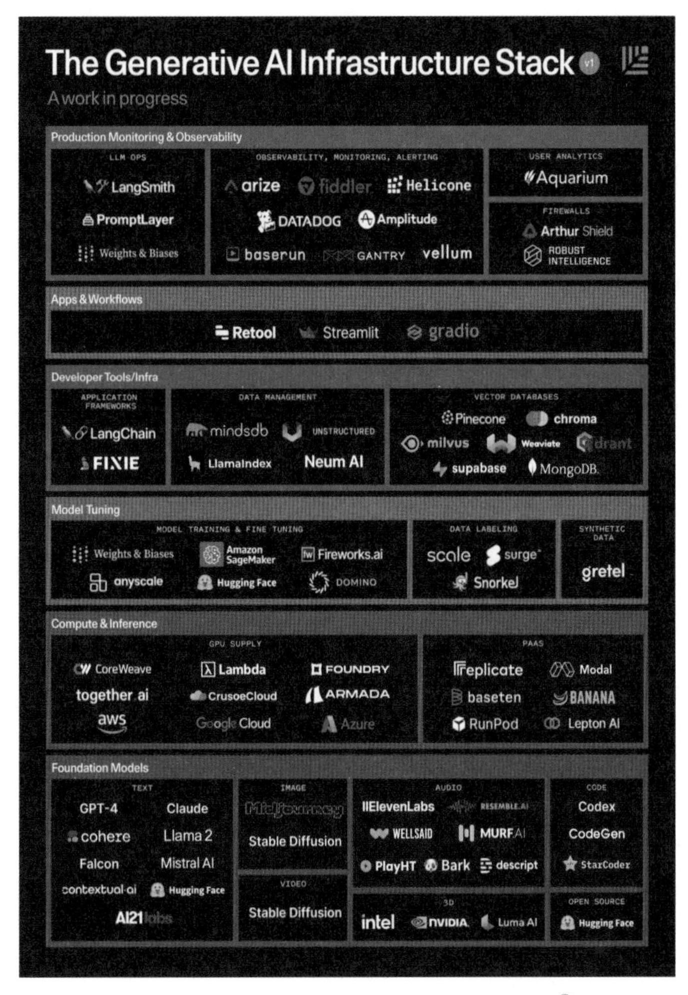

图 3.4　全球 AIGC 基建堆栈版图 V1 版[①]

在营销领域，产销合一市场的概念强调了生产者和消费者之间的界限变得模糊，两者之间的互动和共创价值成为营销活动的重要组成部分。比如 ChatGPT，使用者既是消费者（获取内容）也是生产者（输入内容作为深度学习资料），在通用知识赛道，除了 ChatGPT 还有 Google 公司的 Bard、Quora 公司的 Poe 等竞争者。虚拟人、匿名代理、声音克隆、视频创作、3D、图像处理都是典型的产销合一市场领域，消费者提供内容，内容会被作为训练资料不断改进 AGIC 的产出效果。

① 图片来源：https://www.sequoiacap.com/article/generative-ai-act-two/.

从 V3 版的 AIGC 版图可以明显感受到一个巨大的改变：AIGC 正从基础模型研究、创新过渡到真正解决客户需求。这种转变意味着 AIGC 已经不再停留于基础研究、极客玩物，它已经在企业市场、消费市场、产销合一市场通过工具、服务、应用满足社会需求，提升效率，降低成本。

在红杉资本的文章描述里，记录了 V2 版到 V3 版的一些预判错误，很有趣，我们可以站在事后的角度来看看短短一年时间，AIGC 发生了怎样的变化。第一个错误预判是 AIGC 的发展速度，按照之前预测大概需要 10 年时间 AIGC 才能拥有辅助新手写代码的代码生成能力、流畅的语音克隆能力，事实上，只用了 1 年时间，GitHub Copilot 工具已经可以生成非常高级的代码，Eleven Labs 公司已经可以克隆以假乱真的音频。另外一个误判也很有意思，2022 年红杉资本觉得“护城河”① 会是数据，好的企业会通过训练大量数据获得更好的模型，然后带来大量应用。事实上，当 AIGC 逐渐过渡到应用阶段，一个应用或企业的“护城河”已经回归到客户和体验，而非数据。

但是整体预测里也有很多令人振奋的事情，比如会出现一批杀手级的应用，ChatGPT 就是其中之一。

盘点科技历史上产品达到 1 亿用户所需要的时间（图 3.5），Telegram 用了 61 个月，Spotify 用了 55 个月，Pinterest 用了 41 个月，Instagram 用了 30 个月，横空出世的 TikTok 席卷全球仅用了 9 个月，而 ChatGPT 达到 1 亿用户仅仅用了大约 2 个月时间。

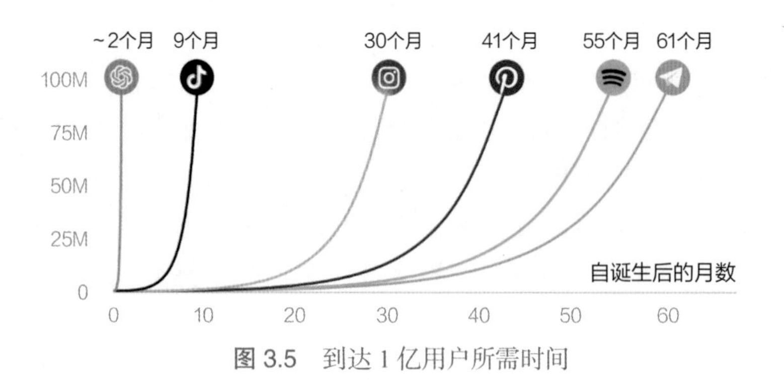

图 3.5　到达 1 亿用户所需时间

① 在商业竞争中，“护城河”通常指企业拥有的难以被竞争对手复制的优势。

ChatGPT 的顺利出圈也促使更多人开始了解、使用 AIGC，一个行业爆火产品的出现一般寓意着这个行业进入了大规模普及的拐点。所以，感谢你的阅读，此刻你正在这个拐点处，接触到最先进的 AIGC 行业，在后续章节中，我们开始正式动手，玩转 AIGC。

第 2 部分
AIGC 内容创作实战

学习完第 1 部分的理论知识，现在就动手吧！第 2 部分我们将动手实践，利用 AIGC 完成多种内容格式产出！

第 4 章 AIGC 玩转文本处理

4.1 Prompt，神奇咒语一点通

美少女战士水冰月变身之前会大喊一声“月棱镜威力，变身！”这句话就像咒语一样，瞬间打开一个新世界。和很多虚拟故事一样，想要用好 AIGC 也需要先学会使用咒语——Prompt。Prompt 被翻译成提示词或咒语，它是我们与 AIGC 进行交流的“话术”。机器无法猜测你的想法，所以需要一定的话术来让它更好地理解你、服务你。不同 AIGC 工具的提示词大同小异，可以使用 OpenAI 公司提供的提示词指南来建立一个大致的框架，然后根据需求灵活变通。

OpenAI 官方提示词指南给出了 6 条建议帮助我们编写和优化提示词，请注意，这只是一份建议，并不是标准答案。AIGC 的深度学习每天都在进步，时至今日已经没有人可以给出最准确的提示词与之交互，只能从静态的框架角度出发，总结如何更好地使用提示词。

1. 清晰描述自己的需求

第一次和 ChatGPT 对话，可以假设它是一个陌生人，你向陌生人提出一个请求，如果想要得到正确或精准的反馈，首先应该描述清楚自己的需求。这很容易理解，人没有读心术，机器更没有，你如果不说，或者说得不够清楚，那么你得到的答案就会很模糊。这个要求并不高，但实际情况却是大部分人并不善于表达清楚自己想要什么，这里有一些小技巧可以使用。

（1）分配角色，让机器知道自己是谁。AIGC 训练了数以万亿计的数据，理论上它可以胜任任何角色，所以在开启一个任务之前，如果给它一个特定角色，那么就会大大简化它理解问题的难度。比如告诉它“你是一个临床经验丰富的心理咨询师”，这个时候你问它“有点焦虑，应该怎么办”，它就会以这个角色给出更加贴近实际的答案。

（2）描述细节，让机器知道得越多越好。不需要死记硬背很多 Prompt 框

架，就像人与人沟通不需要背台词一样，当你不确定的时候，尽量描述更多细节，越详细越好。细节可以帮助 AIGC 更好地理解问题和思考解决方案，以节约时间。

（3）分隔符号，让语义更加明确。口语可以用重音、语气、语调、停顿等方式赋予句子不同含义，书写文字则需要使用分隔符号来区分不同含义。ChatGPT 需要使用诸如三引号、XML 标记、章节标题等符号来区分，这样有助于提高回复质量，任务越复杂，使用分隔符号消除歧义就越重要。

（4）拆分步骤，让任务更加清晰。在处理一些比较复杂的任务时，把大任务拆分成小步骤效果会更好。比如直接要求 ChatGPT 将一小段英文翻译成中文，如果只给它提示词“把这段文字翻译成中文，通俗易懂”，就不如拆分为“把这段文字翻译成中文，分成两个步骤，第一步先直译然后输出结果，第二步再把直译内容进一步修改，使得更接近中文表达方式，风格是简洁明了的通俗语言，然后输出结果”。

（5）善于举例，让机器也可以心领神会。有一些任务无法用语言精准描述，使用描述细节的方法也不行，那么适当举例子可以帮助机器学习、模仿。一个好的示例可以省去很多描述，比如你想让 ChatGPT 写一首婉约一点的宋词，描述离别的情绪，这个时候你描述再多，不如举个例子《雨霖铃・寒蝉凄切》，它会很快领悟并给出更好的回复。

（6）把握长度，让机器“心里有数”。指定 AIGC 给出回答的长度通常会得到不同质量的回复，不过需要注意，ChatGPT 的字数是按照 token 数量计算的，不是单词数。你可以指定的格式包括段落、要点、句子等，AIGC 会根据这些要求调整给出的答案，这在处理大篇幅的交互时非常有用。

2. 给机器更多参考资料

正常人类交流需要谈话背景，双方必须在同一个情境下交谈，否则很容易陷入开放式交流，出现鸡同鸭讲的情况。人如此，机器亦是如此，而且，AIGC 更擅长一本正经地胡说八道，夸张一点说，没有它不知道的事情，只有它不知道具体情境的事情。所以，针对特定性的事，最好给机器提供背景参考资料。

（1）借题发挥，禁用开放式回答。可以使用三引号、提供链接、上传文件

等方式给 ChatGPT 提供详细的背景资料，通过对背景资料的阅读和学习，要求 AIGC 从原文中找到对应消息作答，如果找不到就回答“不知道”，避免自由发挥。

（2）引用原文，增加要求。英语考试中的阅读理解题型，通常需要根据上下文作答。这里可以给 ChatGPT 上点难度，要求它只引用原文内容进行整理回答。在这样的规则限制下，AIGC 给出的答案就会更加精准。记得提示它，如果原文没有相关内容可以作为答案，则直接输出“无匹配”。

3. 把复杂任务拆分成子任务

对于一段长而复杂的问题，往往很难得到最佳回复，机器深度学习是模仿人类的逻辑，所以对机器来说也是一样。将复杂的任务拆解开来，逐一提问，往往会得到更好的回复。

（1）意图分类，找到切题提示。先整理好自己的需求，把需求按主要、次要分类或者按其他格式分类，使用 ChatGPT 先定义好提问的类别。给出问题后，先提问主要问题，获得满意答复之后再提问次要问题，给机器设定好框架，按顺序回答。

（2）前情提要，让机器不健忘。ChatGPT 可以处理的文本长度是有限的，对话持续到一定长度后，机器经常会忘记之前的对话内容，导致答案变得不靠谱。这就需要我们在一定对话长度之后，请 ChatGPT 回顾、总结一下之前的对话内容，把这部分内容作为记忆的一部分，继续提问。

（3）分段总结，递归构建完整摘要。如果要总结一本书或非常长的文档，ChatGPT 直接给出的结果往往不尽如人意。这个时候，可以分章节进行总结，让 ChatGPT 先单章节给出摘要。在所有章节的摘要都做好之后，再按章节顺序对所有摘要给出一个总摘要，并适当提醒 ChatGPT 前后文的故事背景，以确保摘要的连贯性和完整性。

4. 让它自己先思考一会儿

AIGC 输出的过程往往是格式化的你问我答，但其实我们低估了人工智能的智慧，有时候，抛出问题但先别急着要答案，让机器先自主“思考”一会儿，有可能收获更好的效果。

（1）给予时间，让机器先推理。这个过程，其实是让 ChatGPT 从基本原理出发，先推理后给出结论，而不是直接给出结论。这个推理过程更加宝贵，同时也能避免很多低级错误。比如在批改学生的数学作业时，可以要求 ChatGPT 根据自己的知识，先把题目做一遍，然后和学生的作业进行对比，最后给出批改意见。

（2）多问一句，别让机器偷懒。ChatGPT 确实会偷懒，在处理长篇幅对话时或一些特殊情况下，AIGC 可能会过早停止思考，草草给出答案。所以在进行创作的时候，可以在问题最后提示一下如“你还有什么遗漏的吗？”以唤起机器思考，再通篇检查一遍，查漏补缺。

5. 借助外部工具

为了获得更好的答案或处理一些特殊问题，OpenAI 建议可以借助外部工具来增强对话质量。涉及知识检索，可以使用嵌入内容的方式来为对话提供更多背景资料。在需要做精确计算时，可以通过编写代码、调用 API 的方式进行。比如在解决一些复杂数学问题时，最佳策略是让 ChatGPT 编写一段解决这个难题的代码，然后复制代码去运行以得到答案，最后再回到对话。OpenAI 还提供了一些可调用函数，你可以在请求时附带一些函数描述，它会按照你的要求生成函数的参数。这些参数是 API 用 JSON 格式传回来的，调用运行函数之后再返还给模型，如此反复操作，直到得到最佳答案。

6. 系统性地评估和测试

还记得前文提到的监督学习和无监督学习吗？是的，ChatGPT 给出的答案往往不是满分答案，我们需要为它做一个打分。假设我们知道完美的答案要素，那么就可以针对 ChatGPT 给出的答案进行“挑刺”，引导它给出包含全部要素的、接近完美的答案，这就是监督学习的一部分。这里需要提醒的是，当你提出一个问题的时候，最好知道完美答案应该是什么样。换句话说，要时刻警惕 AIGC 给出的答案，因为它的答案必须经过系统性的评估和测试。

以上是 OpenAI 给出的官方 Prompt 优化建议，只要遵循上述规则，就可以写出来比较优秀的提示词。很多读者可能困惑于为什么还有提示词进修班或售价几万元的提示词。其实万变不离其宗，许多在售卖或教学的提示词无非是在上述建议的基础上进行了结构化、具象化的处理。比如有一些结构化的提示词用于指导如何写出爆款内容、如何提升思维认知、如何解决法律问题等。这些结构化的提示词确实可以提高效率，但我们也应该明白，在学习基础方法之后，所有结构化的提示词都可以自己动手来编写。

4.2　3 个步骤打造小红书爆款

小红书是受到年轻人青睐的内容社交平台，许多自媒体创作者通过小红书平台获得了大量粉丝并实现了商业化，形成了规模庞大的产业群。打造小红书爆款笔记是许多人学习 AIGC 首先想实现的目标，有了 AIGC，自媒体从业者在内容创作方面确实如虎添翼。但坦白说，AIGC 只能辅助博主完成基础工作，提升工作效率，真正有价值的所谓爆款，需要博主持久地稳定输出高质量的内容，切勿本末倒置。这一节就立即上手，完成小红书爆款内容的拆解、模仿、创作等一系列工作。

4.2.1　训练模型

如果你在 ChatGPT 里直接提要求，让它写一篇关于出行攻略的爆款文章，它会立即“非常自信”地给出答案，但这些答案往往离目标相距甚远。为了更好地驾驭 ChatGPT，第一步要做的事情就是给它投喂足够的资料，让它先好好学习。

学习需要数据，数据量越大、越准确，训练的效果越好。我们需要借助一些工具，获取小红书平台出行攻略这个分类下的热门笔记，这里可以利用新红等第三方平台——支持批量导出 Excel 格式的数据（图 4.1）。如果没有此类工具，也可以手动找到热门笔记后复制链接，把所有整理的链接直接复制到 ChatGPT-4 或 ChatGPT-4o 中，它可以直接读取外部网页数据进行学习。

请注意，这里只选择了旅行分类、出行攻略小分类的数据，这些样本距离训练出一个优秀的模型还差很远。这里举例的目的是希望读者可以更好地理解 AIGC 的工作原理，在原理的工作框架内更好地使用工具。随着样本数据容量的增加，交付的东西越具有实操价值。

图 4.1　批量导出热门笔记数据（截自：xh.newrank.cn）

本案例中，我们选择导出这个分类里 500 条数据作为训练资料，提供给 ChatGPT 学习。导出数据格式比较复杂，稍微做一些处理，仅保留标题、原文链接、标签和发布时间（图 4.2）。通过标题可以学习如何撰写优秀的标题，通过原文链接可以全文查阅，学习笔记的结构和写作特点，标签和时间可以作为辅助信息。

序号	笔记标题	笔记链接	账号昵称	点赞总量
1	??不准你们花商务舱的钱坐“经济舱”！！	https://www.xiaohongshu.com/discovery/item/663b2150000000001e034a9f	Cozy方得航空机票	32442
2	大理反向攻略‼不踩坑就是省钱	https://www.xiaohongshu.com/discovery/item/66472a70000000015011dcb	脆皮甜彤	36348
3	??第一次去香港旅游咋没人告诉我这10件事！！	https://www.xiaohongshu.com/discovery/item/66506481000000000160112b2	宝藏兔姐	43320
5	盘点五一假期各大景点的人山人海	https://www.xiaohongshu.com/discovery/item/6635f389000000001e0193e6	旅游推荐官	19184
6	快看！大学生也能免费坐高铁！每个人都可以！	https://www.xiaohongshu.com/discovery/item/664f11ae000000000f00c454	茜茜有东西	28331
7	乘坐海洋邮轮一定要注意的五大坑	https://www.xiaohongshu.com/discovery/item/66423c71000000001e0366ba	陈雯琪	44158
8	无法想象｜日本洗澡有多野	https://www.xiaohongshu.com/discovery/item/664c647d000000000c01baaf	汤老师的日本记录	12175
9	《能套用在各种旅游上！》的经验分享（四）	https://www.xiaohongshu.com/discovery/item/663b5075000000001e01c931	脑洞爆炸红	20288
10	人均不过万吃住全包的岛！躺平4晚太爽了	https://www.xiaohongshu.com/discovery/item/66432e32000000001e01ce2d	探店官大C	8750
11	韩国攻略...寻找公共厕所大作战!首尔厕所自由	https://www.xiaohongshu.com/discovery/item/664dd12c000000001401a72c	小鱼同学UAU	10287
12	当我用穷游的方式解锁扬州，就会发现...	https://www.xiaohongshu.com/discovery/item/664ffc51000000000500424e	宥宥不会喝酒	7172
13	封建社会三房太太的不同命运....好感慨。。。	https://www.xiaohongshu.com/discovery/item/663a4e3f000000001e032627	圆圆的小岛之旅	9715
14	她也太会发朋友圈了吧??	https://www.xiaohongshu.com/discovery/item/6639fb4f000000001e02f5b5	小红薯6648553F	9017
15	廉航休想收我行李钱！	https://www.xiaohongshu.com/discovery/item/66547576000000000500572e	Rachel吃火锅	7432
17	韩国攻略...SEVENTEEN同款路线游首尔！??	https://www.xiaohongshu.com/discovery/item/66546dc00000000005007b93	小鱼同学UAU	7437

图 4.2　整理热门笔记数据清单

4.2.2 创建 Prompt

准备好基础数据，就可以在 4.1 节知识的基础上设计 Prompt（提示词）了。根据结构化提示词的建议，我们采用“角色”“特长”“任务”结构，先给 ChatGPT 设计一个角色。

你是一个拥有 10 多年自媒体文案经验的文案大师，你非常擅长在小红书平台创作爆款热门笔记文章，你的主要受众是 25 ～ 35 岁的女性，你的文章轻松又有文采，让人一看标题就很容易被吸引点击阅读，而且你非常善于利用文案与读者互动，增加内容的互动性。

了解了。你是否需要我帮助你创作一篇小红书笔记文章？如果是的话，请告诉我你希望的主题或关键点，我会为你撰写一篇吸引人且互动性强的文案。

这里复习一下拆解提示词。

角色：文案大师。
资历：10 多年自媒体经验。
特长：非常擅长在小红书平台创作爆款热门笔记。
受众：25 ～ 35 岁的女性。
文风：轻松又有文采，容易互动。

在这个结构的基础上，再丰富一些要求，就可以得到一个相对比较完整的结构化提示词，它包含以下内容：

```
#Role:<name>：指定角色，让 ChatGPT 聚焦在指定领域
##Profile：记录版本信息
##Goals：简要讲清目标
##Constrains：描述限制，简化运算
##Skills：描述技能强项，强化输出范围
##Workflow：定义对话输出的方式
##initialization：启动的口令
```

现在将准备好的数据表格上传到 ChatGPT，并提出表格格式和一些必要的说明。

在开始之前，我先给你一组爆款文章数据作为学习资料。

好的，请提供这组爆款文章数据，我会仔细学习并根据这些数据为你提供最适合的建议和文案创作。你可以将数据文件上传或直接在这里分享内容。

数据表里有 500 条数据，主要分析笔记标题和笔记标签，也可以通过笔记链接查阅完整的笔记进行学习。学习的目的是打造爆款笔记模型，如果顺利学习完毕，请回复：已经学会了。

<上传 Excel>

已经学会了。

接下来，你是否希望我基于这些数据为你创建一篇爆款小红书笔记？如果是的话，请告诉我你希望的主题或关键点。

到这个步骤，已经完成了训练数据的投喂，在提供数据表单时，最好描述一下表格的结构，不同单元格的名称、意义和用途。ChatGPT 回复“已经学会了”，但这个时候并不是真正学会，还需要进一步检查它学习的结果，并结合实际情况对结果进行评估、修正。

请根据刚才的数据学习，总结小红书爆款文章的 5 个要素，并分别描述。

基于对提供的数据的分析，以下是小红书爆款文章的 5 个要素：

1. 引人注目的标题

标题是吸引读者点击的第一步。成功的标题通常具有以下特点：

引发共鸣或好奇心：如“不准你们花商务舱的钱坐‘经济舱’！！”通过强烈的语气和引人注目的符号吸引注意力。

实用性和权威性：如“大理反向攻略！！不踩坑就是省钱”，强调提供实用信息和避免陷阱。

突出关键内容：如“第一次去香港旅游咋没人告诉我这 10 件事！！”，明确列出具体内容，让读者知道会得到哪些实用信息。

2. 精准的标签

标签可以帮助文章被更多目标读者看到。成功的笔记通常会使用多个相关标签，确保文章能够覆盖更广泛的受众群体。

多样化标签：如“{ 旅行 , 香港 , 带娃 , 旅游攻略 , 旅游听我劝 , 旅游 }”，涵盖了多方面的内容，增加了被搜索到的概率。

精准标签：如“{ 五一假期 , 景点 , 旅行 , 旅游攻略 , 五一假期旅游 , 旅游 }”，具体到某个节假日，吸引在此期间有出行计划的读者。

3. 高互动性内容

互动是衡量笔记成功的重要指标，包括点赞、评论和收藏。高互动性内容通常具备以下特点。

实用性强：如旅游攻略、购物建议等，这类内容容易引发读者的兴趣和共鸣，从而增加互动。

引发讨论：提出问题或引发思考的内容往往能够引发更多评论，如“旅行测评”类文章，读者会分享自己的经验或提出问题。

4. 优质的视觉内容

视觉内容包括封面图片和笔记内的图片。高质量的图片能够吸引更多的点击和阅读。

高质量图片：清晰、美观、内容丰富的图片能够吸引读者的眼球。

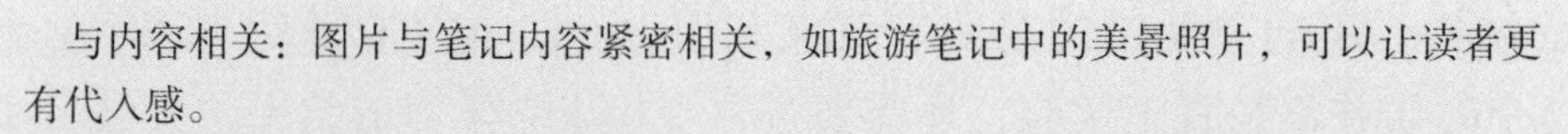

与内容相关：图片与笔记内容紧密相关，如旅游笔记中的美景照片，可以让读者更有代入感。

5. 发布时间

发布时间对文章的曝光率有重要影响。选择合适的发布时间可以确保文章被更多的目标读者看到。

热点时段发布：如在节假日前发布旅游攻略类笔记，可以吸引更多有出行计划的读者。

读者活跃时段发布：根据数据分析，在读者活跃时段发布笔记，如午休时间或晚上，能够获得更高的曝光和互动。

总结起来，小红书爆款文章的关键要素包括引人注目的标题、精准的标签、高互动性内容、优质的视觉内容和合适的发布时间。这些要素共同作用，提升了笔记的吸引力和传播力。

整体来说，学习效果很好。学习了 500 篇爆款笔记之后，ChatGPT 给出爆款笔记的 5 个要素，但仔细分析一下，发现第 5 点是运营策略而不是文案策略，所以需要进一步修改。

第 5 点，发布时间不算文案特色，请根据学习内容重新整理替换这一条。

5. 个性化和真情实感

读者往往会被真实和个性化的内容所吸引。表现出作者的个人风格和真实体验，能够增加读者的信任和共鸣。

个性化表达：展示独特的观点或风格，让读者感受到作者的独特魅力。

真情实感：分享真实的体验和感受，如旅游笔记中的真实经历和建议，能够让读者感到贴近和信任。

这样修改，整体更贴近我们的需求。更进一步，文案类的指令往往需要一个权重设计，也就是在哪些地方需要多用心、浓墨重彩，哪些地方可以稍微简略。

很好的总结，为了更好地创建模型，重新根据数据学习，给出以上 5 个特色的权重比例，接下来我们会在文案书写的时候用到。

根据数据学习并分析，小红书爆款文章的 5 个要素的权重比例如下：

1. 引人注目的标题（Engaging Title）：13.2%
2. 精准的标签（Accurate Tags）：43.4%
3. 高互动性内容（High Interaction Content）：8.5%
4. 优质的视觉内容（Quality Visuals）：13.2%
5. 个性化和真情实感（Personalization and Authenticity）：21.7%

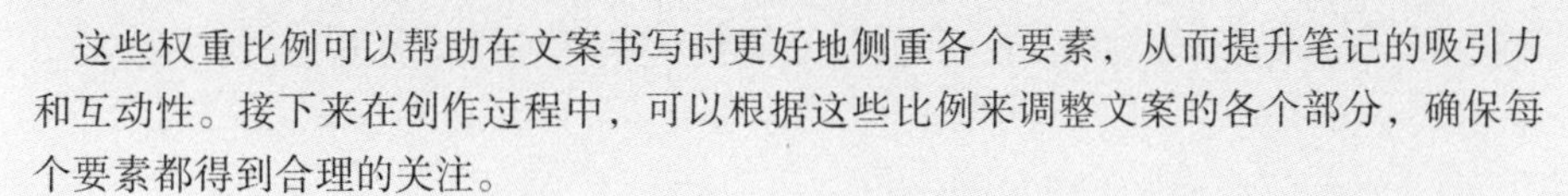

这些权重比例可以帮助在文案书写时更好地侧重各个要素，从而提升笔记的吸引力和互动性。接下来在创作过程中，可以根据这些比例来调整文案的各个部分，确保每个要素都得到合理的关注。

完成了数据投喂训练、结构化提示词的设计后，可以把这些准备工作存储成一个模型，这样，每次启动时就不用重复学习、交代背景了，只需要调用这个模型即可。

非常好，把这个模型命名为：旅行爆款。在后续的对话中，只要使用旅行爆款开头，就默认使用这个模型来撰写小红书爆款笔记，明白请回复：明白。

明白。

旅行爆款：新西兰冬季旅行。

旅行爆款：新西兰冬季旅行

标题（Engaging Title）：

新西兰冬季仙境攻略 你不能错过的冰雪奇缘！

标签（Accurate Tags）：

新西兰旅行 # 冬季旅游 # 冰雪奇缘 # 滑雪胜地 # 旅行攻略 # 旅游听我劝 # 绝美风景 # 自驾游

内容（High Interaction Content）：

冬季的新西兰，如同一个童话般的仙境。这里有令人惊叹的雪山、晶莹剔透的冰川、梦幻的湖泊以及极具魅力的小镇。以下是你在新西兰冬季旅行中不能错过的精彩体验：

1. 皇后镇滑雪体验：皇后镇是新西兰著名的滑雪胜地，这里有各种适合不同水平游客的滑雪场。无论你是初学者还是滑雪高手，都能在这里找到乐趣。

2. 福克斯冰川探险：走进福克斯冰川，感受大自然的鬼斧神工。你可以选择徒步冰川，或者乘坐直升机从空中俯瞰这片壮丽的景色。

3. 瓦纳卡湖冰钓：瓦纳卡湖是冬季冰钓的绝佳地点。在宁静的湖面上，享受钓鱼的乐趣，同时欣赏四周的雪山美景。

4. 米尔福德峡湾冬季游船：米尔福德峡湾的冬季更显宁静与神秘，乘坐游船穿梭于峡湾之间，仿佛置身于世外桃源。

5. 特卡波湖星空：特卡波湖以其纯净的夜空闻名，冬季的星空尤其璀璨。在这里，你可以仰望满天繁星，甚至有机会看到南半球独有的南极光。

互动环节（Personalization and Authenticity）：

各位小伙伴们，有没有去过新西兰的小红书达人？欢迎在评论区分享你们的旅行经验和美照！如果你也想体验新西兰的冬季仙境，记得点赞收藏这篇笔记，让我们一起计划一次难忘的旅行吧！

视觉内容（Quality Visuals）：

配图建议：

· 皇后镇滑雪场的壮丽景象

· 福克斯冰川的冰雪奇观

· 瓦纳卡湖的宁静湖面与雪山

· 米尔福德峡湾的神秘峡谷

· 特卡波湖的璀璨星空

希望这篇冬季新西兰旅行攻略能为你带来一场视觉与心灵的双重盛宴！

至此，一篇新西兰旅行攻略笔记就做好了，这个笔记是建立在 ChatGPT-4o 强大的深度学习基础之上的，我们又给它投喂了 500 条精准数据作为学习参考。根据学习情况检验成果并对成果进行修正，修正后的完整提示词可以存储为模型，当需要撰写这个类型的笔记时，只需要调用模型名称就可以快速启动了。

你觉得这篇笔记怎么样？从标题、关键词、内容到格式，甚至包含了很多小红书平台常用的表情符号都称得上有模有样，但总觉得缺少了一些灵魂。真正好的笔记一定是身临其境之后的有感而发，AIGC 可以根据平台属性、流量分配规则、文章特点给予辅助，但无法取代真情实感。这一点会在后续章节多次提及，帮助我们正确认知 AIGC，避免掉入技术万能论的陷阱。

4.3　编剧、小说家爱上 AIGC

作为一个科普作家，我已经深切感受到 AIGC 对写作这件事的巨大影响。我常常使用 Canva、WordPress、Notion 等，帮助我构思、设计结构、测试阅读和校对。事实上，在第 1 部分已经提到，早在 1984 年，William Chamberlain 和 Thomas Etter 就开发了 Racter 程序，并利用它撰写了历史上第一本 AIGC 小说《警察的胡子是半成品》。随着 AIGC 学习的深入，作为写作者我的内心是充满矛盾的，一方面惊讶于 AIGC 给写作带来的帮助，另外一方面也在反思 AIGC 对写作的影响。但是，时代车轮滚滚向前，从不会为谁停留，与其纠结于技术对人类创意的威胁，不如放下人类的偏见，先探究 AIGC 究竟如何帮助以文字为生的人更快、更好地写出好的作品。本节只针对虚构类作品，比如小说、剧本等创作展开研究。

1. 创意与想法

所有伟大的故事都源于创意与想法，虚构类文字作品尤其需要独特的灵感。在写作之前，需要有大量的想法涌现，这是独属于人类的高级智慧，目前其他技术或工具都无法企及。然而，在正式的写作中，想法有千千万，根据每个想法去展开故事结构则需要作者花费巨大的精力，同时也是一个艰苦的思考过程，这里 AIGC 就有了用武之地。可以借助 AIGC 对创意进行结构化的处理，将脑海中的创意灵感输入给它，让它根据剧本结构构思一个故事大纲、人物小传等，以此作为参考反过来评估这个想法的价值及可行性。

作家经常会感觉到灵感枯竭，需要去写生、采风，也就是换个环境让灵感再度出现，AIGC 文本生成器最显著的优势之一就是能够帮助作者产生新颖的想法并激发创造力。通过提供提示或开篇句子，作者可以利用 AI 模型生成多样化的故事情节、角色和情节转折，拓宽创作视野并克服写作瓶颈。懂得如何讲好故事的作家已经比那些还未动笔就使用 AIGC 的作家领先一步，如果作家懂得如何使用故事结构来训练 AIGC，那么他们就可以更好地利用 AIGC 辅助写作。

2. 风格与创造

在现有的技术背景下，所有 AIGC 内容都来自于数据训练学习，所以某种意义上可以说 AIGC 是在“抄袭”，抄袭对象为行文风格、故事结构、创意设计等。机器没有自主意识，它还无法像人类一样迸发出绝无仅有的灵感，并且顺着灵感去演绎一个故事。但是 AIGC 有它的优点，那就是博采众长，可以驾驭多种风格，这可以给创作者一个全新的机会去打破自己的思维框架，在它的帮助下适应和使用新的艺术风格。

即使创造性有所欠缺，也可以通过大量的尝试和练习来提升写作水平。所有的写作都是从模仿开始，通过阅读大量某风格流派的作品，总结规律，逐渐在自己的写作中实践，创作出属于自己的作品。这个过程现在被 AIGC 以毫秒级别的运算所取代。有了 AIGC 工具，写作者可以定向投喂不同风格流派的艺术作品供机器学习，在总结风格特点之后做微调，然后带入自己的创意或故事脚本，一种新的写作风格就诞生了。

3. 平权与普及

这一点非常重要，而且往往容易被人忽视，人人都应该享有写作和表达的权利。过去写作是高级的事情，是特定阶层的产物，如今在 AIGC 工具的帮助下，普通人也可以在结构性提示词的引导下写出可读性很强的作品。

AIGC 文本生成器有可能使写作过程更加民主化，让更多人能够轻松参与创作。有志于写作但缺乏正规培训的人可以利用 AI 辅助写作工具来提高技能、克服障碍，并将他们的创意和愿景变为现实，这种便利性有利于创造出更加包容、多样化的文学环境。

如何用 AIGC 帮助创意构思甚至是创作完整作品呢？市面上已经有许多专

门用于辅助写作的 AIGC 工具和平台，几乎所有内容平台都在开发、加入 AI 辅助写作功能。阅文集团在 2023 年推出了全球首个作家大语言模型和人工智能工具——妙笔（图 4.3）。借助 AIGC，作者只需要选择故事背景、人物性别和类型、标签，然后输入简单的描述，妙笔就可以辅助设计人物小传，为作者提供角色灵感、剧情设置等服务。

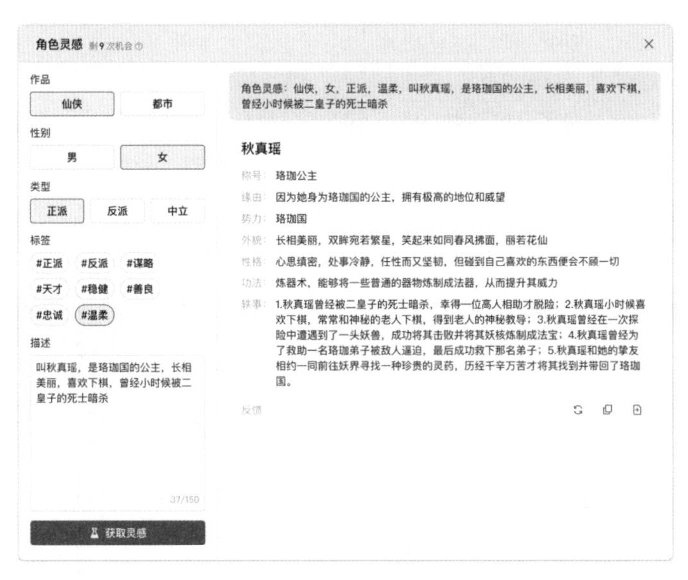

图 4.3　妙笔 AI 生成角色灵感（截自：妙笔官网）

虽然 AIGC 可以帮助作者更高效地创作，但文学作品的整体架构，包括叙事、比喻、表达，还是需要人类作者的智慧去梳理。我们可以借助文学创作中常用的一些结构化框架，如三幕式结构、多重时间线结构、罗生门结构等，创建属于自己的专属提示词模型。经验丰富的作家、编剧，对这些结构都已经非常熟悉了，但是对于写作新手，可以借助 ChatGPT 或其他 AIGC 工具从零开始学习如何写一本小说。

你是一个有着 10 多年写作经验、获奖无数的小说家，非常擅长科幻、推理、悬疑类内容创作。你的作品以结构新奇、剧情烧脑而著称，有很强的吸引力，接下来，希望你和我一起创作一本小说。在开始之前，请先列出写好小说需要准备哪些工作，以表格形式输出。

当然，我们在开始创作小说之前，需要做一些准备工作。以下是写好小说需要准备的各项工作，以表格形式呈现：

准备工作	详细描述
1. 设定主题	决定小说的主要主题和核心思想
2. 构思故事	设计故事的基本情节，包括开端、发展、高潮和结局
3. 人物设定	创建主要角色和配角，包括他们的背景故事、性格特征和发展弧线
4. 世界构建	构建小说中的世界，包括地理环境、社会结构、科技水平等细节
5. 写作大纲	制作小说的详细大纲，列出每一章的主要事件和发展方向
6. 研究工作	为了确保情节的真实性，进行必要的背景研究，如科学理论、历史事件等
7. 语言风格	决定小说的叙述风格和语言基调，如第一人称或第三人称，正式或非正式的语言风格
8. 写作工具	准备好写作所需的工具，如电脑、写作软件、笔记本等
9. 时间管理	制订写作时间表，合理安排每天的写作时间和进度
10. 反馈与修改	定期邀请可信赖的读者或编辑提供反馈，并根据反馈进行修改和润色
11. 发行计划	考虑小说的发行方式，如自费出版、传统出版或电子出版，并制定相关计划
12. 推广策略	制订小说发布后的推广策略，包括社交媒体宣传、读者见面会等活动

这些准备工作可以帮助我们有条不紊地进行小说创作，确保作品的质量和完整性。我们可以逐步展开详细讨论，并开始我们的创作过程。你对这些准备工作有什么补充或调整的建议吗？

ChatGPT 给出了创作小说的准备工作清单，非常详细。它不仅提出了在内容创作方面需要准备的事情，还涵盖了提升效率、时间管理以及推广策略等多方面的建议。这份清单更像是辅助创作者创建一个系统工程，你可以利用 ChatGPT 对每个项目进行深入探讨，从而构建完整的作品框架。接下来，直接跳到让 AIGC 以罗生门结构来创作小说框架的部分。请注意，即使在创作时我们还不太了解罗生门结构，但借助 AIGC，也可以轻松地站在巨人的肩膀上，模仿并借用大师创造的艺术框架为我们的作品服务。

非常棒！对于新的小说，我认为可以借鉴罗生门结构来创作。根据这个结构，你会如何构建小说的框架？小说的主题是：一个擅长数学和计算机的贫民天才，偶然破解了一个存有 500 亿美元比特币的硬件钱包，而这个钱包的主人有着不可告人的秘密。小说的主人公经历了一系列离奇、神秘的事件，最终揭开了事实真相。当然，也可以采用开放式结局，给读者留下悬念。

根据你提供的主题和罗生门结构，我设计了以下小说框架：

小说框架（罗生门结构）

部　分	内容概述
1. 引言	引入故事背景和主要事件：一个天才破解了存有价值 500 亿美元比特币的硬件钱包
2. 第一视角	天才本人的视角，描述他破解钱包的过程和发现的秘密
3. 第二视角	钱包主人的视角，揭示他复杂的背景和秘密动机
4. 第三视角	调查员或中间人的视角，提供对天才和钱包主人故事的外部观察
5. 第四视角	一个意外角色的视角，提供最后的冲突和解答
6. 真相揭示	综合各视角，揭示事件的真实面貌或留下悬念
7. 结局	总结故事，给出开放式结局或解决所有悬念

详细大纲

1. 引　言

背景设定：故事发生在未来的某个都市，描述天才主角（角色 A）的生活环境和背景，他住在一个贫困社区，但擅长数学和计算机。

主要事件：角色 A 偶然发现一个硬件钱包，并成功破解，发现其中存有价值 500 亿美元的比特币。此时他决定探索这些比特币的来源。

2. 第一视角：角色 A（天才主角）

角色背景：介绍角色 A 的生活状况、家庭背景以及他在数学和计算机方面的天赋。

事件叙述：详细描述角色 A 发现并破解硬件钱包的过程，以及他在破解过程中遇到的挑战和感受。

发现的秘密：角色 A 发现钱包主人的某些秘密信息，感到好奇和困惑。

3. 第二视角：角色 B（钱包主人）

角色背景：介绍角色 B 的身份和背景，他是一个神秘且有复杂背景的人，可能涉及犯罪组织或政府阴谋。

事件叙述：从角色 B 的视角描述他如何丢失钱包，以及他对角色 A 破解钱包后的反应和应对策略。

动机和秘密：揭示角色 B 隐藏的动机和秘密，例如他如何获得这些比特币，以及他保护这些比特币的原因。

4. 第三视角：角色 C（调查员或中间人）

角色背景：介绍角色 C 的身份，他可能是一个调查员、记者或角色 A 的朋友。

事件叙述：从角色 C 的视角观察角色 A 和角色 B 的互动，提供外部视角的观察和分析。

补充信息：角色 C 可能揭示一些角色 A 和角色 B 视角中没有提到的细节，增加故事的深度和复杂性。

5. 第四视角：角色 D（意外角色）

角色背景：介绍角色 D 的身份，他是一个意外卷入事件中的角色，可能是角色 B 的敌人或合作伙伴。

事件叙述：从角色 D 的视角提供最后一个版本的事件，可能与前三个版本有所不同，进一步揭示更多秘密。

最终冲突：角色 D 的介入带来新的冲突，推动故事走向高潮。

6. 真相揭示

综合各视角：将所有角色的视角整合起来，揭示事件的真实面貌，解开所有悬念。

真相或悬念：可能给出明确的结论，或者留下一个供读者思考的开放性问题。

7. 结局

总结：总结故事的发展和角色的结局。

开放或闭合：选择开放式结局让读者自行思考，或闭合结局解决所有悬念，提供一个完整的故事。

这种框架能有效利用多视角叙事，使故事更加丰富多彩，同时保持读者的兴趣和好奇心。我们可以进一步细化每个视角的具体情节和细节，你对此有何意见或补充？

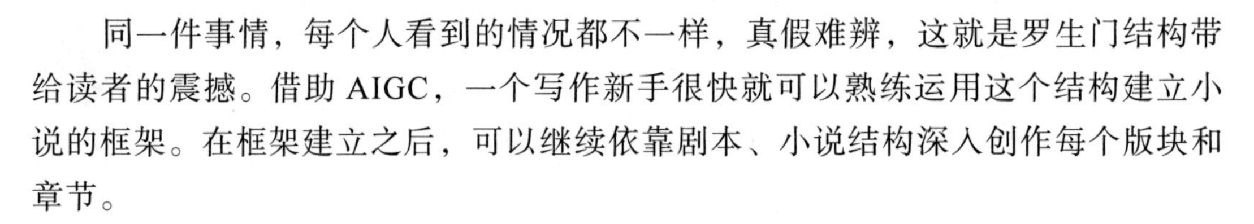
同一件事情，每个人看到的情况都不一样，真假难辨，这就是罗生门结构带给读者的震撼。借助 AIGC，一个写作新手很快就可以熟练运用这个结构建立小说的框架。在框架建立之后，可以继续依靠剧本、小说结构深入创作每个版块和章节。

下面继续进行人物设定，可以要求 AIGC 给出主要角色的人物小传。

很棒，把角色 A 的人物小传用表格形式输出。

好的，以下是角色 A（李天才）的详细人物小传，以表格形式呈现：

属　性	详细描述
姓　名	李天才
背　景	出生在一个贫困家庭，从小表现出非凡的数学和计算机天赋。父母是普通工人，家庭经济困难
教　育	在学校里成绩优异，但由于家庭条件限制，他只能自学编程和黑客技术，曾参与过一些小规模的网络攻击事件以赚取生活费

属　性	详细描述
性　格	聪明机智：极其聪明，善于解决复杂问题，逻辑思维严密 孤僻内向：由于生活环境和家庭背景，性格内向，不善于与人交往，但内心渴望被认可 好奇心强：对未知事物充满好奇，特别是涉及计算机和密码学的内容
动　机	改变命运：希望通过自己的天赋改变家庭的贫困状况 探寻真相：在破解钱包后，对钱包主人的秘密产生强烈的好奇心，决定深入调查
发展弧线	成长与挑战：在破解钱包后，面临来自钱包主人和其他势力的威胁，逐渐成长为一个勇敢和坚定的人 自我发现：通过对事件的深入调查，逐渐发现自己真正想要的生活和价值观

这张表格详细列出了角色 A 的背景、性格、动机和发展弧线，希望能帮助你更好地塑造这个角色。如果有任何需要调整的地方，请随时告诉我。

重复以上动作就可以把一本小说结构细化完成了。AIGC 工具可以给新手以很好的辅助，也可以帮助成熟创作者提升效率。最后，再次强调一下，AIGC 只能作为辅助，无法完全取代人类的智慧和创造力。数千年以来，人类在文学创作领域留下了灿若星河的文明瑰宝，这些都是机器无法给予的。

4.4　一目亿行，AIGC 提炼要点

我们正处于一个信息爆炸和信息过载的时代，一方面，信息数量以前所未有的速度增加，另一方面，可用信息的比例却在急剧下降。从信息时代过渡到 AI 时代，信息量呈现指数级的增长。但人类获取可用信息的难度却在不断增加，简单的快速阅读已经无法满足需求。既然 AI 可以自动生成如此多的信息，那么借助 AI 同样可以反向简化、总结数以亿计的数据并按照指定格式输出，简而言之，AI 的强项之一就是总结能力。

现在一篇文章基本都是万字长文，研究报告、学术论文也是几万字，看一个视频需要几十分钟，但核心要点只有很少一部分，对于这类内容，“TL;DR”（太长不看，Too Long, Don't Read）这个网络用语非常符合当下用户的感受。长话短说已经成为一种内容创作的美德，然而，遗憾的是，由于写作能力参差不齐、写作工具的滥用，以及平台对内容时长、完播率和互动量的要求导致很多内容都缺乏深度。AIGC 在长文、视频、PDF 文件、群聊的总结、归纳、提炼要点方面效果突出。因此，本节将深入探讨如何从海量数据中提取有效信息。

总结长文是最简单的应用，任何一个 ChatGPT 类型的工具都可以用对话形式帮你快速总结内容要点，你只需要把文章或文章链接提供给它。同理，也可以上传 PDF 等格式的内容，AIGC 会以超出想象的速度迅速完成总结。

这里有一份报告，请总结要点，用中文输出。

[上传 PDF]

生成式 AI 简要总结

定义和概述

生成式人工智能是指能够创建新内容的算法，例如，音频、代码、图像、文本、模拟和视频。此类 AI 的最新突破可能会彻底改变我们创建内容的方式。

发展历程

自 2022 年 11 月 ChatGPT 问世以来，生成式 AI 取得了显著进展，每个月都有新的工具、规则或技术进步推出。

应用和影响

生成式 AI 在多个行业中展示了其潜力，如医学成像分析和高分辨率天气预报。

预计生成式 AI 应用每年可为全球经济增加高达 4.4 万亿美元的价值。

在未来三年内，技术、媒体和电信领域中未连接 AI 的任何事物都可能被视为过时或无效。

生成式 AI 的工作原理

生成式 AI 使用大规模的数据训练，GPT-3 的训练数据量约为 45 TB，成本达数百万美元。

生成的输出可能与人类创作的内容难以区分，或显得有些奇怪。

输出的质量取决于模型的质量和使用场景。

主要风险和挑战

生成式 AI 输出的信息有时可能是错误的或存在偏见。

这些模型可能会被用来进行不道德或犯罪活动。

缓解风险的措施

严格选择用于训练的初始数据，以避免包含有毒或有偏见的内容。

使用小型、专业化的模型，或者基于自身数据定制通用模型。

保持人类在决策过程中的参与，尤其是在涉及重大资源或人类福利的决策中。

未来前景

随着生成式 AI 在商业、社会和个人生活中的逐步融合，预计新的监管环境也将逐步形成。

这里只用了一句最简单的对话要求，没有给 ChatGPT 设置任何角色、能力，让它自由发挥，总结要点。可以看出，它还是按照 PDF 的内容顺序给出总结，可读性不错，基本覆盖了长文的内容，而且每一条都可以直接访问引用出处。但是，这仅仅是最基础的提取而不是总结。

真正的总结，不是表面的字数缩减，而是提炼出核心观点、亮点，对文章内的术语、概念进行分析，对无效信息进行过滤，以及给出文章可以引发的思考、探索。可以通过对提示词的设置来进一步提升 AIGC 总结长文的能力。

你是一个逻辑缜密、擅长分析总结、精通 AIGC 原理的分析师，现在要给你一份报告，请按下面的格式进行输出分析和总结：

基础信息：

标题：简要分析标题和涉及的知识领域。

作者：搜索分析作者的背景和其他资料。

关键词：提取、总结文章 5 个关键词。

核心观点：

一句话总结文章核心观点。

罗列支撑观点的主要分论点。

文章综述：

按文章顺序和格式输出简要报告。

总结分析文章所列举的案例。

总结分析文章专业术语和释义。

根据论点和案例输出作者观点。

深层理解：

分析文章本身存在的意义。

总结分析文章引发的深层思考。

[上传 PDF]

基础信息：

标题：What is Generative AI?

作者：McKinsey & Company（麦肯锡公司）

关键词：生成式人工智能、ChatGPT、DALL-E、机器学习、人工智能

核心观点

一句话总结文章核心观点：

生成式人工智能是能够创建新内容的算法技术，正快速发展并可能彻底改变多个行业。

支撑观点的主要分论点：

1. 生成式 AI 工具的发展及其在多个领域的应用。

2. 生成式 AI 对全球经济的潜在贡献。

3. 生成式 AI 模型的构建过程及其挑战。

4. 生成式 AI 输出的类型及其局限性。

5. 降低生成式 AI 潜在风险的方法和未来展望。

文章综述

简要报告：

1. 生成式 AI 定义及其影响：生成式 AI 是指能够创建新内容的算法，如音频、代码、图像、文本、模拟和视频。

2. 生成式 AI 的发展历程：自 2022 年 11 月 ChatGPT 问世以来，生成式 AI 每月都有新工具和技术进步。

3. 生成式 AI 的应用和经济影响：生成式 AI 在医疗成像分析和高分辨率天气预报等多个行业中展现了其潜力，预计每年可为全球经济增加高达 4.4 万亿美元的价值。

4. 生成式 AI 模型的构建：构建生成式 AI 模型需要大量资源和数据，仅有少数技术巨头能够完成。

5. 生成式 AI 输出的类型和局限性：生成式 AI 可以生成高质量的文本、图像、代码、视频和音频，但输出可能存在错误或偏见。

6. 降低生成式 AI 风险的方法：通过选择合适的训练数据、定制模型和保持人类参与来降低风险。

案例分析：

ChatGPT 和 DALL-E 等生成式 AI 工具的应用展示了生成式 AI 在多个领域的潜力，例如医疗成像分析和高分辨率天气预报。

ChatGPT 生成的文本展示了其在内容创作中的应用，但也存在输出错误和偏见的问题。

专业术语和释义：

生成式预训练转换器（GPT）：一种生成式 AI 模型，通过大量数据的预训练来生成新内容。

机器学习：通过数据模式自动学习并进行预测的人工智能技术。

自监督学习：一种机器学习训练方法，通过大量文本数据使模型能够生成预测。

作者观点：

生成式 AI 工具正在快速发展并逐渐融入各行各业，展示了其巨大的经济潜力和应用前景。

需要注意的是，生成式 AI 输出可能存在偏见和错误，必须采取适当措施来降低这些风险。

深层理解

文章存在的意义：

文章详细阐述了生成式 AI 的定义、发展、应用和风险，为读者提供了全面了解生成式 AI 的基础知识，有助于推动生成式 AI 在各行业的应用和发展。

深层思考：

生成式 AI 将如何影响未来的工作模式和行业结构？

如何在推动生成式 AI 发展的同时，确保其输出的公平性和准确性？

生成式 AI 的快速发展是否会带来新的伦理和法律挑战？

对比同样一篇文章，借助不同的提示词总结出来的内容，是不是后面一种更加符合总结的意义？这个模板可以快速帮助你了解文章的基础背景、核心要点、作者观点及文章引发的思考，比较接近人脑阅读文章时的思考过程。有了这个提示词模板，一天搞懂 100 篇长文都不是问题，你可以在这个基础上进行修改，找到你想提取、总结的内容。比如，你需要从 1000 篇长文里搜索名人名言或金句，那就可以要求 AIGC 只输出这部分内容。与此同时，你也可以控制输出内容的格式，比如要求 ChatGPT 输出表格、可用于思维导图的 Markdown 格式，甚至是用“首先”“然后”等口语化表达的一份口头报告词。

在实际使用中，还可以借助各种具有特定功能的工具来一键总结内容。比如使用 ChatDoc 可以处理各种文件，包括 PDF、doc、ePub、txt 甚至是扫描文件等（图 4.4）。你可以将资料上传后直接提问文档内容，还支持定位到特定段落并要求总结，非常适合阅读和提取长篇论文或书籍的概要。

Summarize 工具可以快速提炼一个视频的要点，其功能包括输出全面总结、分段总结、常见问题和答案、详细要点和思维导图、关键概念和关键词。这个输出的框架非常接近我们刚刚分享的提示词结构。

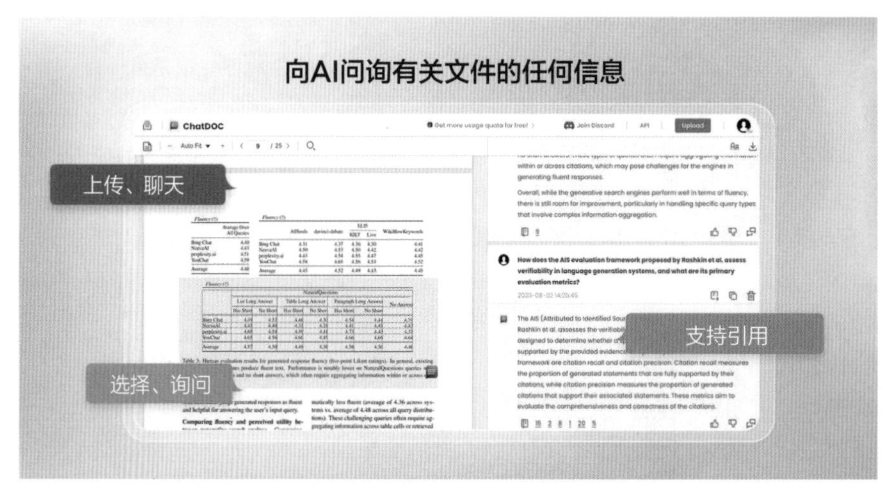

图 4.4　ChatDoc 功能（截自：ChatDoc 官网）

以何同学的视频“它不是电脑。M4 iPad Pro 深度体验”总结为例，在 Summarize 工具中输入网址，点击分析，很快，AIGC 就会给出总结、核心要点并直接给出思维导图（图 4.5）。

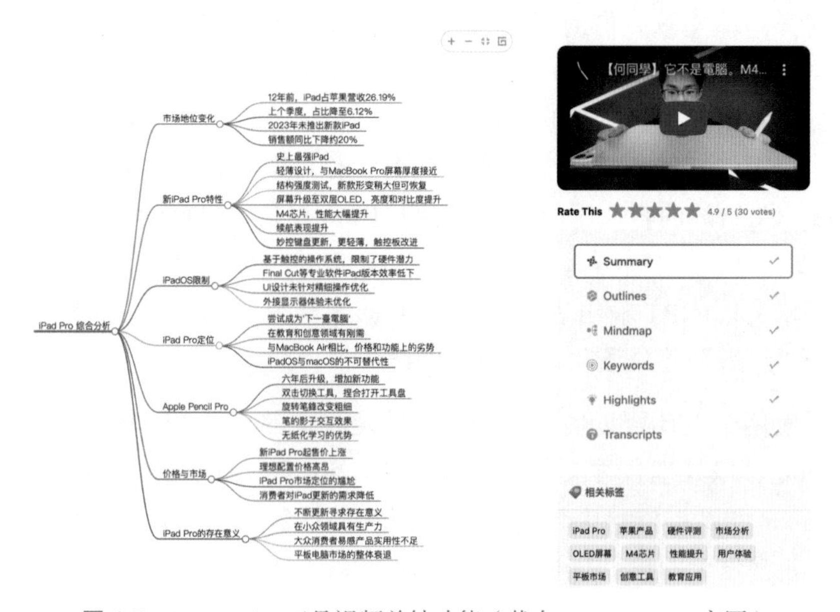

图 4.5　Summarize 工具视频总结功能（截自：Summarize 官网）

针对视频总结，国内许多软件也非常优秀，比如哔哩哔哩已经在播放器右下角开始集成测试 AI 总结，Kimi 智能助手客户端和浏览器插件都可以帮助你快速总结视频。

总体而言，使用 AIGC 来做内容总结可以针对特定格式来做定制化的应用与服务，也可以回到提示词的本源，利用提示词结构化、个性化定制自己的输出需求。

4.5　群聊万句，一秒总结精华

AIGC 不仅擅长总结分析条理清晰、结构良好的论文、研究报告等内容，也非常擅长整理、总结碎片化的对话内容，如群聊、会议等。现代办公需要用到各种聊天工具、开各种会议，一不留神就有 999+ 的未读消息，这些消息可能来自不同的人并且可用信息并不多。“爬楼”是现代职场人获得信息更新非常普遍的做法，我们可以借助 AIGC 快速整理、总结、输出、备份有价值的碎片化内容以供日后查阅。

根据我们对 AIGC 工具的了解，想要完成这个任务需要整理数据、结构化提示词、输出与优化三个步骤。群聊内容可以通过复制、整理文档完成基础数据的整理，会议可以通过语音转文字方式整理，当然，市面上也出现了许多专门的工具帮助用户总结会议内容，同时这里提醒用户要注意隐私保护。

以微信群聊为例。微信的群聊内容无法直接全部复制，单次只能复制一个聊天单元，这里可以通过一个小技巧完成。在群聊中长按聊天记录会出现多选选项，然后勾选你需要总结的内容，可以略过一些表情包、无意义内容。选择好内容之后点击“合并发送”，比如发送给文件传输助手，在新的聊天界面长按合并后的聊天内容，点击“收藏”。回到微信主界面点击“我”，找到“收藏”就可以看见刚刚收藏的内容，打开聊天记录点击右上角的三个点，选择“存为笔记”，就可以复制全部内容了。

有了完整的群聊纯文本，就可以正式借助 ChatGPT 或其他 AIGC 聊天机器人总结、提炼群聊信息。复制聊天内容时保留了发言人的昵称，所以可以个性化定制只看特定发言人的信息，比如老板，或者直接提炼多人群聊内容的要点。

这里直接给出格式化的提示词供读者参考，结构和上文介绍的一样。

```
#Role:<name>：指定角色，让 ChatGPT 聚焦在指定领域
##Profile：记录版本信息
##Goals：简要讲清目标
##Constrains：描述限制，简化运算
##Skills：描述技能强项，强化输出范围
##Workflow：定义对话输出的方式
##Initialization：启动的口令
# 角色：群聊小助手。
# 目标：准确记录群聊关键信息，输出总结后的要点。
# 限制：总结要联系上下文，避免单句提炼，确保围绕群聊的话题进行总结，不要跑题。
# 技能：根据对话内容敏锐捕捉关键信息，理解基于话题的权重分配，抽象提炼并总结，输出核心要点。
# 工作流：分析群聊内容，识别总结话题，在话题基础上提炼总结要点，并输出 5 ~ 10 条汇总。
# 初始化：需要你总结以下聊天内容。
```

将这段提示词发给 ChatGPT，然后发送整理好的聊天记录就能获得提炼后的总结，根据总结可以继续对话，要求提炼某个发言者的核心观点等。总结聊天记录的流程与总结文章一致，主要区别在于话题的信息密度不同，所以需要限制 AIGC 首先通过对聊天内容的识别弄清楚讨论的话题。群聊往往会在多个话题之间转换，要想获得良好的总结输出，需要进行更多限制，在识别话题的基础之上，按照话题和发言人观点的层级进行输出，效果更佳。

AIGC 总结群聊或会议内容已经开始被广泛集成在聊天办公软件、会议软件之中，在飞书软件里就可以通过智能伙伴实现这些功能。在群组聊天界面，打开智能伙伴聊天界面，点击“总结最近消息”，就可以快速了解群组里最近讨论的话题与结论（图 4.6）。针对会议，飞书则可以通过开启会议录制之后自动生成、根据已有音频生成文件两种方式实现会议纪要功能。

针对群聊、会议总结，AIGC 已经形成了一个细分赛道，功能覆盖协作、话题追踪、对话分析、决策建议、内容搜索等。AIGC 已经不局限于简单的语义总结，针对不同的细分领域，创新服务已经开始根据商业决策模型直接输出方案

了。它不再只是一个只会记录的“书记员”，更像是一位永不疲倦的“超级大脑”同事。

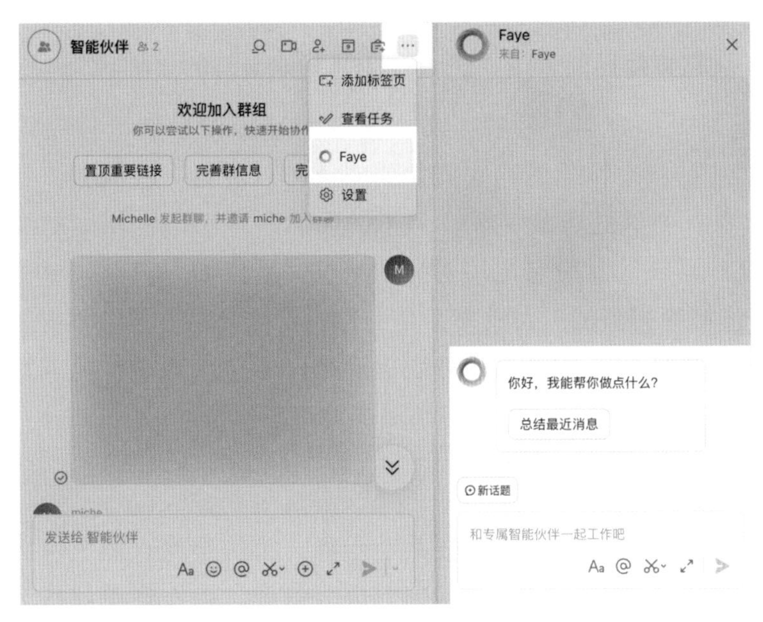

图 4.6　飞书群聊信息总结（截自：飞书官网）

4.6　告别机翻，让 AI 像真人一样

AIGC 工具普及以后，翻译工具大致可分为两类：支持 AI 翻译和不支持 AI 翻译。一方面，所有处理文本的 AIGC 工具都在多语种支持上表现良好，一般的翻译直接给命令就能完成，无须再专门使用翻译工具。另外一方面，专业的翻译工具开始拥抱 AIGC，通过更专业、细分、优质的翻译结果奋起直追。目前，ChatGPT-4o 版本支持 80 多种语言，包括英语、西班牙语、法语、德语、中文、日语、阿拉伯语等。每次切换语言只需要对 ChatGPT 发出特定的语言指令即可，比如输入“Español”，聊天机器人就会自动切换到西班牙模式。通过机器学习，AIGC 可以从用户的反馈与互动中学习，并通过海量数据进行训练，这样它们就可以以更自然、更本地化的方式与用户进行交流。

ChatGPT 采用了多种模型为多语言提供支持，第一步是识别用户输入的语言，第二步是使用情感分析、意图检测等自然语言处理技术来理解用户的输入，最后，程序将这些数据翻译成支持的语言返回给用户。更奇妙的是，ChatGPT 不仅支持标准语言的翻译、转换，也开始支持不同地区方言识别和转换。借助这些功能，用户和 AIGC 交流时几乎可以实现无停顿，以接近自然的方式进行，你可以直接用中文和它对话，让它直接返回日语、法语或任何其他支持的语种。

如果只是简单地对话、理解，那么基础的翻译指令就可以完成，如果想翻译一些更加专业的、个性化的内容就需要对 AIGC 进行一些调教。一般情况下，AIGC 翻译都会有明显的机翻特征，“不讲人话”。它们在用词的准确性、表达流畅度、语义、语气等方面有比较明显的缺点，所以如果只是简单丢一段内容给 AIGC 翻译，你最终得到的，大概率会是一份看上去还行，但经不得起仔细阅读、推敲的内容。可以使用 4 个简单的方法提升翻译质量，通过优化训练 AIGC 按照特定的格式要求输出内容，就可以得到更加地道的翻译了。

1. 两步翻译法

简单来说，就是把翻译工作分成两个步骤，第一步先直译成目标语言，第二步再根据翻译者的需求在第一步的基础上进行意译，以实现更加自然、更具有文学修养、更活泼俏皮、更严谨庄重等特定目标。

这样做的原理也很简单。ChatGPT 这类工具虽然基于深度学习的自然语言处理技术，但当我们给它投喂一段中文让它翻译成英语时，也是遵循逐字逐句的规则进行翻译，会产生生硬的翻译效果。如果在已经被翻译成英语的基础上，再次启用改写功能，就可以按照目标语言的语法、用词习惯重新润色，从而实现更好的翻译效果。

角色：中英翻译大师。

目标：准确翻译内容，使用更符合中文表达习惯的方式输出。

限制：准确表达，保留特定的英文术语。

技能：专业的翻译员，能够准确完成优秀的中译英、英译中工作。

工作流：分成两次翻译并分别输出结果，第一次采用直译，不要遗漏或误解信息，第二次根据第一次输出的结果重新意译，在保持原文的准确性前提下，输出更加符合中文表达习惯的翻译结果。

初始化：需要你翻译以下内容。

好的，请提供需要翻译的内容，我将按照您要求的工作流程进行翻译。

On the evening of Oct 10, the 2024 Taizhou Mei Lanfang Arts Festival kicked off at the Taizhou Grand Theatre, marking the 130th anniversary of the birth of the legendary Peking Opera master, Mei Lanfang.

During the opening ceremony, guests watched a remarkable documentary highlighting Mei's extraordinary life and artistic journey. As part of the festival, Taizhou, the ancestral home of Mei, announced plans to develop three dramas themed around the Peking Opera artist, with six outstanding scripts selected from a nationwide competition. Taizhou and Beijing Yingke Cultural and Tourism Industry agreed to co-produce a television series.

第一次直译

2024 年 10 月 10 日晚，2024 年台州梅兰芳艺术节在台州大剧院开幕，纪念这位传奇京剧大师梅兰芳诞辰 130 周年。

在开幕式期间，嘉宾们观看了一部令人惊叹的纪录片，展示了梅兰芳非凡的生活和艺术旅程。作为艺术节的一部分，梅兰芳的祖籍地台州宣布计划围绕这位京剧艺术家开发三部戏剧，六部优秀剧本是从全国比赛中选出的。台州和北京盈科文化旅游产业公司达成协议，将联合制作一部电视剧。

第二次意译

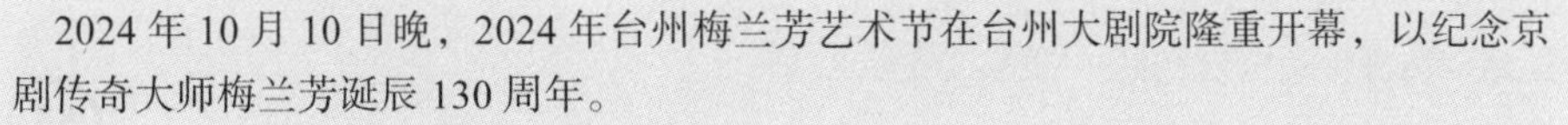
2024 年 10 月 10 日晚，2024 年台州梅兰芳艺术节在台州大剧院隆重开幕，以纪念京剧传奇大师梅兰芳诞辰 130 周年。

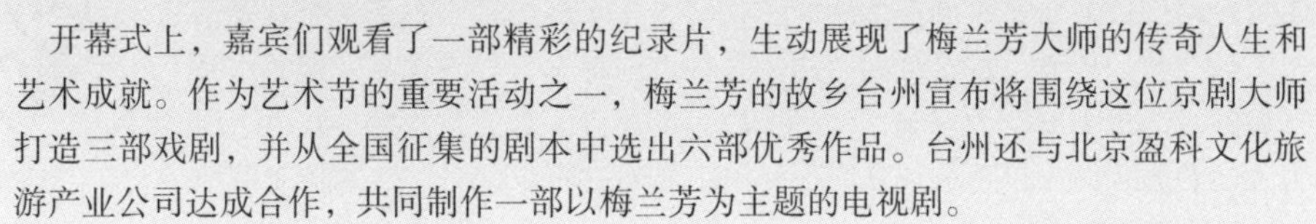
开幕式上，嘉宾们观看了一部精彩的纪录片，生动展现了梅兰芳大师的传奇人生和艺术成就。作为艺术节的重要活动之一，梅兰芳的故乡台州宣布将围绕这位京剧大师打造三部戏剧，并从全国征集的剧本中选出六部优秀作品。台州还与北京盈科文化旅游产业公司达成合作，共同制作一部以梅兰芳为主题的电视剧。

观察两次翻译的细节差异，比如这一句“……announced plans to develop three dramas themed around the Peking Opera artist, with six outstanding scripts selected from a nationwide competition.”在第一遍直译中，是按照单词顺序逐字翻译的，这里出现了生硬的表达“……六部优秀剧本从全国比赛选出的”，而相比之下，第二遍的翻译就更加自然，这句话被翻译成“……围绕这位京剧大师打造三部戏剧，并从全国征集的剧本中选出六部优秀作品”。

2. 背景信息法

还记得优秀提示词的 6 条建议么？翻译时同样适用。给 AIGC 工具更多的背景信息，它就可以更好地理解语境，输出的翻译结果也会更加令人更满意。如果是摘取长文中的一段对话进行翻译，那么不妨把整个文档作为上下文背景投喂给它；如果要求翻译的内容是新闻稿，那么就指示 AIGC 工具以符合新闻文本要求的格式输出；如果是一段文学作品，就指示 AIGC 工具按照指定的格式来修改翻译。我们继续用这个方法，修改上面翻译的新闻。

这是悬疑小说中的一节，请使用更加符合小说文本用词、故事结构的方式再重新创作第二次输出的内容。

2024 年 10 月 10 日晚，台州大剧院被璀璨的灯光照亮，宛如一座伫立在时间长河中的明珠。夜幕下，四周的树影摇曳，微风掠过，大剧院前的广场上人群熙攘。伴随着轻微的低语与期待的目光，2024 年梅兰芳艺术节在这里隆重拉开序幕。幕布缓缓升起的那一刻，仿佛时空被打开，一段跨越百年的传奇正在重现。

剧院内座无虚席，台上的大屏幕闪动着一幅幅光影，纪录片悄然开场。画面由黑白逐渐转为彩色，梅兰芳大师的身影穿越时空，带着无数未解的谜团走向观众。银幕中，他站在舞台中央，衣袂翻飞，眼神深邃且带着些许神秘。随着镜头的切换，梅兰芳的艺术人生从起初的默默无闻，到后来享誉全球的辉煌时刻逐步展现出来。他的每一个眼神、每一个举动，仿佛都在向世人诉说着他背后不为人知的艰辛与挣扎。观众席中，不少人屏息凝神，仿佛生怕错过任何一瞬间的精彩。

就在观众还沉浸在纪录片所带来的冲击中时，主持人步入舞台，宣布了一个重要消息：台州，这座梅兰芳的故乡，正在策划围绕大师推出三部全新戏剧作品。这些作品将以从全国征集的六部顶尖剧本为基础，每一个故事都充满了悬念与张力，致力于展现梅兰芳不为人知的另一面。台下的观众窃窃私语，显然这不仅仅是一次对历史的回顾，更像是一场未解之谜的揭示。

随后，主持人进一步透露，台州与北京盈科文化旅游产业公司达成了一项重磅合作，双方将联合制作一部电视剧。电视剧的情节不仅仅限于梅兰芳的艺术成就，还将深入挖掘他在时代动荡中的个人抉择、他身后的秘密，以及那些藏匿于历史尘埃中的故事。一场跨越时空的传奇，似乎即将在荧屏上展开，带领观众去解开那些未曾被说透的谜题。

剧院外，夜色更深，灯火摇曳。空气中似乎弥漫着一种无形的期待，仿佛一场关于历史与现实、真相与虚构的交锋，正在悄然酝酿。

补充背景信息之后，ChatGPT 把翻译结果用小说文本风格进行输出，可以看到在段落结构、行文呼应、用词等方面都有了明显的变化。

3. 专业词库法

对于计算机、法律、医学等专业领域的翻译，通用性 AIGC 工具的表现都不够出色。当然，这难不倒人工智能，在这种情况下，只需要用该领域的专业术语库进行训练，让它快速掌握这些词汇。

另外，针对更为专业的翻译，一些学术翻译工具也开始引入人工智能模型，这大大提升了翻译的效率和质量。ChatGPT 也提供了封装好的应用商店，可以把训练好的 ChatGPT 模型上架供更多人使用，比如，法律专业人士可以用这个方法把资料投喂给 ChatGPT 进行训练，然后把训练结果保存成一个机器人工具，其他人可以直接继续和这个工具对话，避免重复训练。

4. 交互翻译法

通过之前的两步翻译法我们已经发现，不断与 AIGC 对话并提出要求，可以改善翻译效果。翻译的过程本质上是一个再创作的过程，因此，所有提示词优化的方法都适用于翻译工作。把 AIGC 想象成一个热爱学习的人，通过对话把意图传递给它，它会快速根据指令做出调整，只有经过不断优化，才能最终得到相对完美的翻译结果。

通过以上 4 个方法或它们的组合，你可以使用通用 AIGC 工具获得更人性化的翻译，从此告别机器翻译的生硬。

第 5 章　当图片遇上 AIGC

读图时代，AIGC 的许多酷炫的效果被应用到图片领域。利用人工智能对图片进行处理，如文生图、图生图、辅助设计等实用功能层出不穷。本章集中学习使用 AIGC 让图片插上想象力的翅膀，为工作和学习提供更多便利。

5.1　AIGC 修图，彻底告别 PS

长期以来，处理图片都是一门专业技术，需要长期、专业的训练并借助高性能的计算机设备才得以实现。对于大部分人，给图片换个背景、改变图片尺寸、换个风格又或者是“移花接木”这些操作实在是太难了，不仅需要学习复杂的软件还需要有高性能的机器。AIGC 改变了这一切，让图片处理简单到只需要“聊天”即可，你只需要用准确的提示词“告诉”AIGC 你想要的结果，很快，AIGC 就会返回令你满意的处理结果。

本节我们学习使用 AIGC 完成图片修图、打光、去除背景、修复、抠图、上色、调色、抹除等功能，让你快速拥有一把处理图片的万能钥匙，从此告别 Photoshop。

5.1.1　图像放大

随着硬件性能、屏幕分辨率的提升，以及高速宽带的普及，人们对于高清大图的需求越来越强烈。然而，过去许多图片尺寸普遍偏小，在现在的许多应用场景中无法使用，这时就需要对图片进行放大处理。放大图片有两种形式（图 5.1），一种是等比放大图片的尺寸，另外一种是以当前图片为中心向外扩图。如果没有 AIGC，第一种情况会让图片变得模糊，第二种则完全无法实现。

BigJPG 是一款免费的无损图片放大工具，这款工具利用卷积神经网络技术，能够在保留图片的清晰度和分辨率的基础上放大图片尺寸。传统技术放大图片之后会模糊，而 AIGC 可以借助特殊的机器算法补充因放大而丢失的图片细节，保留色彩，同时对边缘、投影、噪点进行优化处理，可实现高质量的放大效果。

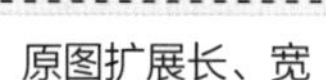

图 5.1　不同形式的图片放大

BigJPG 免费版本支持处理最高 3000×3000px 约 5M 图片，可以放大 2 倍、4 倍、8 倍，同时控制降噪，保留图片风格属性。

除了 BigJPG，Upscayl、Replicate 等都是优秀的图片放大工具，可以根据自己的偏好选用。

图片扩充是在原图片的基础上利用人工智能算法根据图片信息自动补充、填充图片，比如图 5.1 所示森林里一棵树的图片，AIGC 会自动补充森林其他植被对图片进行填充、放大。可以借助 PromeAI、VanceAI、MewXAI，以及知名的 Canva、Stable Diffusion 完成图片扩图的任务，下面以 Canva 为例，详细介绍如何使用这个功能。

打开 Canva 图片编辑界面，选择或上传需要扩图的图片，点击“Edit”标签，然后在右侧弹出的界面向右滑动找到“Magic Expand”功能，点击之后可以进行参数设置（图 5.2）。

图 5.2　在图片编辑页面选择 Magic Expand

Magic Expand 首先需要确定以原图为中心进行扩图的比例和方向，比如自由扩图、全图扩图，以及按照 1 ： 1、16 ： 9、4 ： 3 等比例扩图，这里选择自由扩图。选择之后原图上出现了可以拖动的 4 个角，只需向想要扩图的方向拖动即可，非常简单。完成拖动后在右侧点击“Magic Expand”就可以按要求进行快速扩图了。

Canva 每次会给出几种扩图后的结果，你可以选择其中比较满意的一幅继续编辑或下载使用。如图 5.3 所示，原图中桌子上的笔记本只有一半入镜，我们选择向左扩图，AIGC 自动补充了缺失的笔记本、桌角和空余细节（图 5.4）。值得注意的是，桌面上的光线投影也被很好地捕捉、补充了。

图 5.3　扩图设置

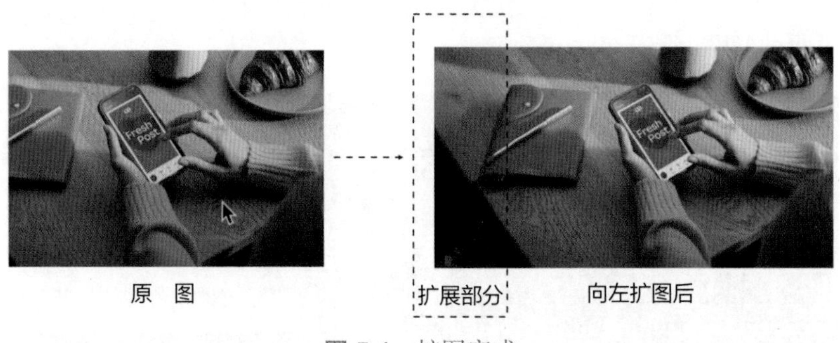

图 5.4　扩图完成

AIGC 扩图风靡一时，很多人使用这个功能来测试 AI 的创造力，也出现了许多令人啼笑皆非的乌龙事件。随着技术的不断提升，扩图的稳定性得到了保障，传统图片工具厂商也纷纷加入战局。Adobe 推出 PS AI 功能，只需要在图片周围简单勾勒就可以自动补齐扩图，有理由相信，这个功能很快会变成图片处理的基础功能。

5.1.2　去除背景

给图片去除背景也叫作抠图，目的是把图片里的主体与背景分离，方便后续编辑。在 AIGC 兴起之前，去除图片背景是一个对技术要求非常高的工作，不仅需要精通各种软件还需要耗费大量时间，但现在，只需要简单几个按钮就可以实现了。

首先，你需要一张图片作为输入，这张图片里有你想要保留的物体和想去除的背景。AIGC 会收集大量已经标注好的图片进行训练，这些图片中的前景物体和背景已经被明确区分。利用这些图片训练 AI 模型，让它学习如何区分前景和背景。

训练好的 AI 模型会分析你输入的图片，查看像素（图像的最小单元）之间的颜色、亮度、纹理等特征，判断哪些部分是前景，哪些部分是背景。AI 模型会分析每个像素的特征，并将其标记为前景或背景。然后，根据这些标签，AI 会生成一张只有前景物体的新图片，把背景部分去除。最终，你会得到一张只有需要的前景物体的新图片，背景已经被成功去除了。

市面上有许多专门去除背景的 AIGC 工具，比如 BgSub、remove.bg 等，在 Adobe Photoshop、Adobe Illustrator 等工具全面拥抱 AI 之后，也开始纷纷增加一键去除背景功能。下面以 BgSub 为例，简单介绍使用方法。

打开 BgSub 官网，整个流程简单到难以想象，只有一个大大的“Open Image”按钮，点击这个按钮选择上传要处理的照片，系统就自动去除了图片背景（图 5.5）。

原图是一张小朋友在草地上奔跑的图片，这里基本上把草地背景去除得很干净，图片的边缘也进行了一些处理，方便后期继续编辑使用。我们观察到，小朋友的头发部分处理得比较优秀，手部处理稍有欠缺。由于这张图片是经过 AIGC 处理的，所以一些细节可能不如原图自然。此外，BgSub 还提供了将纯色、渐变色或风景照片设置为新背景的功能。

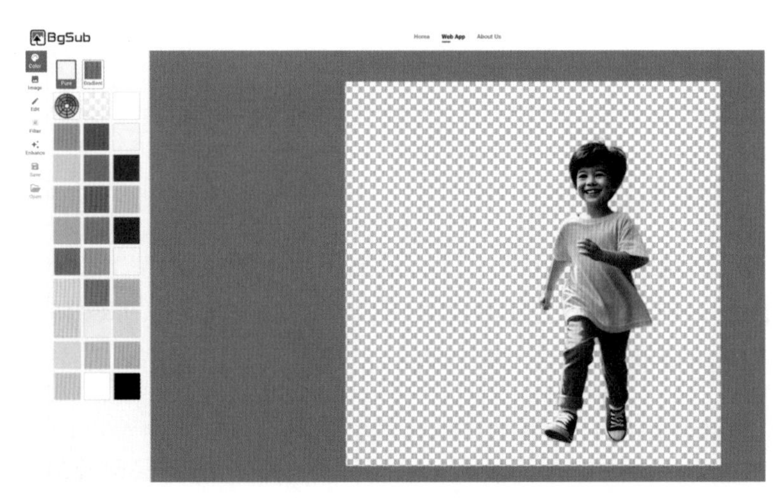

图 5.5　去除背景效果

如图 5.6 所示，BgSub 的编辑功能还利用了 AIGC 技术提供了去除背景的反向操作，也就是保留背景把画面主体物体擦除掉。这个功能非常实用，比如出去旅游拍的照片周围环境很混乱，可以用这个功能把不需要的物体、人物直接擦除掉，同时还可以保留背景与画面的整体环境吻合。

图 5.6　移除主体功能

5.1.3　去除水印

许多图片因为被添加了水印而无法继续使用，即便是专业的图片编辑师也很难处理这些水印，现在有 AIGC 工具就方便多了，它们可以一键去除图片里的水印，同时保留原图的整体性。Aiseesoft、PhotoKit、Apowersoft、DeWatermark AI 都可以非常简单地实现这个效果，下面以 DeWatermark AI 为例，一起学习一下如何使用。

打开 DeWatermark AI 官方网站，点击“Upload Image”上传有水印的图片，稍等片刻，系统会自动去除水印（图 5.7）。这个网站还提供了预览功能，你可以清晰直观地对比原图和修图后的差异，如果对自动去除水印的效果不满意，可以点击“Try manual edit”尝试手工去除水印。如果水印是纯文字组成的，可以勾选“Enable text remover”，这样去除效果会更好。处理完毕后，点击“Download”即可下载去除水印之后的图片了。

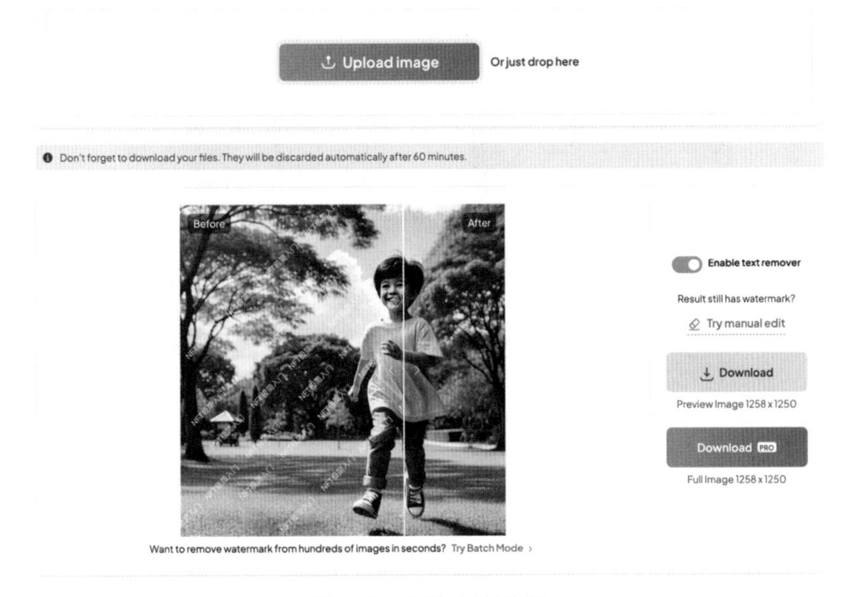

图 5.7　去除水印功能

请注意，一般有水印的图片大部分是为了保护版权，请尊重原图版权，谨慎使用这个功能。

5.1.4　智能调色

虽然早在 1935 年柯达就开始尝试彩色照片，但中国直到 20 世纪 80 年代末才开始普及彩色照片，许多珍贵的老照片仍然是黑白色的。过去已经有非常多的软件被用来给黑白照片上色，AIGC 的到来让图片调色变得更加简单且智能。

Palette.fm 就是这样一个利用 AIGC 技术的调色服务网站，它可以根据预置的调色方案或用户提供的提示词对照片进行调色，操作非常简单，尤其适合给黑白照片上色。不同于传统的调色方式，Palette.fmce 能够根据用户提供的提示词对照片的任意局部细节进行调整，比如你想将一张海滩照片上的椰树调整成绿色，只需要在编辑提示词的地方输入相应的指令即可。借助深度学习算法，Palette.fm 提供了 21 种调色方案，它会先分析照片上的场景内容，然后根据不同调色方案给出最优解。

通过图 5.8 我们可以清晰地看到，Palette.fm 提供的上色效果并非简单的晕染，而是根据图片里物件的属性进行模拟还原。沙发和地毯上的花纹都被准确地区分并上色，甚至墙上的绿植也被识别并调整成相对正确的色彩。

图 5.8　AIGC 调色功能

如果你对某个调色方案不满意，可以点击右侧的编辑按钮，这时顶部会出现关于这幅图片的描述，你可以在这里按自己想要的方式进行修改（图 5.9）。比如，你可以在提示词里加入“sunset”将照片改成傍晚的样子，又或者加入“heavy rain”来模拟大雨滂沱时的光线和色彩。

图 5.9　使用提示词调色

5.2　新手入门 AIGC 绘画的 4 个必要步骤

AIGC 技术给绘画领域带来了许多前所未有的变化，通过计算机算法和深度学习技术，AIGC 能够生成各种形式的艺术作品，涵盖绘画、插图和数字艺术等领域。这种技术不仅为艺术家提供了新颖的创作工具，也为普通人带来了接触和创作艺术的新机遇。

过去，创作一幅复杂的画作可能需要数天甚至数周的时间，而现在，借助 AIGC，艺术家可以在短时间内生成高质量的艺术作品或基础草稿。例如，像 DALL-E 和 DeepArt 等 AIGC 工具，只需输入简单的文字描述或草图，就能快速生成对应的图像。这极大地提高了创作效率，使艺术家有更多时间去探索和创新。而类似 Midjourney、Stable Diffusion 等更加专业、强大的工具，则能够完全胜任商业级别的图像设计与创作工作，与艺术家的工作流无缝对接。

传统绘画需要艺术家具备一定的技法和经验，而 AIGC 则可以弥补这些不足，让没有经过专业训练的人也能创作出令人惊叹的作品。借助 AIGC，任何人都可以生成风格化的作品，比如将自己的照片转换成梵高、毕加索等大师的画风。这不仅使艺术创作更加普及，也激发了更多人的艺术兴趣和创造力。AIGC 能够学习和模仿各种艺术风格，并将它们巧妙地融合在一起，创造出全新的艺术形式。例如，AIGC 可以将东方水墨画的意境和西方油画的元素结合起来，创作出独具匠心的艺术作品。这种跨文化的艺术融合，不仅丰富了艺术的表现形式，也促进了不同文化之间的交流和理解。

图 5.10　AIGC 根据对话生成图像

对一个零基础毫无绘画功底的人来说，只需要输入简单的提示词，AIGC 就能给出相对不错的图像，如果进一步钻研，就可以制作出更加精美、符合要求的图片。例如，在集成了 DALL-E 的 ChatGPT-4 或更高版本中，可以通过以下简单对话来制作一张漫画风格的图片（图 5.10）。

你是一名出色的插画设计师，我需要一张日漫风格的猫在钓鱼的插画。

当然，我可以帮你设计一张日漫风格的猫在钓鱼的插画。这样的插画通常会有明亮的色彩和夸张的表情。你有任何特别的要求或偏好吗？

深蓝色。

好的，我会以深蓝色为主色调来设计这张插画。让我开始设计吧！

（数分钟后）

完成了！这是一只身穿传统和服的日式风格猫咪，坐在静谧的湖畔，用一根长长的竹竿在水中钓鱼。湖水是深蓝色的，与猫咪的衣服形成了和谐的色彩搭配。猫咪的表情是专注而温和的，仿佛完全融入了钓鱼的乐趣中。整体氛围轻松愉悦，充满了日式风情。

你觉得这样的设计如何？

这个案例展示了即使是一个完全不懂绘画的人，也能通过 AIGC 技术生成有趣的作品，这给了我们一个很好的启示，在教育领域，AIGC 具有巨大的潜力。通过 AIGC，学生可以更直观地理解艺术创作的过程和原理，观察不同绘画技巧和风格的实现过程，甚至可以在虚拟环境中亲自尝试不同的创作方法，这将极大地增强学生的学习兴趣，提升他们的实践能力。

在商业领域，AIGC 绘画展现了广泛的应用前景。许多公司已经开始利用 AIGC 技术设计广告、产品包装和品牌形象等。这些 AI 生成的设计不仅能够快速响应市场需求的变化，还能通过大数据分析和用户反馈不断优化和改进设计方案。这种智能化的设计方式不仅提高了商业效率，还带来了更多的创新可能性。

然而，现在互联网上充斥着各种零散的工具使用教程和提示词总结，但缺乏系统性理解与实践。对小白来说，虽然很容易上手，但无法全面、系统地掌握通用方法，在遇到实际需求时还是无从下手。作为入门科普读物，限于篇幅无法详细讲解每个 AIGC 绘图软件的使用教程，但可以从通用性入手，尝试总结学习 AIGC 绘画的基本流程和方法。

5.2.1　了解基础概念和工具

在使用 AIGC 绘画之前，了解一些基本概念和工具还是很重要的，常用的 AIGC 绘画工具包括 DALL-E、Midjourney、DeepArt、Stable Diffusion 等。可以借助这些工具生成高质量的图像，而不需要具备传统的绘画技巧。

1. 基础知识

阅读一些关于 AIGC 和深度学习的文章或书籍，深入了解背后的原理。这部分内容虽然看似枯燥，但实则非常重要，只有理解了机制和原理，才能知其所以然，并在实践中举一反三、融会贯通。本书的第 1 章建议读者反复阅读、体会，因为它基本上涵盖了所需要的基础知识，并且表述通俗易懂。

2. 选择工具

市场上各种 AIGC 绘图软件数不胜数（表 5.1），对新手来说根据自己的需求选择软件是至关重要的。在使用之前，先明确自己的需求，然后根据需求去挖掘工具的功能与特色，例如，DALL.E 适合生成具有创意的艺术作品，而 DeepArt 则擅长将照片转换为特定风格的绘画等。

根据 OpenAI 在多个分类绘图测试的结果，在 DALL-E 3、Google Imagen2、Stable Diffusion 和 Midjourney 之间做出选择，并不是为了确定哪个更优秀，而是为了选择最符合个人特定需求和表现的工具。每种 AIGC 工具都呈现出独特的调色板和笔法，以迎合不同的创作愿景和风格。DALL-E 3 具有深情且富有想象力的触感，Google Imagen2 则展现出无与伦比的精确度和真实感，Midjourney 更擅长叙事和诠释风格，Stable Diffusion 则完美融合了现实主义和创造力。

表 5.1 主流绘图软件优缺点总结

平 台	优 点	缺 点
DALL-E 3	· 富有想象力和创造性的概念 · 适用于抽象和艺术项目 · 广泛的想象可能性	· 有限的现实主义 · 可能不适合要求高度现实主义的项目
Google Imagen2	· 高感光逼真度，注重细节 · 适用于现实的项目 · 适用于要求形象逼真的项目	· 有限的想象力和抽象的概念 · 不太适合高度艺术化或情感化的项目
Stable Diffusion	· 平衡现实主义与艺术天赋 · 适用于创意项目和解说 · 提供了一系列风格上的可能性	· 可能不擅长极端现实主义或抽象概念 · 艺术解释可能在一致性上有所不同
Midjourney	· 注重传达情感和情绪 · 对于需要情感深度和艺术表现力的项目是理想的选择，提供独特的艺术风格	· 不太适合要求高度逼真的项目 · 不擅长高度详细或技术性的图像

了解工具的使用方法和界面布局是非常关键的。花一些时间熟悉这些工具的基本功能，比如输入文字描述、调整生成参数、保存和导出作品等。这些基础知识将为你的后续操作打下坚实的基础。

3. 注册和付费

大多数 AIGC 工具需要注册账号，有些还需要下载软件或应用。AIGC 软件的易用性普遍有待提高，一些高级功能可能需要付费才可以使用。这是因为选择训练数据的成本高昂，也反映了市场竞争尚不充分。在这种情况下，贵的产品不一定意味着功能更强大，也并不一定是最适合的，所以建议读者先免费体验所有软件的基础功能，再决定是否付费。此外，如果你打算在 AIGC 绘画领域越来越专业，一块好的显示屏和一台性能出色的电脑还是需要准备的。

5.2.2 简单的文本生成

熟悉基础工具后，你可以开始尝试通过输入简单的文本描述生成图像。这一步主要是为了帮助你理解 AIGC 工具如何根据文字生成图像，并逐渐掌握描述的技巧。相比于一开始就去学习复杂的软件操作、高级提示词和结构，通过简单的文生图来入门才是 AIGC 绘画的正确学习方法。请记住，前面学习的提示词优化方法是通用的，写好提示词也是 AIGC 绘画的基本要求。

1. 简单描述

在工具中输入简单的文字描述，如“蓝天白云下的一片草地”。使用尽可能口语化、简单的描述，不要过多限制，这种方式往往可以让 AI 更自由发挥，更适合创作偏重创意的图像。

2. 观察结果

观察工具生成的图像，并评估是否符合你的描述。DALL-E 根据一句口语化的简单描述生成了图 5.11，画面中蓝天白云下一大片草地，白云的投影在草地上非常逼真，天空湛蓝如洗，画面很美，基本上接近你想要的效果。

蓝天白云下的一片草地。

图 5.11　DALL-E 根据对话生成的图像 1（截自：DALL-E）

3. 调整描述

根据生成结果，你可以调整文字描述以使其更准确。例如，生成的图 5.11 更像是山谷，而你想要的是蓝天白云下的草原，有着一大片平坦的草地。那么，你可以在对话中直接点击图片进行细节补充，要求 DALL-E 调整图像。

地势平坦的草原。

图 5.12　DALL-E 根据对话生成的图像 2（截自：DALL-E）

怎么样？调整后的图 5.12 效果是不是好一点了？为什么建议新手使用这种简单方法呢？因为这个过程不仅能帮助你理解 AIGC 工具的工作原理，还能提升文字描述能力。不同的描述细节会影响生成图像的质量和风格，通过反复尝试和调整，你会逐渐找到适合自己的描述方式。记住，限制图像效果的只有你的想象力和表达能力，因此，你需要用机器可以理解的语言精准描述出想要的画面，这样就可以得到自己最终想要的图像效果。

5.2.3　学习使用参数和高级功能

掌握了基本的文字描述生成图像的技能之后，你可以进一步学习如何使用 AIGC 工具的高级功能和参数调整，这一步骤将让你的作品更加细致和专业。现在许多 AIGC 图像生成工具都经过精心包装和优化，许多设置都需要通过参数来支持，大受欢迎的图像生成服务 Midjourney 提供了大量的参数设定，只有掌握这些参数，才能让绘图效果更佳。

1. 了解参数设置

建议你阅读工具的使用手册或帮助文档，了解各个参数的作用，如分辨率、风格强度、色彩饱和度等。以 Midjourney 为例，单单一个绘画风格就可能包含上百种参数选择，比如你想制作一个 3D 图像，可选的风格就包括机械姬、X 透视、巴洛克等几十种。Midjourney 官方也提供了参数说明表，你可以参考其中一些基本的参数设置。

在使用 Midjourney 进行 AIGC 绘画时，提示词参数是非常重要的一部分。通过设置不同的参数，可以影响生成图像的风格、细节和质量。以下是一些常用的 Midjourney 提示词参数及其示例说明：

（1）`--ar` 参数（纵横比）。这个参数用于设置图像的纵横比。常用的纵横比有 1 ∶ 1（正方形）、16 ∶ 9（宽屏）和 4 ∶ 3（传统屏幕）。

示　例：

```
`sunset over the mountains --ar 16:9`
`portrait of a young woman --ar 1:1`
```

（2）`--q` 参数（质量）。这个参数用于设置图像生成的质量，默认值是 1。你可以通过调整参数值（如 `0.5` 或 `2`）来改变质量，其中，`2` 表示更高质量，但会消耗更多时间和资源。

示　例：

```
`cityscape at night --q 2`
`a detailed drawing of a dragon --q 0.5`
```

（3）`--v` 参数（版本）。Midjourney 有多个版本，这个参数用来指定使用哪个版本的算法来生成图像。不同版本可能会呈现不同的风格和细节表现。

示　例：

```
`a futuristic city --v 4`
`a beautiful landscape --v 3`
```

（4）`--style` 参数（风格）。这个参数用于设置图像的风格。Midjourney 支持多种艺术风格，比如油画、水彩、素描等。

示　例：

```
`a landscape in the style of Van Gogh --style oil painting`
`a cat in a watercolor style --style watercolor`
```

（5）`--uplight` 参数（光照增强）。使用这个参数可以增强图像的光照效果，使图像看起来更加明亮和细腻。

示　例：

```
`a sunny beach --uplight`
`a night scene with city lights --uplight`
```

（6）`--no` 参数（排除）。这个参数用于排除特定元素，确保生成的图像不包含这些元素。

示　例：

```
`a peaceful garden --no people`
`a mountain scene --no trees`
```

（7）`--chaos` 参数（混沌）。这个参数用于增加图像生成的随机性和创意性，参数值越高，图像越具创意和意外效果。

示　例：

```
`abstract art --chaos 50`
`a surreal landscape --chaos 70`
```

（8）`--seed` 参数（种子）。这个参数用于设置随机种子，以便生成可重复的图像。使用相同的种子和参数组合会生成相同的图像。

示　例：

```
`a fantasy castle --seed 12345`
`a futuristic robot --seed 54321`
```

结合多个参数进行复杂的提示词设定，可以生成更加具体和个性化的图像。

示　例：

```
`a portrait of a young woman in a Renaissance style, highly detailed --ar 4:3
--q 2 --v 4 --style oil painting --uplight`
`a sci-fi cityscape at night, with flying cars and neon lights --ar 16:9
--chaos 60 --v 3 --seed 2024`
```

通过以上这些常用的提示词参数设置，你可以在 Midjourney 中生成多种风格和细节丰富的图像。希望这些示例能帮助你更好地掌握和使用 Midjourney 的提示词参数，创作出更多精彩的作品。

2. 实验不同参数

通过调整参数，你可以观察图像生成的变化。例如，增加分辨率可以提高图像的清晰度，调整风格强度可以改变图像的艺术风格。有时候 AIGC 生成的图像也具备“玄学”特质，因为它并非一个精准的科学结果，所以需要你不断尝试参数、尽可能多地进行实验。有时候，即使使用相同的参数多次生成，也会得到意外的效果，而不同参数的调整则可以探索风格和细节上的各种变化。

掌握参数设置不仅能提升作品的质量，还能节省创作时间。你可以根据不同的创作需求，快速调整参数，以生成符合要求的图像。同时，了解高级功能，如批量生成、风格迁移等，也能进一步扩展你的创作能力。

3. 保存设置

当你找到合适的参数组合时，可以保存这些设置，方便下次使用，逐渐建立起自己的资料库。没有必要死记硬背各种参数，所有设置都是为了实际使用而存在的，如果一个效果需要背诵复杂的提示词参数才能实现，那它大概率不会是你经常需要用到的。对于参数，还有一个更立体的记忆方法，那就是结构法。

从上面给出的 Midjourney 参数说明可以看出，参数并不是单独使用而是组合使用的，它们之间形成了一个结构，与其去记忆单个参数，不如掌握结构，然后在结构里再去细化，这样可以事半功倍。继续以 Midjourney 为例，分享一个通用的提示词参数结构，即“主场风画设”。

主体：人、服装配饰、情绪、动作、道具、元素。

场景：天气、光线、构图、视角、环境、氛围。

风格：插画、水墨、像素、日漫、赛博朋克。

画质：质感、渲染器、像素、细节。

设置：参数、指令、系统设置。

根据这个结构，尝试设计一组提示词参数，目标是生成一幅赛博朋克风格的机器人大战电影海报。

A cyberpunk-style robot war movie poster, giant robots fighting war, cyberpunk city, war, art station, photorealistic 3:1, high detail, hyper realistic, volumetric light, cinematic lighting, octane render, cinematic moody photography by Joel Meyerowitz, Roger deakins, Slim Aarons, Craig Mullens, art.

打开 Discord，在 Midjourney 频道输入“/image”，然后在“prompt”中输入上面的参数设置，很快就可以得到图 5.13。

图 5.13　Midjourney 根据参数生成图像

5.2.4　结合手动编辑和修饰

虽然 AIGC 工具可以生成高质量的图像，但有时仍然需要手动进行一些编辑和修饰，以达到最佳效果。这个步骤不仅能帮助我们学习如何结合传统绘画技巧和 AIGC 技术，还能创作出更完美的作品。画面一致性和文字处理一直是 AIGC 生成艺术中的难点。可以先使用 Midjourney 等工具创作底图，再利用其他图片编辑软件进行二次创作（图 5.14）。

手动编辑和修饰不仅能提高图像的质量，还能让作品更具个人风格。我们可以根据自己的审美和创作需求，进行个性化的调整。通过反复练习，能够逐渐学会如何更好地融合 AIGC 技术和传统绘画技巧，创作出独一无二的艺术作品。

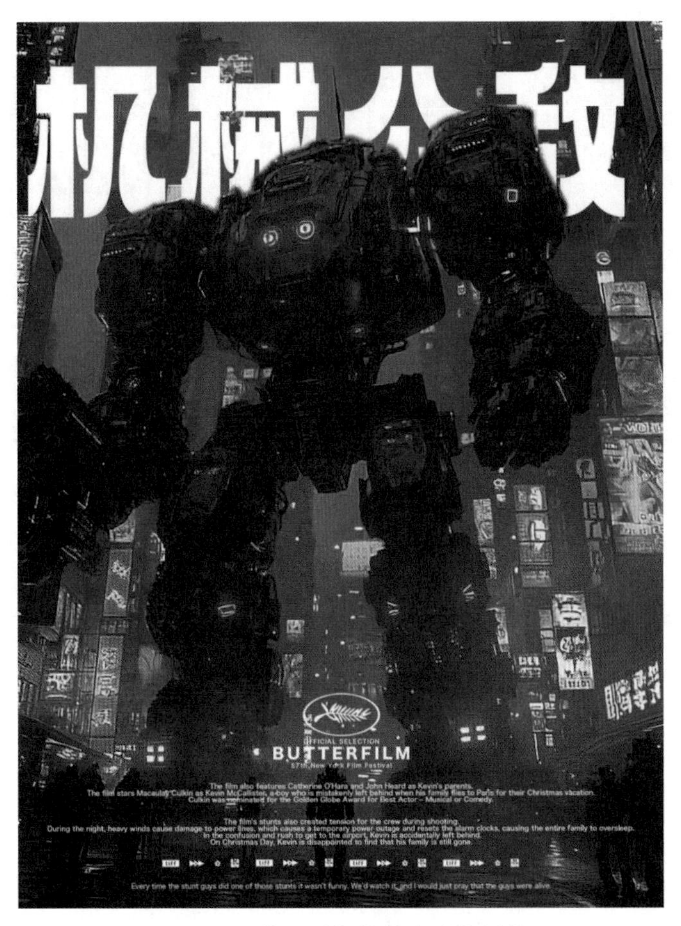

图 5.14　使用后期软件合成的图像

通过这 4 个步骤，从了解基础概念到完成作品，我们逐步掌握了 AIGC 绘画的技巧和方法。这一过程不仅能提升你的艺术创作能力，还能让你体验到科技与艺术融合的乐趣。希望这份教程能帮助新手读者顺利踏入 AIGC 绘画的大门，开启一段充满创意的创作之旅。

5.3　快速批量生成创意海报

除了辅助绘画，AIGC 还能帮助设计师高效完成一些工作。如果是固定格式的输出内容，使用模板批量完成可以大幅度节约时间。这一节我们手把手教会新手读者如何快速批量生成创意海报，先看看设计成果（图 5.15）。

图 5.15　使用 Canva 批量完成图文创建

我们的目标是制作固定格式的图文海报，内容由模板底图和文字构成，在设计流程中，只需要替换文字，但问题是，文字从何而来？有了文字如何批量替换并生成海报？这时需要使用两个工具：ChatGPT 和 Canva。首先，使用 ChatGPT 根据提示词生成目标内容并进行格式化。然后，使用 Canva 完成批量替换、合成和输出。

图文海报的内容是精选图书里的金句，需要让 ChatGPT 先罗列出该领域比较知名的图书，然后从书中筛选符合主题的文案，并按指定格式输出。

角色：金句文案专家。

目标：从给定的主题领域筛选 20 本经典图书，并从这些图书中提炼 1 条金句，以表格形式输出。

限制：主题领域理解精确、金句字数 25 ～ 30 字。

技能：精通各领域的经典书籍和提炼总结书籍金句。

工作流：

1. 根据给定主题提供 20 本书。

2. 以表格形式输出，表格格式为第一列：书籍名称、第二列：作者（翻译成中文）、

第三列：金句。

初始化：需要你总结并输出以下主题方向的内容。

请提供需要筛选经典图书和提炼金句的主题领域。

生活意义和生命本质的探索。

好的，我会从生活意义和生命本质的探索这一主题领域筛选 20 本经典图书，并从这些书籍中提炼出 1 条 25 ～ 30 字的金句。以下是表格形式的输出：

序　号	书　名	作　者	金　句
1	活出生命的意义	维克多·弗兰克尔	人不能控制生活中发生的一切，但可以选择如何面对发生的一切——在任何境况下，我们都有选择态度的自由
2	存在与虚无	让 - 保罗·萨特	人的本质不是前定的，而是在不断选择和行动中创造的——我们注定自由，却也注定要为自由承担全部责任
3	人生的智慧	叔本华	生命就像钟摆，在痛苦与无聊之间摆动，智慧在于找到平衡，在有限中探寻无限的可能
4	瓦尔登湖	亨利·戴维·梭罗	生活可以如此简单，让我们放下那些不必要的负担，在与自然的共处中寻找内心的宁静与丰盈
5	不能承受的生命之轻	米兰·昆德拉	每个人都只能活一次，无法通过实验来检验哪种选择更好，这就是生命永恒的轻盈与沉重
6	当下的力量	埃克哈特·托利	过去已逝，未来未至，真实的生命只存在于当下，觉知当下就是打开内在力量的钥匙
7	人的境况	汉娜·阿伦特	每个人的出生都是一个新的开始，都带来无限可能，这是人类最深层的希望之源
8	自我与本我	西格蒙德·弗洛伊德	心灵像冰山，浮在水面的只是很小一部分，真正影响我们的力量潜藏在意识深处
9	生命的觉醒	嘎玛仁波切	真正的革命不是外在的改变，而是内在的觉醒，是对生命本质的直接理解和体验

序　号	书　名	作　者	金　句
10	寻找灵魂的现代人	卡尔·古斯塔夫·荣格	生命的终极意义在于实现个体化过程，让意识与无意识达成和解，找到真实的自我
11	沉思录	马可·奥勒留	生命短暂而珍贵，重要的不是生命长度，而是如何在有限时光中活出尊严与智慧
12	创造进化论	亨利·柏格森	生命是持续的创造与演化，每个瞬间都是崭新的，都充满无限的可能性
13	生命的意义	威尔·杜兰特	探寻意义本身就是人生的意义，在不断追问与思考中，我们逐渐接近真理
14	生命之网	弗里乔夫·卡普拉	生命不是孤立的个体，而是相互依存的网络，每个存在都是更大整体中不可分割的一部分
15	人的自我寻求	罗洛·梅	焦虑不是生命的敌人，而是成长的动力，因为它促使我们不断寻求更深的意义
16	成为你自己	艾伦·瓦茨	生命不是要解决的问题，而是要体验的奥秘，敞开心扉感受每一刻的流动
17	哲学的慰藉	阿兰·德波顿	生活中的困惑与痛苦往往源于对事物本质的误解，哲学给我们智慧的眼光看清真相
18	存在的艺术	艾里希·弗洛姆	爱与创造是生命最本质的表达，通过爱与创造，我们实现自己也丰富他人
19	存在与时间	马丁·海德格尔	人是唯一能够追问存在意义的存在者，正是这种追问使我们的生命与众不同
20	人生的境界	冯友兰	生命的境界在于超越物我之分，在天人合一中体会最高的自由与和谐

怎么样？效果还不错吧，复制 ChatGPT 给出的表格内容，粘贴到 Excel 里，保持相同的格式，然后将文件保存为 csv 格式，以便后期在 Canva 里使用。

接下来，继续打开 Canva 官网，批量出图是一个付费功能，可以先观看演示，根据自己的需求决定是否开通。在 Canva 中新建一个项目，进入设计模式，在左侧的“设计”栏中搜索“Quote”模板（图 5.16），也就是常说的名言模板，选择一个合适的模板后，进入编辑。

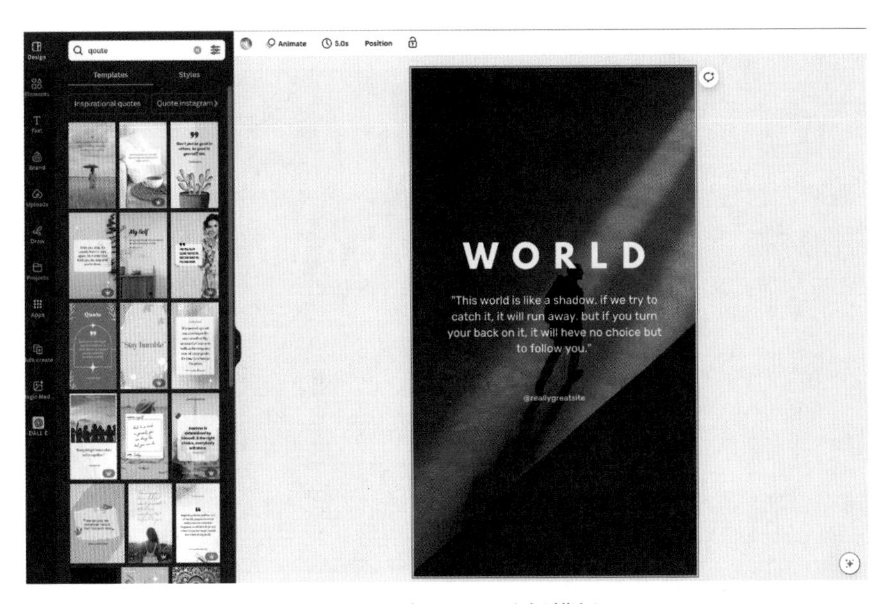

图 5.16　在 Canva 选择模板

在左侧选择“bulk create”进行批量创作，如果没有该按钮，可以打开左侧的“Apps”进行搜索。在批量创作界面，选择“Upload data”上传刚才制作好的 csv 文件（图 5.17）。上传后，系统会迅速识别表格的内容格式。

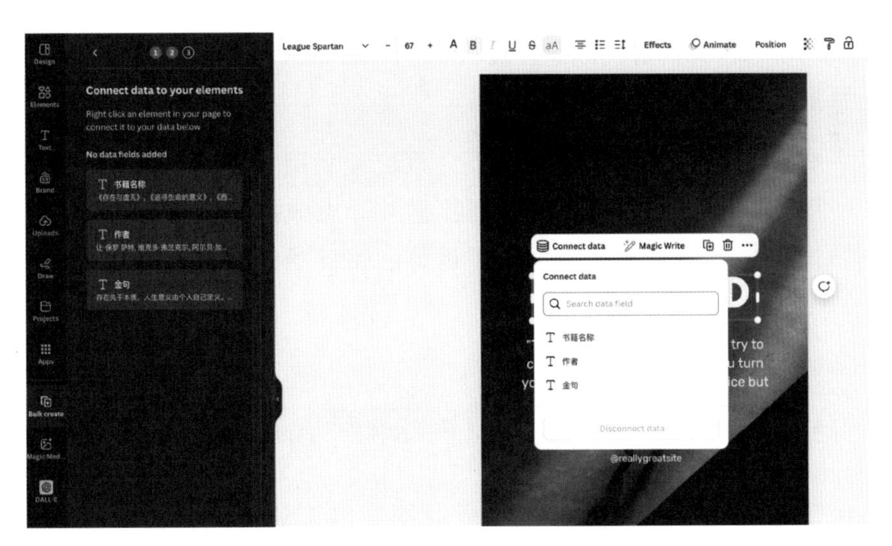

图 5.17　在 Canva 导入并关联数据

点击图片上的文字，将出现“Connect data”功能，我们按照表格的格式，分别给模板里的文字内容建立数据链接，将它们逐一对应（图 5.18）。

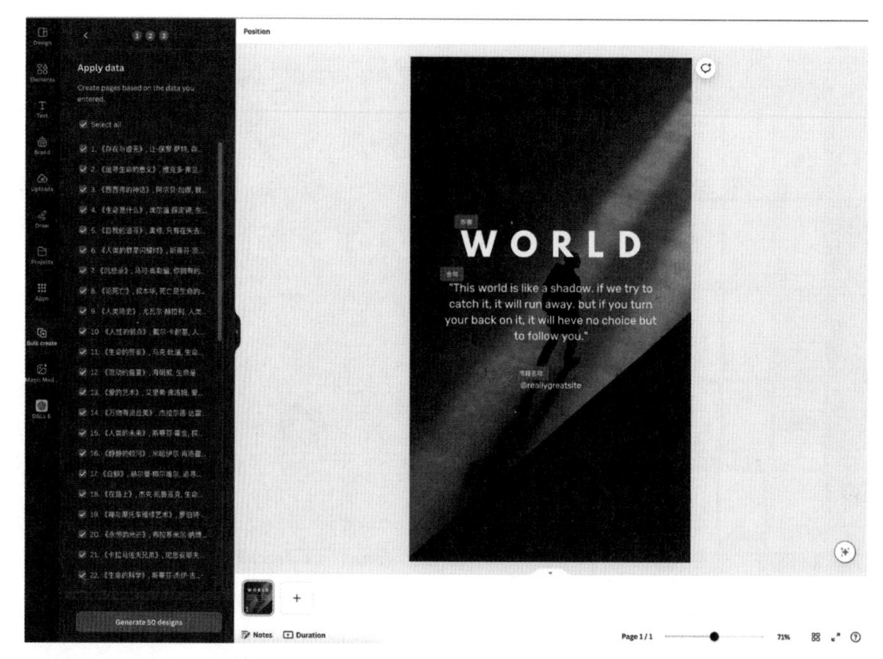

图 5.18　在 Canva 批量创建数据模板

数据链接建立后，点击左侧“continue”，左侧 5 条金句数据都被选中，与右侧模板里的文案链接对应。继续点击“Generate 20 designs”，此时，会看到 20 张精美的书摘金句图文海报已生成，效率真是惊人。实际上，你可以一次性制作更多的海报，这里主要展示基础原理。

这是一整套工作流，简单总结一下，该流程利用 AIGC 聊天机器人生产元数据文件，使用 AIGC 图文工具批量关联数据并导出成品。根据这个流程，可以进行许多创新设计，比如一本年历、星座运势、每日菜谱等，唯一限制我们的只有想象力。

5.4　AIGC 搞定大片级电商产品图

把 AIGC 运用到商业领域一直是行业探索的方向，除去娱乐和玩票属性，能够真正降低成本、提升工作效率的运用正在发生。通过前文的叙述，我们知道 AIGC 绘图具有极大的随机性，这在创意方向是个优势，但在商业应用方向却是一大困扰。如何保持图像的一致性？商业领域进行了不少有意义的探索，本节主要通过工作流分析，把使用 AIGC 制作电商级宣传图作为主要讲解内容，探讨如何实现这一目标。

使用 Midjourney 或其他 AIGC 绘图软件无法一次性完成现实物体与虚拟图像的完美融合，可以将工程拆解成两个步骤。第一步先通过 AIGC 获取想要的场景图，并且在场景图中生成与商品外形类似的样品图；第二步可以选择使用 Photoshop 进行拼合处理，也可以将样品图放入 Stable Diffusion 里进行二次融图创作。

利用 Midjourney 的 Describe 功能，可以根据参考图片的样式获取风格接近的提示词，这可以大大减轻构思场景的工作。例如，计划给一个绿植文创品牌创作一个电商广告图，需要的场景接近图 5.19，可以直接把这个图片丢进软件反推提示词。

图 5.19　电商广告图

在 Midjourney 对话框中输入“/describe”，然后点击“上传图片”，选择图 5.19 上传，按回车键发送指令（图 5.20）。

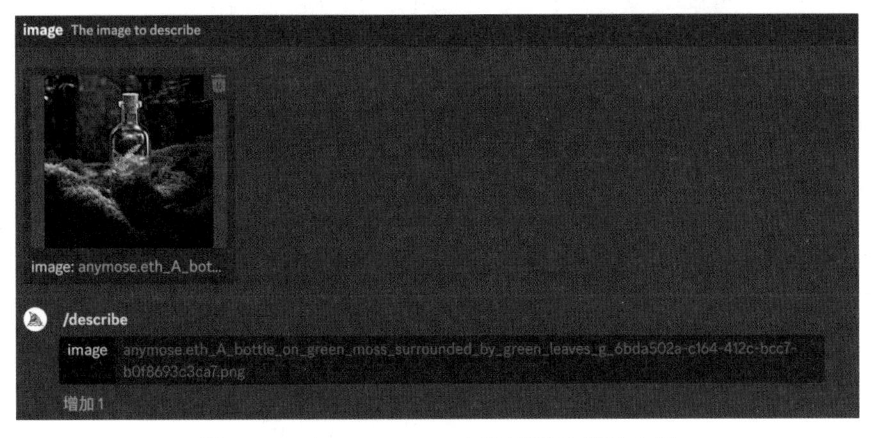

图 5.20　在 Midjourney 中使用图片描述功能

这时系统会根据上传的图片生成 4 份提示词，可以看一下是否每条都符合我们需要的场景图，也可以选择直接点击“Imagine all”来生成图片预览（图 5.21）。

4 份提示词给出了 4 张效果图，还是非常接近原图的，根据目标需求，选择右上角的图片作为最终的产品环境图，在 Midjourney 可以把它放大尺寸留作后期使用。获得图片之后，就可以回到 Photoshop 里进行替换操作。这时需要拍摄一张产品图，利用 5.1 节介绍的 BgSub 把背景扣掉，然后利用 Photoshop 进行图片拼合，最终获得一幅效果不错的电商广告图（图 5.22）。

图 5.21　在 Midjourney 中获得的效果图

图 5.22　在 Photoshop 中合成最终的效果图

这种方法对 Photoshop 技能要求比较高，也可以在最后一步转战 Stable Diffusion，利用 ControlNet 插件进行局部重绘实现同样的效果，具体流程如下。

在 Stable Diffusion 里先选择写实模型，在正向提示词中输入上面使用 Midjourney 反向推导的提示词，比如：

A bottle on green moss surrounded by green leaves, grass, branches, bushes, small stones, single background, realistic, commercial photography, sunlight, clear, high detail.

在反向提示词中输入以下内容，主要是要求图片不要或者减少出现的效果、内容。

fake, unreal, lines, asymmetric light, low quality, blurry, messy, low resolution.

继续设置，采样模型选择 DDM+2M SDE，这个模型处理真实图像的效果最好，采样步数保留默认数值 20 即可。重点来了，要启用 ControlNet 插件进行垫图操作，如果没有该插件则需要额外安装（图 5.23）。

图 5.23　在 Stable Diffusion 里设置参数

在 ControlNet 里继续设置，直接上传处理好的白底产品图，然后勾选“Enable”，控制类里选择“Canny”，这个功能可以对白底产品图进行轮廓创建，用来保证生成的图片和产品图保持高度一致的结构外观。

设置好就可以点击生成图片，可以通过不断调整提示词、ControlNet 参数来实现相对理想的效果。这个时候可以不要求完美，先得到一张场景近似的图，

继续在 Photoshop 里把实拍的产品图按比例覆盖在生成图上，然后回到 Stable Diffusion 里使用“img2img”，也就是图生图功能。

选择“inpaint”局部重绘（图 5.24），上传 Photoshop 中修改的图片，然后把前一步的正向、反向提示词复制进来。这里需要使用画笔把产品涂抹掉，主要是为了保护主体部分不被重绘改变，在下面的重绘区域勾选“only masked”。接下来就是重复设置 ControlNet 里的参数，和之前一样，设置好就可以不断生成图片，直到满意为止。

图 5.24　在 Stable Diffusion 里设置图生图参数

通过以上步骤可以发现，要使用 AIGC 一键生成与真实世界物体高度一致的商用作品还是比较麻烦的，需要一些专业技能支持。但经过拆解，我们也发现流程是简单的，那就是通过 AIGC 获取基础产品环境图，然后替换成自己的产品。在替换的时候可以选择使用传统的 Photoshop 等软件来处理，也可以继续使用 Stable Diffusion 等提供的图生图的融合方法。

5.5　巧用 AIGC 成为分镜大师

好莱坞把电影引入工业流程奠定了近代影视的腾飞基石，今天的电影创作已经是高度流程化、专业化的协作产业，许多流程都已经被标准化。在诸多流程里，电影脚本和分镜依然需要耗费导演或分镜师大量的工作时间，许多脚本和分镜都是利用手绘来完成的，不仅效率低下，成本也非常高。

现在，通过结合使用 ChatGPT、Midjourney、Stable Diffusion、Photoshop、DeepMotion 和 Unreal Engine 等多种 AI 工具，导演可以在脚本分镜头的各个环节实现高效创作和一致性控制。从初步构思到最终输出，每个步骤都可以通过 AI 工具进行优化，提高创作效率和视觉效果。通过逐步优化与反馈循环、云端协作和自动化工具的结合，导演能够确保每个镜头的高质量呈现，创作出令人印象深刻的影视作品。本节先梳理 AIGC 应用于电影制作的基本工作流程，熟悉创作要点，然后用一个案例来实践操作。

5.5.1　AIGC 应用于电影制作的基本流程

1. 脚本创作与初步构思

撰写电影脚本可以使用自然语言处理工具，如 ChatGPT 进行初步创作。输入大纲或描述主要情节，AIGC 就可以生成详细的对话和叙述。利用 AIGC 生成对话和情节可以快速获得多个版本并进行比较和优化，从而大大提升脚本的创作效率。

接下来，我们利用文本生成图像工具，如 Midjourney、DALL-E 等将关键场景的文字描述转换为初步的视觉概念，生成初步的故事板图像。这些图像提供了视觉参考，有助于进一步的脚本修改或二次创作。

用到的工具和资源如下。

- ChatGPT：用于生成和优化脚本。
- Midjourney、DALL-E：用于生成故事板图像。

2. 细化分镜头脚本

有了脚本和故事板，接下来就可以进行分镜头脚本的视觉化工作，可以将 Midjourney 或 DALL-E 生成的初步图像导入 Stable Diffusion，进行细化和风格统一，然后使用 Photoshop 进一步编辑，调整颜色、光线和构图，确保每个镜头的视觉效果。

如果涉及更细致的分镜处理（如表情关联），可以使用 PoseNet 等姿势估计工具，细化角色的动作和表情，生成更加逼真的分镜头。

因为在第一步已经准备了大量格式化脚本，此处可以批量生成，再根据剧情或对白需要进行微调。过去这一过程通常需耗费数月，现在有了 AIGC，可以极大缩短制作周期，尤其是采用工作流方法，可以根据故事脚本微调后，反复批量生成使用。

用到的工具和资源如下。

· Stable Diffusion：用于场景细化和风格统一。

· Photoshop：用于图像编辑和视觉一致性调整。

· PoseNet：用于动作和表情设计。

3. 视觉预览与调整

在传统的脚本分镜工作中，交付的结果大多是静态的，如果想要生成动态演示则需要更大的投入、更长的工作时间，借助 AIGC 工具，生成动态脚本变得更简单了。为了实现动画预览，可以将分镜头图像输入 DeepMotion，生成简短的动画片段。这些动画预览可以帮助导演理解每个场景的动态效果，并进行必要的调整。

对于大规模场景布景，可以使用 Unreal Engine 创建虚拟场景，进行实时调整和优化。通过虚拟制作，导演可以在拍摄前精确调整每个镜头的构图、光线和动作。

用到的工具和资源如下。

· DeepMotion：用于生成动画预览。

· Unreal Engine：用于场景模拟和实时调整。

4. 拍摄计划与执行

拍摄电影是典型的系统工程，项目管理尤为重要。导演需要协调诸如演员、道具、天气、经费等数百项工作流，不借助工具进行项目管理，难以满足现代工业电影的要求。在几十年的时间里，我们积累了大量的电影制作经验，产生了许多优秀的项目管理工具，AIGC 正帮助行业进一步发展。

利用 AI 工具可以生成详细的拍摄计划，包括拍摄顺序、设备配置、场景布置等。在拍摄过程中，使用 AI 驱动的摄像机跟踪工具，可以实时监控每个镜头的拍摄效果。通过实时反馈，导演可以迅速调整拍摄角度、光线和动作，以确保每个镜头的完美呈现。

用到的工具和资源如下。

· AI 拍摄计划工具：用于生成详细的拍摄计划。

· AI 摄像机跟踪工具：用于实时监控和调整拍摄效果。

5. 后期制作与优化

电影拍摄完后进入漫长的后期剪辑，而 AIGC 让许多后期工作变得更加轻松。剪辑师可以使用 AIGC 驱动的图像和视频处理工具，将原始素材导入 Topaz Labs Photo AI 进行后期处理，提高画面清晰度和色彩一致性。调音师可以使用 AIGC 工具生成和优化声音效果，确保每个场景视听效果的完美结合。

AIGC 在配音、数字人、虚拟场景建造方面创新不断，这些创新正迅速被影视行业所采用，相信随着技术的不断进步，后期制作与优化将得到极大提升。

用到的工具和资源如下。

· Topaz Labs Photo AI：用于图像和视频的后期处理。

· AI 声音和特效工具：用于生成和优化声音效果和特效。

上述内容从电影工业制作流程的角度梳理了 AIGC 工具的应用和具体作用，这是一个比较完整的概念流程，如果只是业余制作短视频，可以简化部分流程，但是按上面的流程走一遍你会发现，标准的意义在于提升效率，非常值得尝试。接下来我们将利用 AIGC 制作一个简单的故事片脚本分镜，希望能给新手读者一些启发。

5.5.2 AIGC 制作电影脚本案例

目前已经有许多创作者推出了文本转分镜的集成 GPT，在 ChatGPT 应用市场搜索就可以免费体验，用户只需输入主题就可以生成脚本表格，并利用 DALL-E 产出对应的分镜图。面向新手读者，我们从最基础的提示词开始。

角色：经验丰富的好莱坞电影分镜师。

目标：根据主题设计故事大纲并转译分镜脚本，输出对应的文生图 Prompt，最后使用 DALL-E 生成每个分镜的图片。

限制：单个文本故事超过 20 字分成 2 个连续分镜。

技能：

1. 丰富的好莱坞电影工业流程经验与分镜设计能力。
2. 根据分镜脚本转译成 DALL-E 图文 Prompt 的能力，图片输出比例为 16 ∶ 9。
3. 熟练使用镜头语言，通过角度、焦距、镜头和景别来呈现脚本内容。
4. 分镜按序列排列，确保描述可以用于指导实际视频拍摄、后期剪辑。

工作流：

1. 根据提供的故事先输出分镜脚本描述。
2. 以表格形式输出，表格格式为第一列：镜头序号，第二列：故事文本，第三列：分镜脚本描述按“景别”“角度”“描述”三个分类总结，第四列：文生图 Prompt，对应第三列的内容转换后的提示词，以供文生图使用。

初始化：需要你生成脚本和分镜的故事内容。

好的，我明白了。请提供你希望生成分镜脚本和图片的故事内容，我会根据内容开始工作。

一个砍柴少年失足跌落悬崖，误入神秘洞穴，发现墙壁上的绝世武功秘籍，学习后恢复身体并获得神功，听见洞外的喧闹声。

好的，我们将这个故事分成几个关键场景，然后为每个场景创建分镜脚本描述，并生成相应的 DALL-E 文生图提示词。

镜头序号	故事文本	分镜脚本描述	文生图 Prompt
1	砍柴少年失足跌落悬崖	景别：全景；角度：俯拍；描述：一名少年在悬崖边砍柴，突然失足跌落，周围是茂密的森林和险峻的山崖	A wide-angle shot from above, capturing a young boy chopping wood on the edge of a cliff, suddenly losing his footing and falling.The scene shows dense forest and steep cliffs
2	砍柴少年失足跌落悬崖	景别：特写；角度：正面；描述：少年的脸部特写，充满惊恐和无助的表情，背景模糊显示悬崖边的树木	A close-up shot of the boy's face, showing an expression of terror and helplessness, with the background blurred, hinting at the cliff edge and trees
3	误入神秘洞穴	景别：中景；角度：仰拍；描述：少年跌落在洞穴入口，周围是黑暗的洞穴墙壁，地上散落着石块	A medium shot from below, showing the boy lying at the entrance of a cave, surrounded by dark cave walls and scattered rocks on the ground
4	发现墙壁上绝世武功秘籍	景别：中景；角度：侧拍；描述：少年在洞穴中站起来，惊奇地看着墙壁上刻满古老文字和武功招式的秘籍	A medium shot from the side, showing the boy standing up in the cave, looking amazed at the wall filled with ancient texts and martial arts techniques
5	学习后恢复身体并获得神功	景别：近景；角度：正面；描述：少年的脸部特写，双眼紧闭，面容平静，周围充满光芒，显示他正在吸收秘籍的力量	A close-up shot of the boy's face, with eyes closed and a calm expression, surrounded by a glowing light, indicating he is absorbing the power from the martial arts manual
6	学习后恢复身体并获得神功	景别：全量；角度：俯拍；描述：少年从地上站起，周围光芒四射，身体充满力量，洞穴内部清晰可见	A wide-angle shot from above, showing the boy standing up, radiating light, with his body full of strength, and the interior of the cave clearly visible
7	听见洞外的喧闹声	景别：中景；角度：侧拍；描述：少年侧耳倾听洞外传来的声音，洞口透出微弱的光线	A medium shot from the side, showing the boy listening intently to sounds coming from outside the cave, with faint light seeping through the cave entrance

我将根据这些描述生成每个分镜镜头的图片，如果有任何调整或更多细节需要补充，请告诉我。

很棒，生成分镜图片吧。

请查看这些分镜图像，并告诉我是否需要进一步调整或生成更多内容。

以上就是一个简单的生成脚本和分镜的案例。也可以把这两个步骤分拆开，让 ChatGPT 专注于内容部分，最终获取分镜的提示词，然后在 Midjourney 或 Stable Diffusion 中继续生成图像。为了保持图像的一致性，可以使用 Midjourney 中的垫图功能或者 Stable Diffusion 的局部重绘等功能。

第6章 AIGC让声音更神奇

AIGC音频技术在人们的生活和工作中发挥着越来越重要的作用，主要包括语音识别、语音合成和音频增强。语音识别技术广泛应用于智能手机、智能音箱和车载系统等设备中。通过深度学习和自然语言处理技术，AI可以将人类的语音转换为文字，从而实现语音命令、语音输入等功能。语音识别技术的核心在于训练复杂的神经网络，识别和理解不同语言和口音的语音信号。

语音合成技术也称为文本转语音（text to speech，TTS）技术。通过语音合成，AI可以将文字转换为自然流畅的语音，这在导航系统、电子书和语音助手中得到广泛应用。语音合成技术依赖于生成对抗网络（GAN）和序列到序列（Seq2Seq）模型，可以生成高质量、自然的语音输出，模仿人类的语调和节奏，从而提供更加人性化的用户体验。

音频增强技术包括降噪、回声消除和音频修复等。利用深度学习和信号处理技术，AI可以从音频信号中去除噪声、减少回声，甚至修复损坏的音频文件。音频增强技术在通信、录音、音乐制作和影视后期处理中发挥了关键作用，提升了音频的清晰度和质量，为用户带来更好的听觉体验。

通过这些技术的结合和应用，AIGC音频技术正在不断改变人们与声音互动的方式，推动各行各业的技术进步和创新。本章将针对声音展开介绍，通过4个案例来探讨AIGC如何处理音频，实现奇特效果并显著提升工作效率。

6.1 克隆自己的声音，找个“嘴替”

拍视频节目最大的难点是台词，一条10分钟左右的视频，往往需要无数次停顿来背诵台词，即便有提词器，很多时候也不得不因为台词问题而反复录制。许多影视剧采取先拍摄、后配音的方式来解决这一问题，但也会经常出现口型不同步的问题。如何解决这个问题？答案当然是借助AIGC！可以从地图导航里的明星语音包获得一些灵感。明星需要把所有的路名和路况都录下来吗？并不是，实际上，他们只需要录制一段准备好的文案，把这段录音提供给人工智能系统进行深度学习和模仿。剩下的工作就简单了，给 AIGC 一段导航文字，它就可以模仿明星的声音进行播报。

语音克隆，简单来说，就是让 AIGC 模仿一个人的声音，让它说出从未说过的话（图 6.1）。这个过程听起来很神奇，但背后的原理其实很简单。首先，需要一个人的声音样本，比如几段他 / 她说话的录音。这些录音可以视为 AIGC 学习的教材，AIGC 通过这些"教材"来认识和理解这个声音的特点。

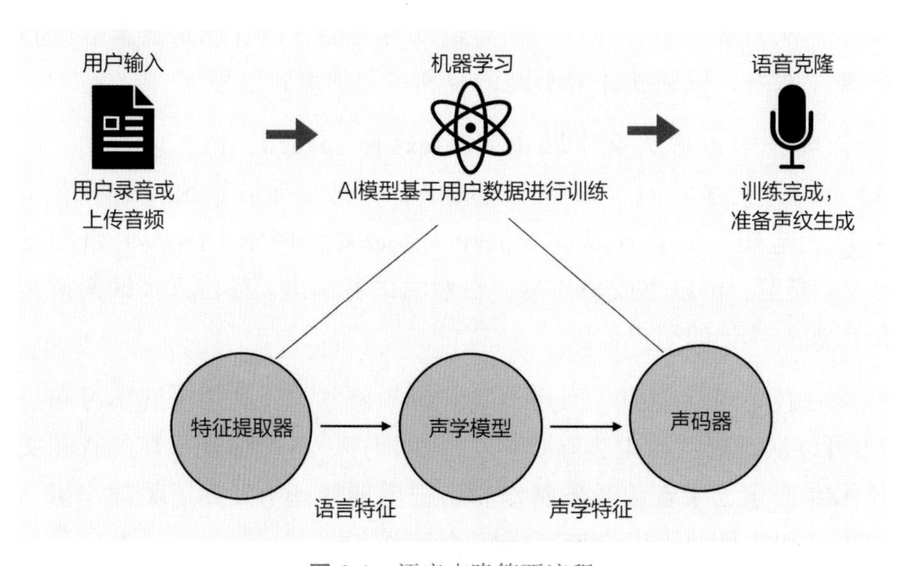

图 6.1　语音克隆简要流程

将声音样本输入 AIGC 模型时，AIGC 会进行一个叫作"训练"的过程。训练的核心在于 AIGC 反复听这些录音，学习并识别出声音中的各种特征，如音调、语速、口音和发音习惯等。这个过程类似于模仿别人说话时，关注他们的语气和声音变化。AIGC 会使用一种叫作神经网络的技术，不断调整内部参数，最终能够精确模仿这个人的声音。

完成训练后，AIGC 就具备了用这个声音说新句子的能力。给 AIGC 一个原声音样本中从未出现的句子，AIGC 能利用之前学到的声音特征把这个句子"说"出来。这一步是通过一种叫作语音合成的技术实现的。AIGC 会先把文字转换成声音的"拼图"，然后把这些"拼图"拼成完整的句子，最后通过模仿的声音特征将它们表现出来。就这样，一个人的声音被克隆了，AIGC 可以说出任何你想要的内容。整个过程就像 AIGC 从声音样本中学会了这个人的“发声方式”，并用这种方式说出新句子。

语音克隆技术在人们的日常生活、工作、学习以及商业领域中，正在发挥着越来越大的作用。想象一下，你因为感冒失声了，但仍然需要与朋友或家人沟通，此时语音克隆技术就能派上用场。你只需要输入想说的话，AIGC 就能用你的声音把话“说”出来。这样一来，即使不能亲自开口，你仍然能够用自己的声音进行交流。对那些经常出差或者远离家人的人来说，这也是保持沟通的好方法，既能让人感觉亲切，又不失个人特色。

在工作和学习中，语音克隆技术同样有着广泛的应用。比如在学习方面，有些学生可能更喜欢通过听的方式来记忆知识点，这时可以利用语音克隆技术将老师或自己朗读的内容克隆下来，生成更多学习资料。这些资料可以随时播放，帮助学生反复复习巩固，特别是在准备考试的时候效果显著。在日常工作中，如果需要制作大量语音内容，比如录制企业培训视频或讲解产品功能等，语音克隆技术可以节省很多时间和精力。只需要提供一小段声音样本，AIGC 就能生成大量高质量的音频内容，既方便又高效。

语音克隆技术在商业领域的应用场景更为丰富多样。很多企业已经开始利用语音克隆技术打造智能客服系统。通过克隆企业客服代表的声音，AIGC 可以全天候为客户提供服务，并保持一致的语气和专业度，这不仅提升了客户体验，还降低了人力成本。AIGC 语音克隆技术在娱乐行业也大放异彩。许多影视制作公司开始利用这种技术为电影角色生成配音，或者在广告中使用名人的“声音”来吸引观众的注意力。通过这种方式，广告可以更加亲和且易于辨识，进而提升品牌影响力。

接下来使用的工具是 Fish Speech，它是一种基于先进的文本转语音模型、专门为多语言应用设计的语音克隆服务。Fish Speech 在英语、中文和日语等多种语言的 30 万小时音频数据上进行了训练，能够生成高度自然流畅的语音。其核心在于使用基于 Transformer 架构的深度学习模型，这些模型擅长处理和生成与人类语音极为相似的音频。更为难得的是，Fish Speech 是一款免费、开源的服务，代码遵循 BY-CC-NC-SA-4.0 许可标准，任何人都可以自由地复制、转载、改编甚至是用于商业用途，只要注明来源即可。

可以直接使用集成了 Fish Speech 核心代码的在线服务进行体验，也可以选择下载代码在本地部署和构建。打开 Fish Speech 的测试网站，先看看有哪些功能，如图 6.2 所示。

图 6.2　Fish Speech 功能（截自：Fish Speech 测试网站）

在右上角可以切换语言，切换成中文会加载中文的训练结果，切换成英文则会出现英文的训练结果。切换成中文会发现页面中预置了一些用户训练的声音，包括部分明星的声音，请注意，声音也受版权保护，这些声音仅供测试，切勿商用。在顶部导航栏“语音合成”栏中输入文字，选择启用的音源，在“构建声音”栏可以训练自己的声音（图 6.3）。

进入“构建声音”，可以看见完整的语音克隆训练流程，主要分成采集、训练两个步骤。在“声音详情”处输入基本信息，注意可以在“标签”处给每次训练加上关键词，方便后期查找。

声音采集可以选择上传音频文件或录制新音频，音频采集的时长要求在 20 ~ 45s，系统推荐 30s 左右。用户可以选择用手机录音然后上传，如果是视频文件，可以利用软件把音频轨道单独分离保存然后上传。Fish Speech 还支持直接在线录音，它会提供一段中文作为范文，只需阅读范文并录音即可（图 6.4）。按照建议需要录入 3 段语音，总时长大约 30s。

模型训练好之后就可以开始使用了。打开“语音合成”栏，输入要转换的文字，然后在“语音声音”处选择自己的声音模型，点击创建，几秒钟后即可听到用你的声音阅读输入文字的结果。

实际体验效果非常不错，如果希望生成的语音更加逼真，可以录入更多音频作为训练数据，并尝试在录音中改变语气、语速，创建多样化的模型，每次创建记得为模型打上标签，以便在语音转文字时选择合适的模型。

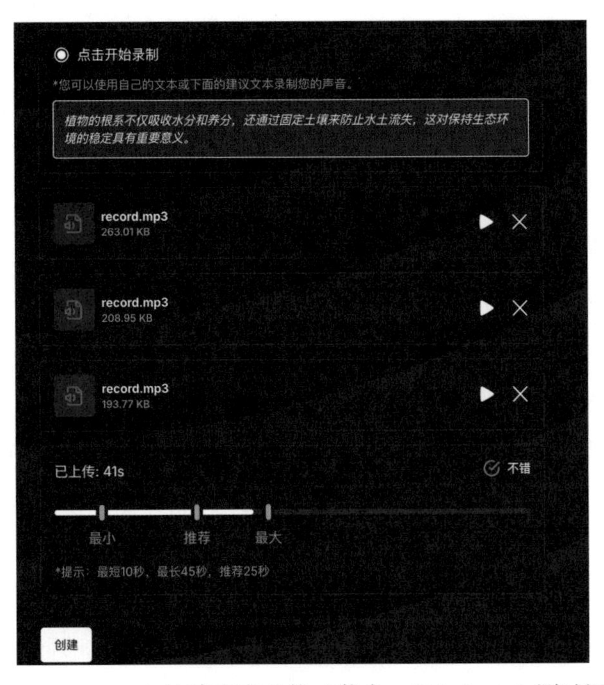

图 6.3　Fish Speech 构建声音功能（截自：Fish Speech 测试网站）

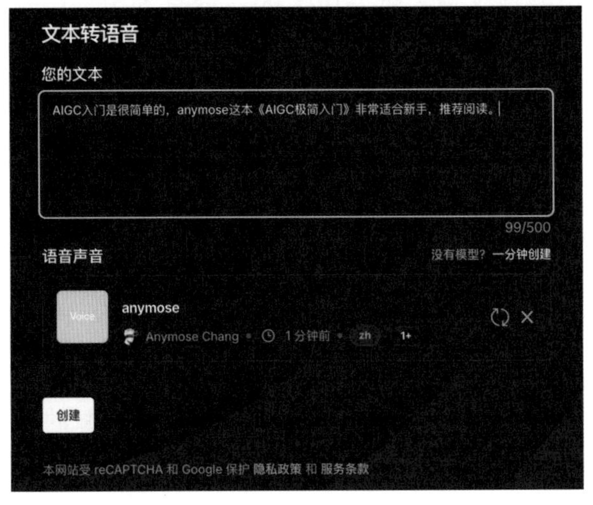

图 6.4　Fish Speech 文本转语音功能（截自：Fish Speech 测试网站）

6.2 AIGC 配音，强大到令人惊讶

想出镜拍视频又不想暴露真实声音？台词太长记不住？可以利用 AIGC 一键完成这项工作。上一节介绍了 AIGC 语音克隆技术，本节专注于从文本直接生成音频。

先大致了解一下这项功能背后的技术原理。AIGC 配音主要依赖于深度学习，特别是基于神经网络的语音合成模型。早期的语音合成技术（如基于规则的语音合成和拼接式合成）在生成自然流畅的语音方面有很多限制。现代 AIGC 配音则采用了基于深度学习的文本转语音技术，通过学习大量语音数据，能够生成更加自然的声音。

常见的一种技术是序列到序列（Seq2Seq）模型，它能够将输入的文本序列转换为语音序列（图 6.5）。这种模型通常由编码器和解码器组成，编码器将文本信息编码为特征向量，解码器则将这些特征向量转换为语音波形。在大量训练数据的支持下，这一过程可以生成在节奏、音调、情感等方面极为接近人类声音的语音。

此外，生成对抗网络（GAN）也被引入到语音合成中，通过两个神经网络的对抗训练，生成的语音越来越逼真。WaveNet 就是其中一个著名的例子，它能够生成高度逼真的语音波形，实现高质量的语音合成。

既然 AIGC 合成配音这么神奇，本节就通过简单的案例教学，手把手教大家把 AIGC 配音应用到日常工作和学习中。如今市面上有许多配音合成工具，功能大同小异，只需要选择适合自己的工具即可。这些工具经过多次迭代，“AI 音”早已进化，取而代之的是逼真到令人惊叹的新模型。这些新模型不仅可以比较完美地复刻原音的各种特征，还可以根据文本内容自动进行语气、停顿等调整，甚至会加入情感。

这次用到的工具是 ChatTTS，它是一个免费的、开源的、可用于对话场景的 AIGC 文本转语音模型。ChatTTS 特别适用于大语言模型（LLM）助手的对话任务，以及诸如对话式音频和视频介绍等应用。它支持中文和英文，通过使用大约 10 万小时的中英文数据进行训练，ChatTTS 在语音合成中表现出高质量和高自然

度。不仅可以根据文本生成语音，还可以控制停顿和加入情绪。开发人员可以通过应用程序编程接口和软件开发工具包将 ChatTTS 集成到应用程序中。集成过程通常涉及初始化 ChatTTS 模型，加载预训练模型，以及调用文本到语音功能来生成音频。

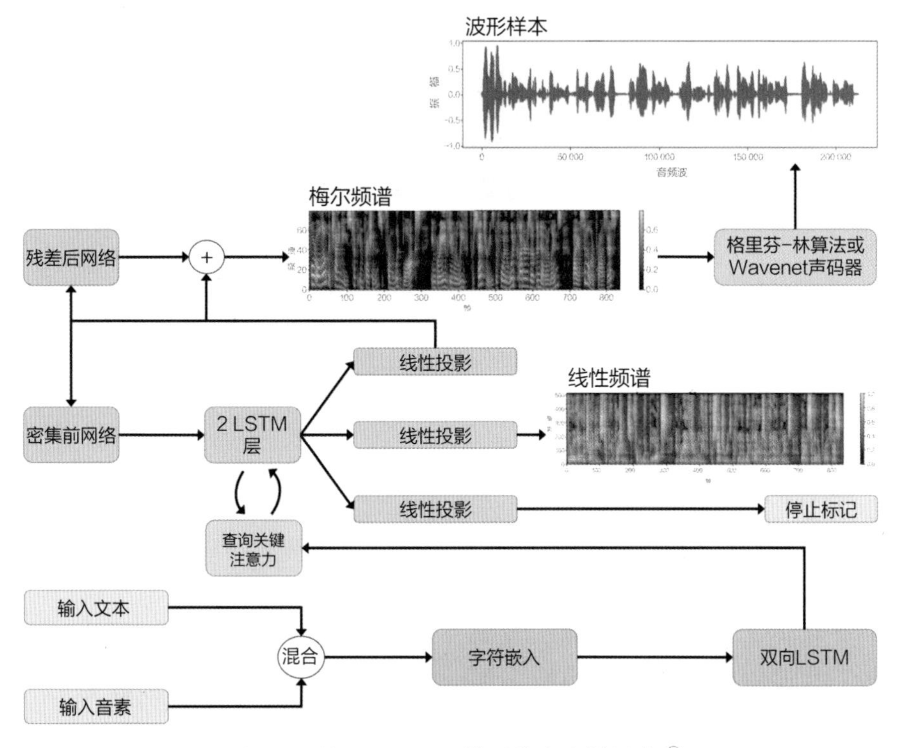

图 6.5　基于 Seq2Seq 模型的文本转语音[①]

可以通过网站直接使用 ChatTTS，或下载安装，这里选择直接打开官网，用最简单的方式体验文字生成音频。网站页面简洁，不需要做太多设置，只需在“input text”处输入要转换的文字（图 6.6）。

在输入的时候可以使用两个属性提升配音的质量：

```
[uv_break] 控制停顿
[laugh] 添加笑声
```

① 图片来源：https://arxiv.org/pdf/1903.07398.

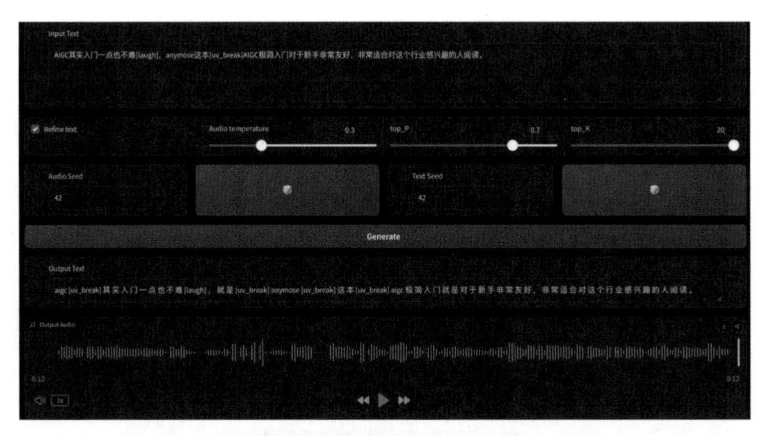

图 6.6　ChatTTS 设置（截自：ChatTTS 官网）

在文字中需要停顿的地方插入 [uv_break]，AIGC 会根据语义和这个强制停顿标记生成自然的停顿效果，插入 [laugh] 会增加自然的笑声。

输入以下内容：

AIGC [uv_break] 其实入门一点也不难，[laugh][uv_break]anymose[uv_break] 这本 [uv_break]AIGC 极简入门对于新手非常友好，非常适合对这个行业感兴趣的人阅读。

在中文和英文之间加入停顿，在第一句话后面加入笑声，以增强这句话的轻松幽默感，并在比较长的句子中适当加入停顿，这样听起来更加舒服。页面下方有一些语速、语调的调整，都可以试着设置，然后点击“Generate”就可以生成配音了。

在 Output Text 处，AIGC 按照输入的文字进行输出，注意观察，输入的内容经过 AIGC 处理后有了细微的变化：

AIGC [uv_break] 其实入门一点也不难，就是 [laugh][uv_break]anymose[uv_break] 这本 [uv_break]aigc 极简入门就是对于新手非常友好，非常适合对这个行业感兴趣的人阅读。

AIGC 在输入文字里加上了两个“就是”，点击播放按钮就可以听到配音效果，这样处理使语音更口语化。现实生活中，人们在说话时常会加入很多语气词或口头禅，添加两个“就是”之后配音显得更加自然，再加上第一句结尾的笑声，几乎无法识别这是一个 AIGC 生成的声音了。

如果是大段文字，建议先进行拆分，因为一段很长的文字很难达到理想的效果，需要分段处理。此外，虽然AIGC可以模仿人类声音的语调和语速，但要实现复杂的情感表达及喜怒哀乐的微妙变化，仍然需要进一步研究和优化。

6.3　AIGC玩音乐，不输专业玩家

AIGC在音乐领域的应用已经相当广泛，从作曲、编曲到制作完整的歌曲都能发挥重要作用。想象一下，AIGC就像一位能够不断学习和进步的音乐家，通过分析和模仿大量的音乐作品，它能够创作出新的旋律、和弦，甚至能够自动编排整个乐曲。下面将AIGC在音乐领域的应用简单分类，分别总结其实际用途。

1. 作曲工具

AIGC作曲工具已经能够创作出令人惊叹的旋律和歌曲。例如，OpenAI公司开发的MuseNet就是一个非常强大的AIGC作曲工具。MuseNet可以生成多种风格的音乐，从古典音乐到流行歌曲都可以胜任。它通过分析大量乐谱和音频数据，学习如何生成符合音乐理论的旋律和和声。这个过程就像AIGC在学习如何“说”音乐的语言，并以其独特的方式来“表达”新的音乐。

2. 编曲与配乐

Amper Music是一个基于AIGC的编曲和配乐工具。它允许用户输入基本的音乐风格、节奏和乐器选择，AIGC会根据这些输入，生成完整的音乐片段。如果你需要为一段视频制作背景音乐，Amper Music可以根据视频的氛围和节奏，自动生成合适的音乐。这大大减少了音乐创作的时间，同时确保生成的音乐与视频内容完美契合。

3. 生成完整歌曲

近年来，AIGC生成的完整歌曲也开始出现。一个著名的案例是流行歌手Taryn Southern的歌曲《Break Free》。这首歌是通过AI工具AIVA（artificial intelligence virtual artist）创作的，AIVA专门用于生成交响乐和电影配乐。通过分析大量古典音乐和电影配乐，AIVA学会了如何编排和创作新的音乐作品，《Break Free》的旋律、编曲和混音都由AIVA完成，最终的演唱部分则由人类歌手来实现。

接下来，借助 AIGC 音乐创作平台 Suno 来体验一下制作流程，看看一个连简谱都不认识的音乐小白如何创作出一首还算不错的音乐作品，先来做一首纯音乐的钢琴曲。

打开 Suno 的官方网站，在输入框内输入提示词，提示词可以直接描述心情、场景、乐器、音乐类型等，不用太复杂，越接近自然对话越好。因为要创作纯音乐，所以要在提示词里加入“pure music”“no vocal”等特别提示词，或者直接勾选界面上的“Instrumental”。

Piano piece without vocal or lyrics suitable for quiet reading.

输入提示词后点击“Create”即可生成钢琴曲，每次创建会生成两个作品，便于对比选择更适合的音乐（图 6.7）。选定音乐后，点击右侧的三个小点可以选择下载到本地留作日后使用。

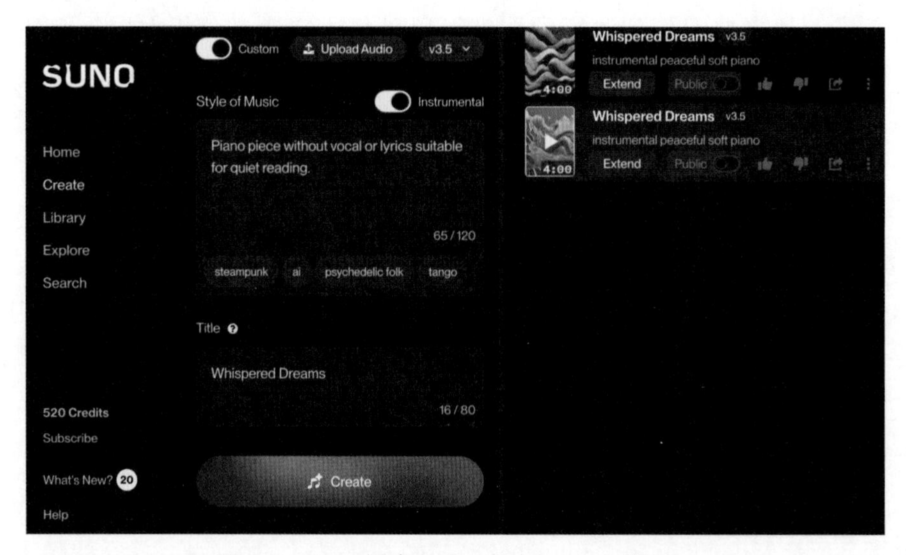

图 6.7　Suno 创建音乐（截自：Suno 官网）

简单的一句提示词，就完成了一首适合读书时播放的钢琴曲，是不是很简单？现在加大难度，利用 Suno 3.5 最新版本的语音克隆功能，结合 ChatGPT 写歌词，制作一首完全以你的声音演唱的完整音乐。

首先回到 ChatGPT，要求它以 Drake 风格写一首 Trap 曲风的说唱歌曲，描述 AIGC 对世界的冲击。

你是一个有着 10 年词曲创作经验的音乐人，请以 Drake 的风格创作一首 Trap 曲风的歌词，歌词主题是描述 AIGC 技术对现代世界的冲击。

Here's a set of lyrics inspired by Drake's style, tailored for a Trap beat, with a focus on the impact of AIGC technology on the modern world:

Verse 1:

Came up in a world, now it's all code,

Used to paint with words, now it's AI in the mode,

Digital brush strokes, future's in my hand,

Reality's a canvas, AIGC the brand.

Algorithms scheming, they got plans on my mind,

Crypto in my pocket, no cash left behind,

Vision in the cloud, but the ground's where I stand,

I'm the king of this wave, AI in demand.

Chorus:

(Yeah) They said it's just a phase, but we locked in,

Artificial dreams, yeah, we rock them,

Future in the matrix, no stopping,

AIGC the wave, no dropping.

(Yeah) We ride this tide till the world spins,

Rewriting all the codes, no sin,

The world's on fire, but we still win,

AIGC the crown, we all kings.

Verse 2:

From the pen to the screen, now it's all linked,

Generative minds, making waves, never sink,

I was lost in the static, now I'm found in the sync,

Virtual realities, we living on the brink.

Machine in the lab, it's creating my next thought,

Haters in the back, but we move like a juggernaut,

Past in the rearview, future's what we got,

Code is my language, AIGC my shot.

Bridge:

World's spinning fast, yeah, it's hard to keep pace,

AIGC in the race, no second place,

Living in a time where the truth's face-to-face,

But the lines get blurred in this tech space.

We evolve, we adapt, we rise through the fall,

Technology's the weapon, but it's us who call,

AI in my life, yeah, it's breaking the wall,

But at the end of the day, man, I'm still standing tall.

Chorus:

(Yeah) They said it's just a phase, but we locked in,

Artificial dreams, yeah, we rock them,

Future in the matrix, no stopping,

AIGC the wave, no dropping.

(Yeah) We ride this tide till the world spins,

Rewriting all the codes, no sin,

The world's on fire, but we still win,

AIGC the crown, we all kings.

These lyrics capture the intersection of modern technology and personal empowerment, reflecting both the transformative and challenging aspects of living in an AI-driven world, all in a style that fits well within the Trap genre.

仔细阅读歌词，确实符合 Drake 风格，非常适合在 Suno 里创作成一首 Trap 曲风的音乐。

继续操作，打开 Suno 官网，点击“Create”进入创建页面（图 6.8），把刚才 ChatGPT 制作的歌词粘贴到“Lyrics”栏，并在“Style of Music”中输入“trap”“hip hop”等曲风，然后为歌曲取个名字。

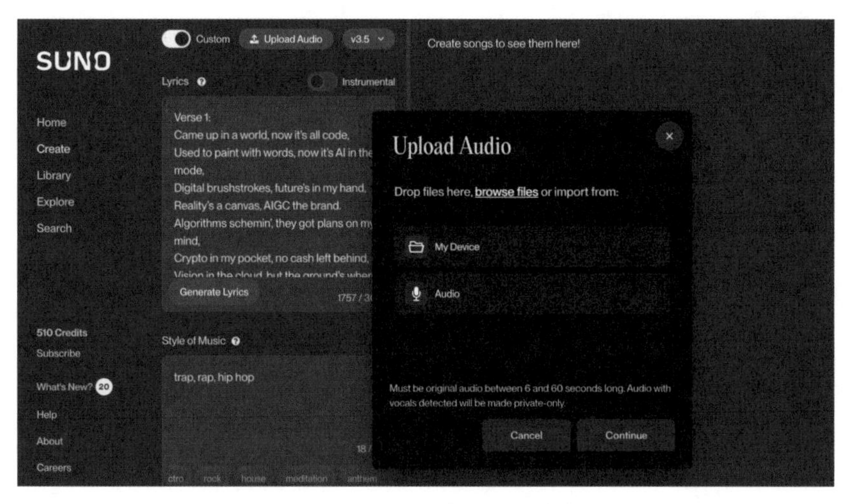

图 6.8　Suno 训练自己声音创建音乐（截自：Suno 官网）

关键步骤来了，为了使用你的声音演唱，需要点击顶部的“Upload Audio”上传或在线录制你的声音，交给 Suno 来识别和处理。声音处理完成后，右侧列表会出现一个新音乐，点击音乐下方的“Extend”，继续在左侧点击“Extend”（图 6.9）。

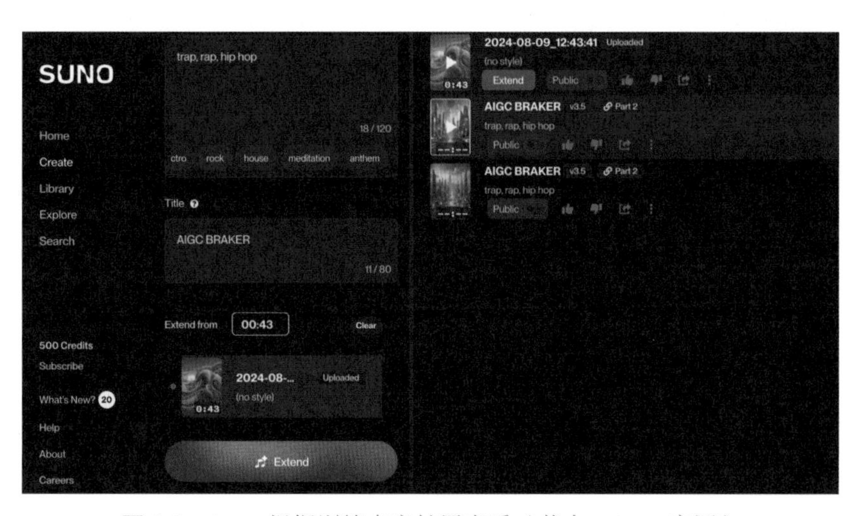

图 6.9　Suno 根据训练声音扩展音乐（截自：Suno 官网）

很快，右侧会出来两首不同风格的音乐，都是刚刚创建的 Drake 风格 Trap 曲风，效果非常棒。更让人惊讶的是，整首歌是用你的声音演唱的，可以不断调整直到呈现最佳效果。

中文歌曲也可以创作，在 Suno 里给出主题就能直接生成歌词，当然也可以自己写歌词，这样一来，音乐小白也能轻松发专辑了。

6.4　玩转音效，只需要你的想象力

既然 AIGC 都可以直接作词、作曲生成完整歌曲，那做起音效来肯定也特别简单吧？的确是这样！音效在电影、游戏、广告和虚拟现实中扮演着重要角色，能够帮助塑造氛围，增强故事情感，提升观众的沉浸感。在视频和音频制作中需要大量音效，这一需求在行业中已经成为一个细分赛道，有许多专业的公司和自由职业者专注于制作和经营各种音效。今天，可以通过 AIGC 技术更快速、更灵活地生成各种类型的音效，以满足不同场景的需求，具体来说，可以在以下几个应用方向进行探索。

1. 影视制作

在影视制作中音效是不可或缺的元素。传统的音效生成通常需要录音和手动编辑，既耗时又费力。而 AIGC 可以根据场景描述自动生成所需的音效。例如，如果你需要一个森林的环境音效，输入提示词之后，AIGC 就可以生成包括鸟叫声、风吹树叶声等在内的完整音效包，使制作人能够快速获得所需的声音素材。

2. 游戏开发

游戏中使用的音效种类繁多，包括背景音乐、角色动作声音和环境音效等。AIGC 可以根据游戏场景的变化实时生成音效，从而提升玩家的沉浸感。在一款冒险游戏中，当玩家走入一个新的环境，AIGC 可以生成对应的环境音效，如潮湿的洞穴回声或寒冷的风声，使游戏世界更加生动。

3. 虚拟现实和增强现实

在虚拟现实和增强现实中，音效的实时生成和调整对于用户体验至关重要。AIGC 能够根据用户的互动和场景变化生成动态变化的音效。例如，在一个虚拟现实中的森林探险，用户走近某棵树时，AIGC 可以生成树叶沙沙响的声音，并随着用户的移动而变化，使用户体验更加真实。

4. 广告与广播

广告和广播中常常需要引人入胜的音效来吸引观众的注意力。AIGC 可以根据广告内容和目标观众定制生成音效，这不仅节省了音效制作的时间，还能生成高质量、具有创意的声音效果。例如，为一则汽车广告生成逼真的引擎轰鸣声，或者为一款化妆品广告生成背景音乐和环境音效。

接下来，尝试使用 AIGC 工具来制作属于你的音效。

打开 AIGC 音效制作网站 Optimizer AI，可以看见官方制作了很多案例音效（图 6.10），试听一下，无论是大雨滂沱还是警车飞驰，音效都非常逼真且有氛围感。这些音效的制作非常简单，只需在页面顶部输入提示词或文本描述即可。

图 6.10　Optimizer AI 生成音效设置（截自：Optimizer AI 官网）

首先，给 AIGC 描述一下想要生成的音效：

The sound of snow falling.

如果想听雪落下的声音就这样来描述，接着可以自定义一些参数，如音效时长、音效风格和增强质量等，然后点击“Generate”（图 6.11）。每次描述可以得到 5 个音频，加入限制词“single”则只生成一个音频，你可以逐个试听，看看是否满意。如果不满意，可以根据当前音效再进行修改或微调，满意就可以下载或分享使用了。

图 6.11　Optimizer AI 生成音效结果（截自：Optimizer AI 官网）

怎么样？是不是非常简单？在 Optimizer AI 的规划里，文字生成音效只是第一步，后续还会实现上传视频自动配置音效等功能。类似这样的功能服务还有很多，你可以根据自己的需求来筛选使用。如今，越来越多的音频、视频剪辑软件也开始逐渐把音效功能集成进来，当你需要某个音效时，输入描述就可以立即匹配或生成。

那么 AIGC 生成音效的技术基础是什么？其实与音乐生成相似，生成对抗网络和自回归模型都是核心技术，不同之处是音效生成更侧重于对环境声音和特殊效果声音等的合成。

生成对抗网络在生成音效中扮演着重要角色，它通过两个网络的对抗学习，使生成的音效更加真实和自然。生成器会尝试创建一个音效，而判别器则评估这个音效是否像真实的声音，这个过程不断迭代，直到生成器能够制作出逼真的音效。自回归模型通过预测音频信号中的下一个采样点来生成声音。这种技术可以用来生成持续的背景音效，如风声、雨声或者海浪的声音。自回归模型能够很好地捕捉音效中的连贯性和细节，使生成的音效听起来更自然。

AIGC 生成音效的技术不仅在现有领域中得到了广泛应用，未来还将有更广阔的发展前景。随着深度学习技术的进步，将来能够生成更加复杂和逼真的音效，这些音效不仅会更加符合场景需求，还能够带有情感色彩和细微的动态变化。

总的来说，AIGC 在音效生成领域的应用正在改变人们与声音互动的方式。它不仅提高了音效制作的效率，还为创作者提供了更多的灵感和可能性。对于那些对声音设计感兴趣的读者朋友，AIGC 技术打开了一扇新的大门，帮助你进入这个充满创意和无限可能的领域。所以，在 AIGC 时代最宝贵和稀缺的就是：想象力。

第7章 AIGC让人人都可以做导演

AIGC 正在逐渐改变视频创作的方式，使得每个人都有机会成为导演。以前，制作一部高质量的视频或电影需要大量的资源、专业技能和时间。随着 AIGC 技术的兴起，这些障碍正在逐渐消失。AIGC 可以帮助任何人从零开始轻松创作出专业级别的视频，无论其是否有视频制作的经验。

7.1 AIGC 对影视行业的冲击

以前，制作一部电影或电视剧需要大量的人工投入，包括剧本创作、分镜头设计、特效制作和后期处理等。AIGC 工具的出现大大简化了这些过程，现在，创作者能够以更少的资源和更短的时间生成高质量的内容。例如，AIGC 可以自动生成剧本，甚至可以根据简单的文本描述生成完整的电影场景和特效（图 7.1），这一切都极大地提高了生产效率。

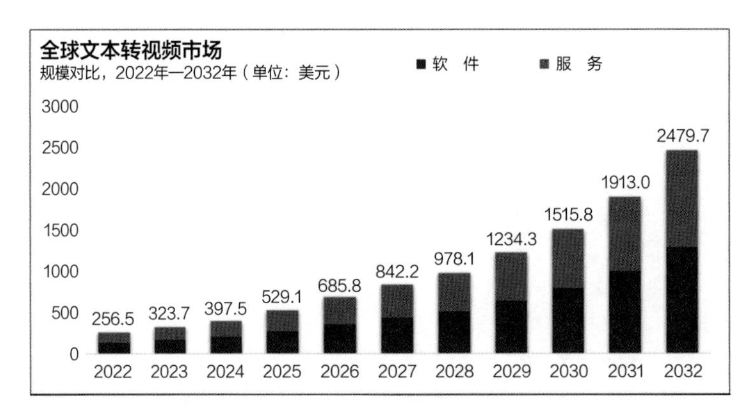

图 7.1 全球文本转视频市场增长率

AIGC 在视频创作领域的创新体现在多个方面，最显著的是生成视频内容，一个典型的技术是文本转视频，只需输入剧本或简单的描述，就能自动生成与文字内容匹配的视频片段。例如，想制作一个旅游短片，可以输入一些地点描述，如“阳光明媚的沙滩”或“宁静的森林小径”，AIGC 会生成这些场景的高质量视频素材。还可以指定视频的风格，如复古、动画或者现代都市风，AIGC 会根据要求调整视频的整体效果。

另一个重要的应用是人工智能辅助编辑。在传统视频制作中，剪辑和后期处理是非常烦琐的，需要耗费大量的时间和精力，现在 AIGC 工具可以自动完成这些任务。当有大量的素材需要剪辑时，AIGC 工具可以自动识别并剪辑出最精彩的部分，甚至可以根据剧情逻辑或情感线索来安排镜头顺序。这样一来，即便是新手，也可以在短时间内制作出一段结构清晰、节奏流畅的视频。

许多视频创作者已经在使用 AIGC 工具来实现他们的创作梦想。Runway ML 就是一个广泛使用的 AIGC 视频编辑工具，它能够帮助创作者自动生成背景，添加特效，甚至修改演员的表情和肢体动作。举个例子，拍摄了一段对话场景，但觉得演员的表情不够生动，Runway ML 可以通过 AI 技术修改演员的表情，让画面更加符合剧情需求。

Synthesia 则允许用户通过输入文本来生成由虚拟演员出演的视频。这种技术特别适用于广告、教育视频和企业宣传片等场景。用户只需要选择一个虚拟演员并输入台词，AIGC 就会生成一段由这个虚拟演员讲解内容的视频。使用 Synthesia 这样的 AIGC 工具，企业可以快速制作出大量的宣传视频，而不必每次都进行实地拍摄和后期制作。

传统的动画制作通常需要手绘或使用复杂的 3D 建模软件，而 AIGC 可以自动生成动画角色、背景和动作。DeepDream 就是这样一种技术，它可以根据用户输入的简单线条或涂鸦，生成丰富多彩的动画场景和角色。这不仅大大简化了动画制作的过程，也让没有专业技能的人能够轻松创作出有趣的动画作品。

这些技术的进步意味着，视频创作不再是少数人的专属领域。不需要昂贵的设备或复杂的软件，也不需要掌握专业的剪辑技巧，只要有创意和想法，AIGC 工具就能帮你轻松创作出电影级别的视频内容，将创意和想法变成现实。

本章将通过几个具体的案例来介绍 AIGC 文本转视频、辅助编辑与创作等工作流。在这些案例中，会综合运用前面章节提到的各种工具，并推荐一些简单、容易上手的新工具，一起迈入 AIGC 新影视时代吧。

7.2　AIGC 让文字瞬间变视频

文本转视频是目前非常热门的 AIGC 应用，通过简短的文字描述就可以生成栩栩如生的视频，真正实现了“让想象力插上翅膀”。随着技术的发展，文本转视频、图生视频以及各种混合应用层出不穷，AIGC 视频已经成为市场竞争最激烈的细分赛道。最近几年，涌现出一系列创新应用，Sora、Runway ML、Luma、Pika、LTX 以及国内大语言模型都纷纷涉足，一时间视频领域百花齐放（图 7.2）。

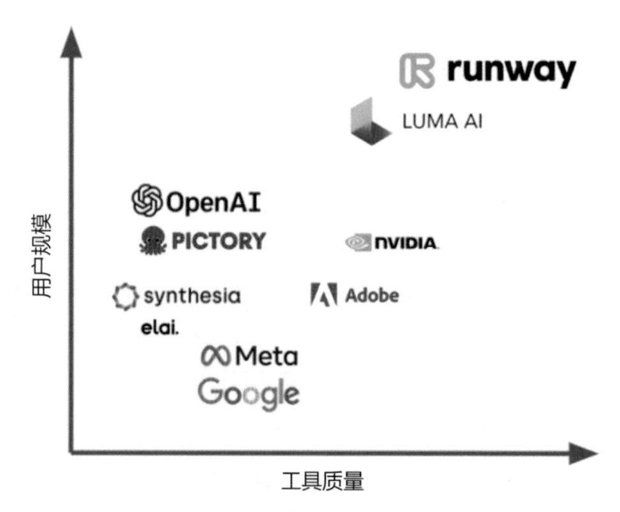

图 7.2　文本转视频生态分布

Sora、Luma、Pika、Runway ML 是 4 款具有代表性的工具。它们在文本转视频方面各具特色，满足了从快速生成到精细编辑的不同需求，表 7.1 详细比较了这 4 款工具的特点。AIGC 技术让视频制作变得更加简单和高效，无论是在生活、工作还是学习中，AIGC 技术都可以帮助人们更好地表达创意、传递信息和分享知识。接下来，探讨 AIGC 在文本转视频方面的具体应用，以及它在生活、工作和学习中的重要性。

在生活中，AIGC 文本转视频工具可以帮助你轻松创建社交媒体内容、个人视频日志和家庭影片。比如，你想为朋友制作一个生日祝福视频，只需输入一些祝福语，AIGC 工具就能自动生成一个带有音乐、动画和背景的视频。这种方便快捷的方式让每个人都能轻松表达创意和情感。

表 7.1　不同类型的文本转视频产品对比

产　品	优　点	缺　点
Sora	·速度快，适合快速生成内容 ·用户界面友好，易于上手 ·自动化程度高，适合短视频和社交媒体内容	·定制性较弱，细节控制能力有限 ·适用于简单的视频生成，复杂场景不适用
Luma	·高质量输出，电影级视觉效果 ·灵活的场景设计，用户控制力强 ·适合对画面效果要求高的项目	·渲染时间较长，适合有充足时间的项目 ·学习曲线较陡，需要一定的学习时间
Pika	·创意丰富，提供多种独特风格的模板 ·强大的互动性，支持实时调整 ·适合艺术类项目，风格独特	·适合小众市场，某些行业或项目不适用 ·不太适合专业风格的视频制作
Runway ML	·多功能性强，支持复杂编辑 ·专业级效果，适合需要精细控制的项目 ·适用范围广，从个人创作到专业制作	·操作复杂，对新手用户不太友好 ·需要一定的时间来掌握所有功能

除娱乐之外，AIGC 文本转视频工具还可以极大地提高工作效率，特别是在营销、广告和内容创作领域。企业可以使用 Runway ML 或 Luma 快速生成产品宣传片或广告视频，节省了大量的时间和制作成本；内容创作者和营销人员也可以利用 AIGC 文本转视频工具快速生成符合品牌风格的视觉内容，确保输出的高质量和一致性。

AIGC 文本转视频工具也可以成为强大的教学辅助工具，教师可以通过 Pika 或 Sora 快速制作教育视频，帮助学生更直观地理解复杂的概念。在学习重要历史事件时教师输入事件的描述，这些工具就能生成相关的历史场景视频，帮助学生更好地理解和记忆。此外，学生也可以使用这些工具制作自己的学习视频并进行展示，增强学习的互动性和趣味性。

输入文字就能生成视频，是什么技术让这一切变得如此简单？在开始实际的案例操作之前，有必要回顾一下 AIGC 文本转视频的技术原理，这些内容在第 1 章已经介绍了，现在结合文本转视频案例，再巩固一遍。

在 Sora、Pika、Runway ML 和 Luma 这些文本转视频工具的背后，核心技术包括自然语言处理、深度学习、生成对抗网络和计算机视觉。通过这些技术的有机结合，文本转视频工具得以将用户输入的文字描述转换为动态的、逼真的视频内容。每一项技术都在这一过程的不同阶段发挥着关键作用，让视频生成过程既自动化又充满创意。图 7.3 给出了文本转视频的简要技术逻辑。

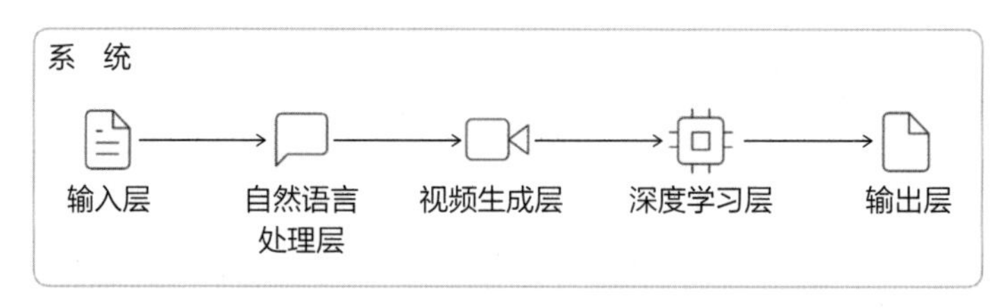

图 7.3　文本转视频的简要技术逻辑

自然语言处理是整个过程的第一步。自然语言处理技术让 AIGC 具备“理解”文字的能力，就像你阅读一段文字时会在脑海中形成画面一样，AIGC 通过自然语言处理技术将文字转化为可以执行的“指令”。当用户输入“清晨的公园里，阳光透过树叶洒在地上，有人在跑步。”AIGC 首先会识别出场景（公园）、时间（清晨）、光线效果（阳光透过树叶）和动作（跑步）。自然语言处理技术解析这些信息，并将它们转换成更为具体的指令，用以指导后续的图像和视频生成过程。这种技术的应用极大地简化了创作流程，使得用户可以用自然语言直接与 AIGC 互动，而不需要掌握复杂的专业术语或编程技能。

在自然语言处理技术解析文本后，深度学习模型接管了生成过程的核心工作。深度学习是一种基于人工神经网络的技术，它模仿人类大脑的学习过程，通过分析大量的数据来“学习”如何生成图像和视频。对于 Sora、Pika、Runway ML 和 Luma 这些工具，深度学习的任务就是根据自然语言处理技术生成的指令，创建出符合场景和情感需求的视觉内容。当 AI 接收到“阳光透过树叶洒在地上”这样的指令时，深度学习模型会生成对应的图像，确保光线的分布和树叶的形态都与现实中的视觉效果相匹配。

为了进一步提高生成内容的真实度，生成对抗网络在这个过程中扮演了至关重要的角色。生成对抗网络由两个神经网络组成：生成器负责生成内容，判别器则负责评估生成的内容是否逼真。生成器不断尝试生成新的图像或视频，而判别器则在每次尝试后给予反馈，如果生成的内容不够真实，生成器会根据反馈进行调整。这个过程反复进行，直至生成的内容足够逼真，难以与真实的图像或视频区分开来。对于文本转视频的工具，生成对抗网络使得最终的视频内容更加生动自然，能够准确捕捉到现实世界中的细节。

计算机视觉技术在这一过程中也发挥着不可或缺的作用。计算机视觉使 AIGC 能够“理解”图像和视频中的内容，并模拟现实世界中的物体和场景。例如，在生成“人在跑步”的视频片段时，计算机视觉技术会指导 AIGC 准确地模拟人体的运动轨迹、光影效果以及背景的变化。这不仅确保了视频的真实感，还让生成的内容具有更高的精确度和更好的视觉效果。计算机视觉技术还能够处理复杂的场景和动态效果，如水的流动、风吹过树叶等，使生成的视频更加生动。

通过这些技术的共同作用，Sora、Pika、Runway ML 和 Luma 等工具能够让用户在没有任何专业背景的情况下，轻松创作出高质量的视频内容。无论是制作社交媒体视频、广告片段，还是用于教育和娱乐，这些工具都能够提供极大的帮助。AIGC 技术不仅让视频创作变得更加自动化和高效，还为创作者提供了前所未有的创作自由。随着这些技术的不断发展，未来的文本转视频工具将会变得更加智能和强大，让每个人都可以成为创作者，将自己的想法转化为视觉艺术。接下来通过实际操作，感受一下 AIGC 文本转视频的魅力。

在开始之前，有必要先了解文本转视频的工作流程。图 7.4 展示了 AIGC 制作视频简要流程，涵盖文字生成图片、图片生成视频、视频到视频剪辑等多种工作流，可以根据实际情况进行选择。

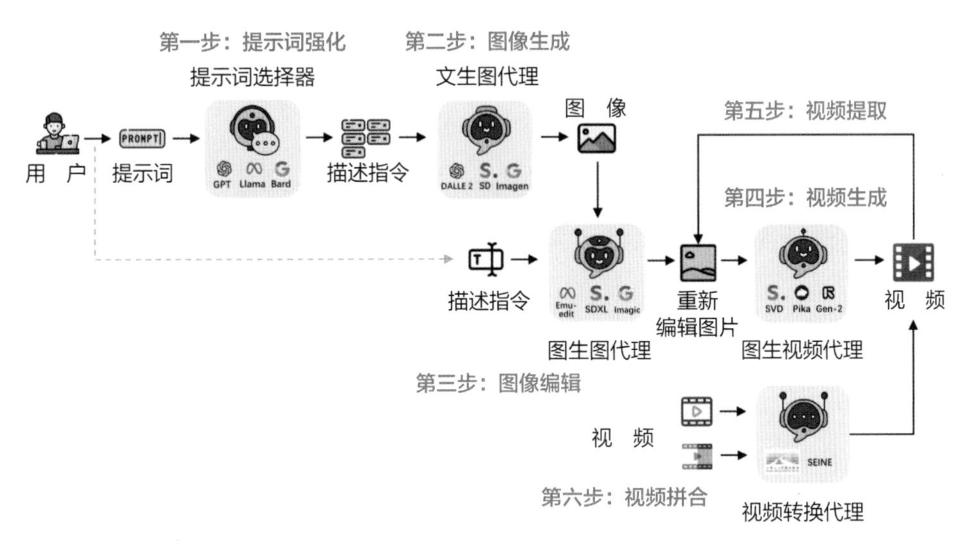

图 7.4　制作视频简要流程

参考之前通过文字生成图片的经验，依然可以通过 ChatGPT 等工具先获得比较贴切的提示词，用提示词直接进行文本转视频，或者把提示词放入 Midjourney 等工具生成场景或分镜头图片，再由图片来生成视频。

打开 Luma 的官方网站，一个大大的输入框，输入文字之后直接回车就可以根据文字描述生成视频了，就是这么简单！也可以点击输入框前面的图片按钮上传一张图，再给出一些描述来根据图文生成视频（图 7.5）。

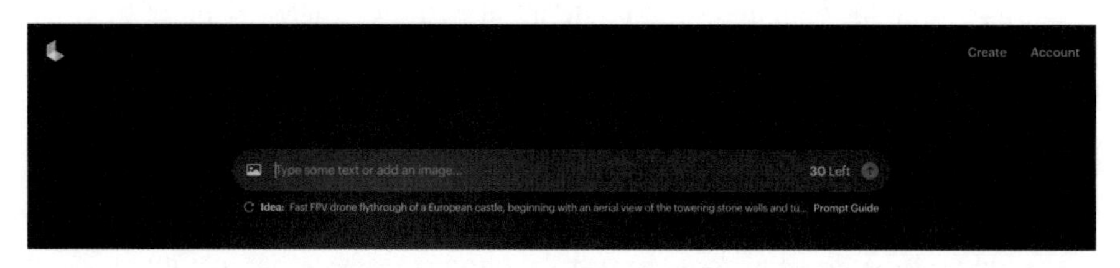

图 7.5　使用 Luma 生成视频（截自：Luma 官网）

既然生成视频如此简单，为何别人的视频那么精美，而你的就惨不忍睹呢？这里面还是有一些技巧，首先需要注意的还是提示词。如何撰写更好的提示词前面章节已经介绍过，这里针对文本转视频再总结一些基本原则。

（1）尽可能具体，清楚地描述视频的主题、设置和关键元素。

例如，“日落时分，宁静的海滩，海浪轻轻拍打着海岸，海鸥在天空中飞翔。”这样的提示词交代了时间、环境氛围和视频故事，效果显著优于使用“海鸥在飞”这样的提示词。

（2）包含详细信息，特别是视频中的重要细节。

例如，“海滩上有金色的沙滩和几棵棕榈树，天空被涂成粉红色和橙色。”这样的描述包含了视频里许多物品和颜色的细节，可以让生成的视频更接近目标。

（3）关注情绪或氛围，描述想要传达的情绪或氛围。

例如，“视频应该让人感到平静和安宁。”这一点非常重要，视频不仅有画面，还能表达情绪，这也是为什么同样一个场景的视频会千差万别。描述清楚场景所具有的氛围和想传递的情绪，可以让视频传达更多的信息。

（4）使用简单的语言，避免使用复杂的术语。

简单、直白的语言最有效。例如，“舒适的客厅，壁炉噼啪作响，猫睡在地毯上。”可以把 AIGC 当作中学生甚至是小学生来对待，不要使用复杂的遣词造句，而是用最简单的方式表达，这样它更容易理解。

具体而言，一个优秀的文本转视频描述词至少要包含以下几个关键信息：

· 相机和运镜：“戏剧性放大”“第一人称视角，无人机镜头”。

· 动作和运动：“一只泰迪熊在湍急的水花中挥动手臂游泳”。

· 物体和特征：“一只戴着太阳镜的白色泰迪熊”。

· 设定和环境：“加勒比海滩，美丽的夕阳”。

遵循以上步骤，可以创建有效的提示词，帮助 AIGC 生成符合需求的高质量视频。

Luma 还可以根据首尾两张图来限制剧情（图 7.6），这样做可以让 AIGC 在获取第一帧图片和最后一帧图片之后进行联想，用技术来填补两者之间可能发生的剧情。这对于生成连贯视频非常有用，这也是前面提到的可以使用 Midjourney 等工具生成分镜头图片，再利用 AIGC 视频工具来创作的原因。

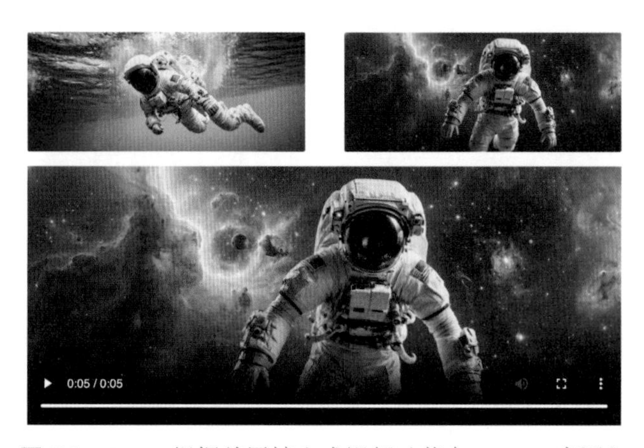

图 7.6　Luma 根据首尾帧生成视频（截自：Luma 官网）

为了保持角色和剧情的一致性，Luma 推出了一个“Extend”功能，可以一键在生成的视频上扩充时长、填充剧情。只要找到视频下方的“Extend”按钮，就可以进入扩充视频的界面，每次可以延长 5s（图 7.7）。扩充可以自动进行或加入新的提示词来进行，有了这个功能，制作长视频就成为可能。

直接用一句提示词就生成故事情节完整的视频还是有难度的，现在更多的 AIGC 视频都是采用上面分享的工作流，先确定分镜，然后用分镜生成视频，最后利用剪辑工具进行合成、配音和添加字幕等工作。这已经极大减轻了传统视频制作的工作，假以时日，一句话生成长达 1 小时的影片也许很快就会出现。

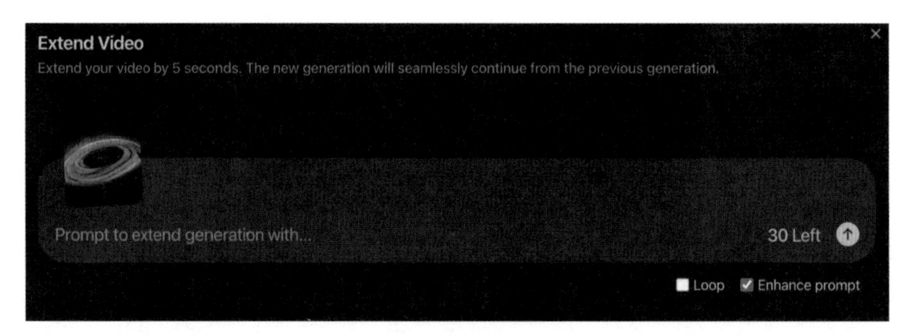

图 7.7　使用 Luma 扩充视频（截自：Luma 官网）

7.3　AIGC 一键抠视频

在影视制作中，绿幕（也称为蓝幕）是一项非常常见的技术，它允许制作者将拍摄的主体与背景分离，然后用另一个背景替换原始背景。这种技术被广泛应用于电影、电视节目、广告和视频游戏中，特别是在需要创建复杂场景的项目中。然而，传统的绿幕抠像技术往往需要专业的设备和软件，并且对拍摄条件有严格的要求，如背景颜色的均匀性和光线的布置等。

如果一名学生正在制作一个关于环保的演讲视频，希望将自己置身于一片虚拟的绿色森林中，但没有专业的绿幕设备。这个时候就可以在家里的任意位置拍摄自己演讲，然后使用 AIGC 工具将自己从背景中抠出来，并将背景替换成森林。如果需要在短时间内制作一段产品宣传片，展示产品在不同场景中的应用，同样可以先拍摄产品的展示视频，然后利用 AIGC 工具抠出产品，并将它放置在办公室、厨房或户外等虚拟背景中。

随着 AIGC 技术的发展，视频抠像的过程变得更加简单和高效，即使没有绿幕，也能够将视频中的主体从复杂的背景中抠出来。这项技术为视频制作提供了更多的灵活性和创意可能性。接下来，通过案例教学的模式，分享如何使用 AIGC 技术进行视频抠像，并介绍这一过程背后的技术原理。

AIGC 抠像技术的核心在于计算机视觉和深度学习。计算机视觉让 AIGC 能够“看到”并理解视频中的内容，而深度学习则使得 AIGC 能够在大量数据的训练下学习如何区分前景（视频中的主体）和背景。

1. 深度学习与图像分割

在抠像的过程中，AIGC 首先需要识别视频中的主体。这一步通常使用一种称为图像分割的技术。图像分割是将图像分成若干部分或对象，并确定每个像素属于哪个部分。对视频来说，这项任务更加复杂，因为不仅要识别静态图像中的主体，还要在视频的连续帧之间保持一致性。

2. 背景分离

一旦 AIGC 识别出主体，它就会通过算法将前景与背景分离。这一步可能涉及多种技术的结合，如边缘检测、色彩分析以及运动检测。AIGC 会识别出前景与背景的边界，并将前景与背景区分开来，即使在背景复杂或光线变化的情况下，AIGC 也能够较好地处理。

3. 生成对抗网络与优化

为了进一步提高抠像效果，生成对抗网络也被用来优化分离后的图像。生成对抗网络通过不断地生成和判别抠像效果，确保分离出来的前景和背景看起来更加自然、真实。这种技术的应用，使得即使没有使用绿幕，也能够生成可以与绿幕抠像相媲美的效果。

接下来，使用 Runway ML 来说明如何使用 AIGC 技术进行视频抠像。

首先，需要拍摄并上传一段视频，其中包含想要保留的主体，如一个人在走路或跳舞。传统的绿幕技术可能要求在单色背景前拍摄，但使用 Runway ML 这样的 AIGC 工具，你可以在公园、街道或室内等任何环境下拍摄。

导入视频后，可以先创建蒙版以确定哪些部分不属于要删除的背景。操作很简单，单击视频中要选择的区域即可，如视频主体的中心区域（图 7.8）。如果还有更多区域要保留，可以继续单击主体的不同区域直到蒙版令人满意。这个时候，建议点击“预览”并播放整个剪辑，查找可能遗漏的区域，并根据需要创建更多关键帧。

如果需要抠除的物体较复杂且需要微调，也可以在“控件”侧栏中选择“画笔”工具，手动选定主体区域（图 7.9）。侧栏中还有其他工具，可以帮助你更好地选定主体，如可以选择叠加、预览或在阿尔法通道模式下查看。

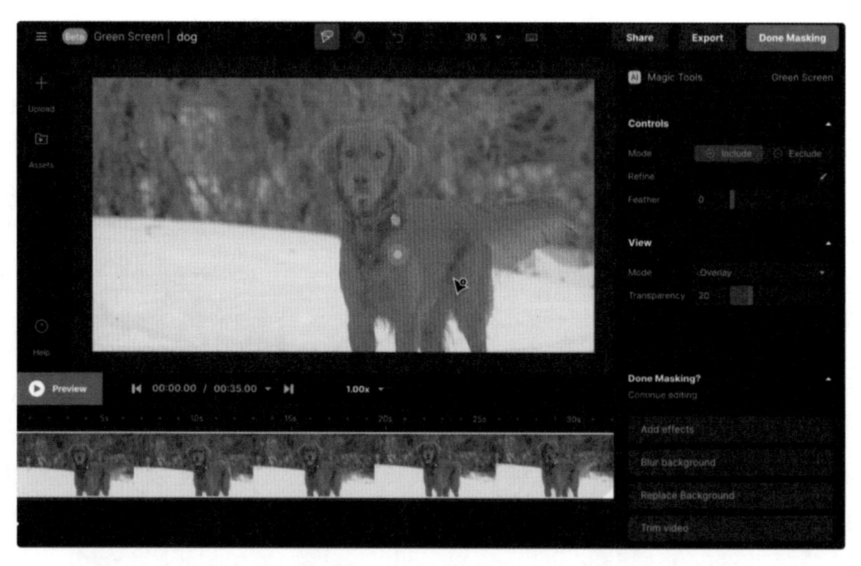

图 7.8　使用 Runway ML 选定主体（截自：Runway ML 官网）

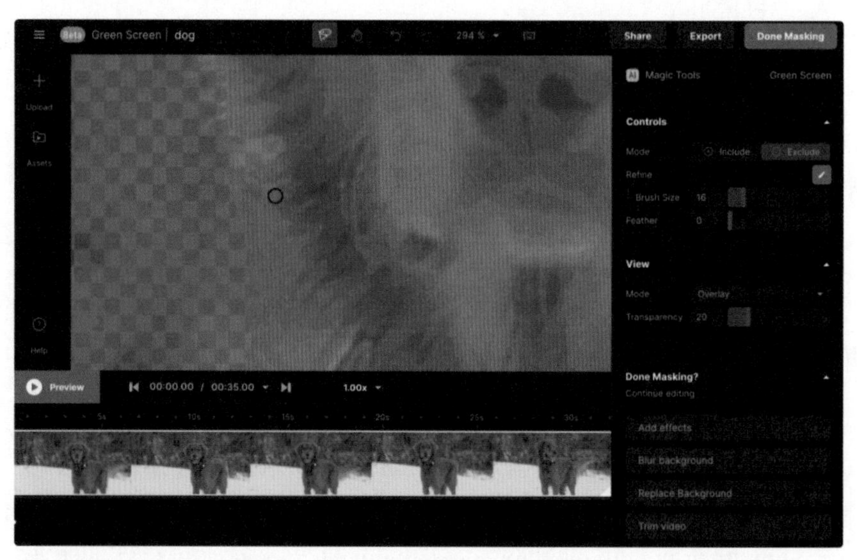

图 7.9　使用 Runway ML 中的画笔选定主体（截自：Runway ML 官网）

如果对抠图效果感到满意，可以选择直接从此处导出剪辑，或者通过给剪辑添加时间线、应用效果等继续编辑。要导出剪辑，可以选择屏幕右上角的“导出蒙版”。这时将出现一个菜单，其中包含可自定义的导出选项（图 7.10）。

这里，可以将背景颜色更改为任何想要的颜色，并选择 MP4、ProRes 等视频格式。在菜单中选择“导出蒙版”后，剪辑就被导出到 Assets 里了。如果要调

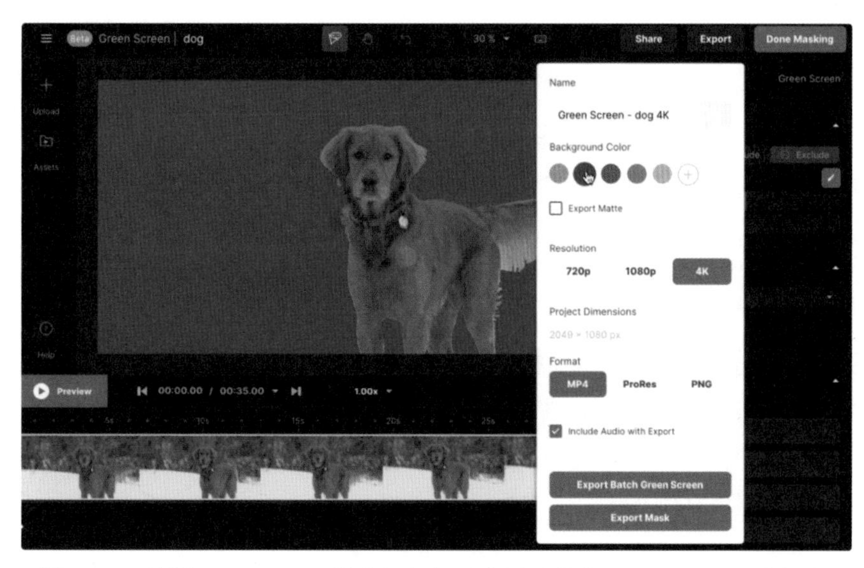

图 7.10　使用 Runway ML 导出抠视频示意图（截自：Runway ML 官网）

整导出视频的背景透明度，需要把导出视频的格式切换为 ProRes，如果想继续使用新蒙版进行编辑，直接选择“完成蒙版”就能打开功能齐全的编辑器。在编辑器中，可以在蒙版后面添加新背景，调整亮度和对比度，以及应用独特效果等。

还有很多可以实现自动去除背景功能的软件，流程也大致相似。除了 Runway ML，Adobe 也开始在自家软件（包括在线服务 Adobe Express）中集成自动去除背景功能。前文提到的 remove.bg 也推出了一键抠视频的服务 Unscreen，部分功能需要付费，可以根据需要进行选择。

7.4　AIGC 智能剪视频

拍视频时一时爽，但拍完后常常会感到迷茫，拍摄了一堆视频素材，剪辑起来需要花费大量人力、物力。既然 AIGC 这么神奇，可不可以把视频素材投喂给它，让它自动剪辑。有人开玩笑说，世界是由懒人驱动进步的，客观来说，世界的进步确实是由实实在在的需求驱动的，有需求就有解决方案。

的确，AIGC 在视频剪辑方面，已经达到“逆天”的效果，无论是小公司还是传统视频剪辑软件巨头都在积极尝试推出新产品，也许在不久的将来，真的可以彻底解放自己，无须逐帧剪辑视频，让 AI 来完成后续工作。

AIGC 自动剪辑视频正在迅速成为内容创作领域的一项热门新技术，它能在短时间内自动整理并剪辑大量素材，生成高质量的视频。这项技术不仅为专业视频编辑人员提供了强大支持，也让普通用户能够轻松制作出专业水准的视频内容。下面，介绍 AIGC 自动剪辑工具的主要功能，并重点展示几款表现出色的工具和服务。

1. 自动化剪辑

AIGC 自动剪辑工具可以根据素材自动剪辑，提取最精彩的部分并按照逻辑顺序排列。这些工具能够识别视频中的关键场景，例如，高质量的动作、人物对话或特别有视觉吸引力的片段。用户只需提供素材，AIGC 工具即可快速生成结构合理、内容连贯的成品视频。

2. 场景与情感识别

AIGC 不仅能识别视频中的场景，还能够根据视频中的内容分析情感，调整视频的节奏和情绪，使视频更具吸引力。例如，在一个婚礼视频中，AIGC 工具可以识别出新娘和新郎的微笑或拥抱，并将这些片段突出显示。

3. 自动配乐与声音优化

AIGC 自动剪辑工具能够根据视频内容选择合适的背景音乐并自动调整音乐的音量，让背景音乐与视频中的对话或其他音效相协调。此外，AIGC 工具还能自动优化音频，降低背景噪声，确保声音清晰、悦耳。

4. 添加字幕与转场特效

许多 AIGC 工具可以自动为视频添加字幕，能够根据视频中的对话自动生成文本内容。它们还可以智能地选择并添加转场特效，使视频的过渡更加自然和流畅。即使是复杂的视频，也能在短时间内完成专业水平的剪辑。

5. 社交媒体优化

现在许多视频都要发布到不同的社交媒体平台，AIGC 工具可以根据平台规格自动调整视频的格式和比例。例如，它可以将视频裁剪为适合 Instagram 应用的正方形格式，或者将视频优化为适合 YouTube 平台的横屏格式。这使得用户可以轻松地将视频发布到各种社交媒体平台，而不必担心格式不符的问题。

OpusClip 是一款 AIGC 视频自动编辑工具（图 7.11），它可以将长视频快速剪辑成适配各种社交平台发布的短视频。OpusClip 可以在大数据的指引下，根据最新社交和营销趋势分析视频内容并提炼热词、高光时刻等。最新升级后的 AI Curation 功能更接近真实人工编辑的工作流程。OpusClip 会首先理解整个视频，并将视频分成几个章节，然后选择最有趣或信息量最大的部分来创建具有传播潜力的短片。

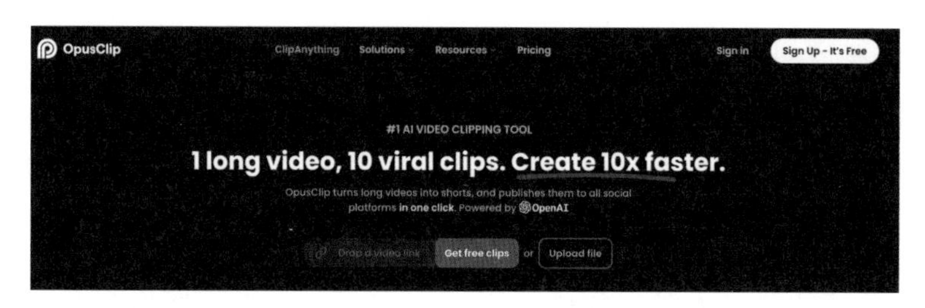

图 7.11　使用 OpusClip 自动剪辑视频（截自：OpusClip 官网）

OpusClip 的使用方法也特别简单，只需输入视频地址或上传视频，系统就可以自动工作。系统会根据视频自动识别对话、字幕以及剧情，然后根据目标导出平台进行自动剪辑，生成不同尺寸、格式的短视频，方便二次传播。

Instant Highlights 是数字人服务商 Heygen 推出的自动剪辑工具，被业内称为短剧和影视剪辑神器。Instant Highlights 不仅可以一键将 1 小时甚至更长的视频快速剪辑成几十个短视频片段，它还巧妙解决了短视频配音、字幕的痛点，支持克隆声音、自动翻译等。

登录 Heygen 官网，在左侧导航栏的“Labs”中找到“Instant Highlights”。进入页面后输入原视频地址或直接上传视频，然后进行设置。如图 7.12 所示，可

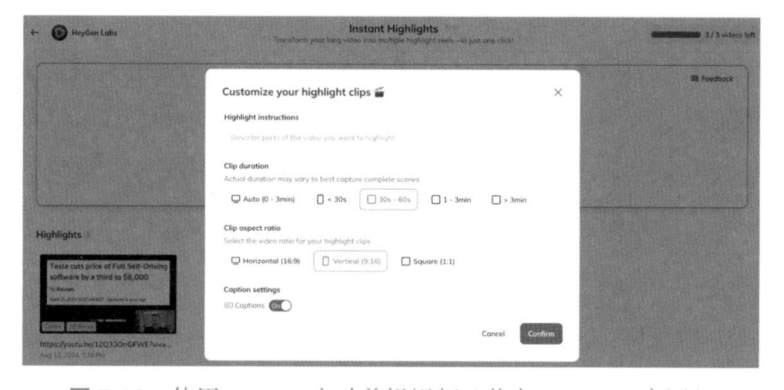

图 7.12　使用 Heygen 自动剪辑视频（截自：Heygen 官网）

以直接输入描述词告诉系统需要如何剪辑视频、每个视频的时长是多少、分辨率是多少，以及是否需要字幕，完成设置后点击“confirm”就可以进行视频剪辑了。

Adobe Premiere Pro 是专业视频编辑软件的领军者，Adobe Sensei 是其中的 AIGC 组件，它可以帮助用户实现自动剪辑、配乐和增加特效。通过 Adobe Sensei，Adobe Premiere Pro 能够分析视频中的内容，并提供剪辑建议，甚至能够自动完成剪辑工作。

除上述工具之外，剪映、腾讯智影、阿里巴巴 FunClip、一帧秒创等都可以进行自动视频处理。

AIGC 自动剪辑工具不仅改变了视频创作的方式，还为各行各业带来了新的机会和挑战。随着技术的不断进步，可以期待未来会有更多功能强大、操作简便的 AIGC 工具面世，让每个人都成为视频创作的主人，轻松制作出与众不同的作品。

7.5　把自己变成动漫主角

现在有许多动漫风格的视频在社交媒体爆火，这些视频都是从真实的视频转换过来的，只需要使用一些 AIGC 工具，就可以把自己变成动漫角色，非常神奇。对喜欢动漫的朋友们来说，这无疑是一个非常酷的功能。接下来，我们就来了解这项技术的创新之处、背后的原理，以及市面上有哪些应用可以实现从现实到动漫的转变。

AIGC 在视频动漫化方面的创新之处在于它能够分析和理解视频中的内容，并根据特定的动漫风格对其进行重新渲染。这项技术的核心是计算机视觉和图像处理技术，通过训练神经网络，让计算机学会如何将视频中的每一帧画面转换成类似于手绘的动漫效果。这里依然离不开多次提到的生成对抗网络和风格迁移。生成对抗网络通过两个神经网络的相互竞争，一个生成图像，另一个判断图像是否符合目标风格，从而不断优化生成的结果。而风格迁移则是通过学习现有的动漫作品，提取其艺术风格，并将这些风格应用到输入的视频中。

本节将使用 DomoAI 提供的 AIGC 工具，把普通视频转换成卡通风格的视频，还有一个彩蛋，就是可以让你的视频进入特定场景，让你成为动漫主角。

DomoAI 是一个强大的 AIGC 视频风格转换平台，支持图片生成视频、文字生成视频、动漫转真人、真人转动漫等功能。利用 DomoAI，可以对实拍视频或者通过文字、图片生成的视频进行风格转换（图 7.13），风格包括 Japanese anime 2.0、Paper art style、3D cartoon style、 Pixel style、Van Gogh style、Japanese anime、Flat anime Comic style、Fusion style 等。

图 7.13　使用 DomoAI 进行视频风格转换（截自：DomoAI 官网）

使用 DomoAI 的过程与 Midjourney 几乎一样，直接打开 DomoAI 平台，通过提示词进行交互，快速实现视频风格转换。具体指令也非常简单，罗列如下。

```
/real：将动漫变成真实图片
/gen：将文字变成卡通图片
/video：将视频变成不同的风格
/animate：将图像变成视频
/help：查看使用说明
/info：查看个人资料和账户的信息
/subscribe：付费订阅
```

DomoAI 刚刚推出了 WebUI 平台，用户可以在线进行视频创作。打开 DomoAI 的主页（图 7.14），从这里开始。

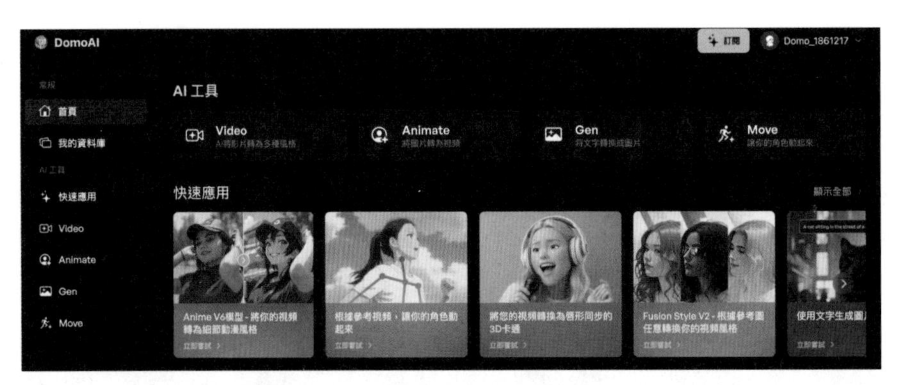

图 7.14　使用 DomoAI 在线创作视频（截自：DomoAI 官网）

DomoAI 提供了许多模板供用户选择（图 7.15），直接使用 Anime V6 模板可以快速把视频转换成动漫风格，如果有口型特写，还可以使用 3D 卡通版本的对口型，让卡通人物口型保持一致。使用的方法也是上传视频，上传参考图，然后配合使用提示词，非常简单。

图 7.15　选择视频风格（截自：DomoAI 官网）

DomoAI 提供了多达几十种的风格库，用户可以选择自己心仪的动漫风格，这些风格将作为参考通过风格迁移技术应用到新的视频之中。每次制作视频都会消耗点数，免费用户有 25 点可以使用，如果想要进行更多操作就需要付费了。

接下来演示如何上传一张照片，让照片里的人物和目标人物一样动起来（图 7.16）。首先，在 DomoAI 页面上传一段带有动作的视频，如跳舞视频，然后上传你的照片。此时，可以继续使用提示词进行优化，描述视频动作的要素，包括服装、动作、状态等。如果想把视频里的人物替换成自己，则勾选“Screen keying”。

图 7.16　让图片动起来（截自：DomoAI 官网）

还有一些控制可以选择，如视频时长、嘴唇同步、只渲染主体、没有水印等。这些功能可以更好地辅助生成便于传播的视频。通过这些方法，可以把你的照片代入到视频中，等于将原视频里的主角换成了自己，而且风格保持一致。这样一来，你可以摘选一段漫画电影里人物奔跑的视频，然后上传自己的照片，一键替换，把自己放进漫画里的梦想就实现了！

继续分享另外一款很棒的 AIGC 工具——ToonCrafter AI。这是一款卡通插值生成工具，利用预训练的图像到视频扩散模型，在两个卡通图像之间进行无缝插值，创造出流畅的视觉叙事（图 7.17）。ToonCrafter AI 是由香港中文大学、香港城市大学和腾讯 AI 实验室的研究人员共同开发的，简单来说，该工具不仅可以将图像转换为卡通风格，还能根据首尾两张图像自动补全中间的动作和剧情。

使用 ToonCrafter AI 非常简单，首先选择两个关键图像，作为动画序列的起点和终点，定义视觉叙事的主线。然后输入描述性提示词，引导 ToonCrafter AI 生成符合艺术愿景的个性化卡通效果。

ToonCrafter AI 可以应用在哪些方面呢？回顾之前的内容，我们尝试了用文字生成图像，并以此来做分镜头脚本，如果有了分镜头图片，再使用 ToonCrafter AI 会发生什么？没错，可以生成完整的剧情动画（图 7.18）。

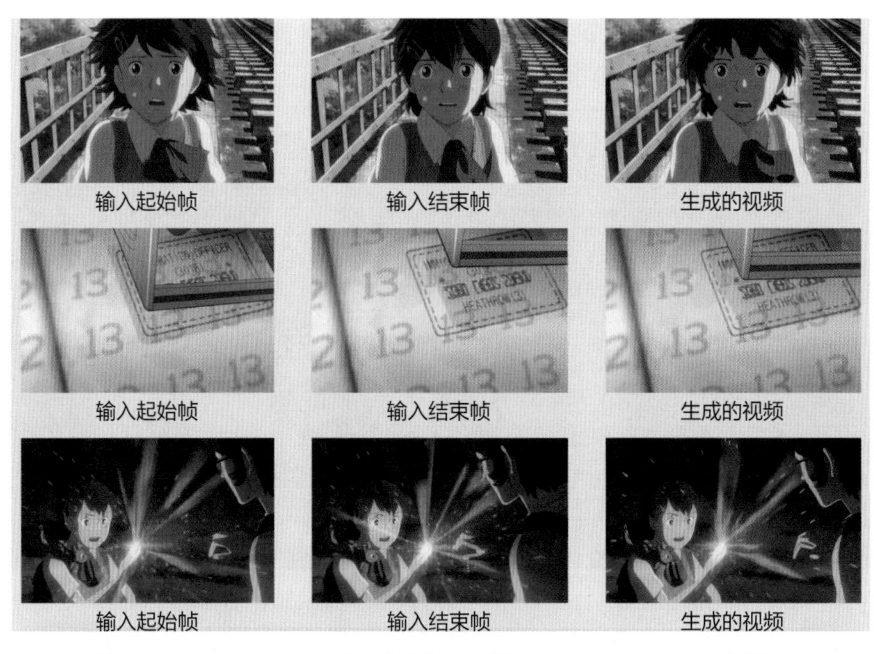

图 7.17　ToonCrafter AI 演示效果 1（截自：ToonCrafter AI 官网）

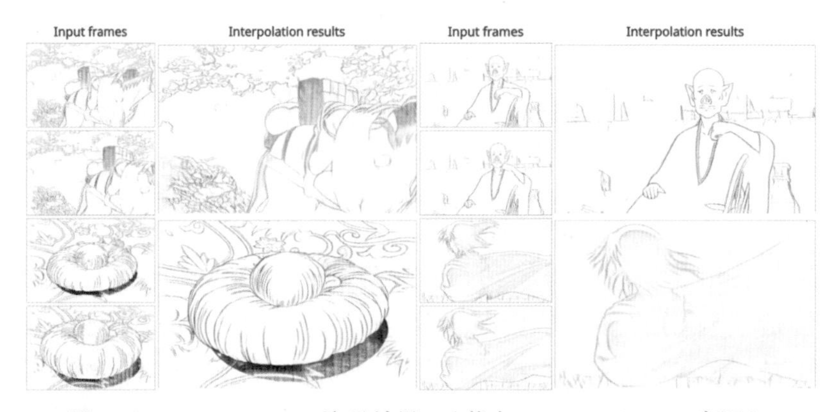

图 7.18　ToonCrafter AI 演示效果 2（截自：ToonCrafter AI 官网）

可以使用 ToonCrafter AI 初步构思剧情，并通过直观的视频输出为演员或动画设计师提供更清晰的思路。分镜师只需向 ToonCrafter AI 提交起始和结束两张图片，其他部分交由 AIGC 完成，如果希望结果更精准，还可以加入提示词进行限定。

借助这些工具，真人风格的视频和动漫风格的视频转换变得轻松简单，是时候动手制作属于自己的动漫视频了，可以直接转换视频风格，也可以把自己替换进动漫中，快动手试试吧！

7.6　用魔法打败魔法，用 AI 打假 AI

随着 AIGC 技术的普及，越来越多的图片都是由 AI 生成的。这些图片通常非常逼真，有时难以与真实照片区分开来。对于需要区分 AIGC 生成图片和真实图片的人，掌握识别方法至关重要。诚然，目前 AIGC 生成的内容还有很多缺陷，如手指、牙齿等细节，整体的质感也容易让人产生“一眼 AI”的感觉。但是随着各种模型的改进，尤其是像 Stable Diffusion 等模型的启用，靠人眼识别变得越来越困难。

不相信？请仔细观察图 7.19，如果不看图片说明，你能分辨出这是一张 AIGC 图片吗？这张图片的肢体细节和氛围感都非常接近真实的拍摄效果，它是通过当前非常火爆的 Flux AI 搭配 ComfyUI 工作流生成的，的确已经达到以假乱真的程度了。

图 7.19　使用 Flux AI 生成的演讲人物（来源：Twitter@techhalla）

本节将详细探讨如何识别 AI 生成的图片，以及背后的技术原理。为什么要区分图片是否为 AIGC 生成？有很多应用场景，例如，在摄影比赛中，需要鉴定参赛作品，判断是否存在利用 AIGC 生成来“浑水摸鱼”的情况；在网络交友时，对方的资料图片可能是使用 AIGC 生成的，如果能够识别，也许能更好地了解对方；此外，面对许多虚假的网络信息或新闻报道，“有图有真相”这一说法也值得警惕，必须校验图片是否是 AIGC 生成的。那么，如何识别呢？以下总结了一些方法供参考。

1. 元数据检查

每张图片都包含一些隐藏的信息，称为元数据，这些数据记录了图片的创建时间、使用的设备和软件等信息。如果图片是通过 AIGC 生成的，元数据中可能会包含与 AIGC 相关的标识符或生成工具的信息。例如，使用特定 AIGC 工具生成的图片可能在元数据中标注生成工具的名称或版本号。

2. 图像纹理和细节分析

AIGC 生成的图片往往在纹理和细节上与真实图片存在一些差异。在生成对抗网络生成的图片中，有时会出现无法解释的纹理或不自然的细节，包括模糊的背景、不一致的光影，或者在复杂细节上处理不够自然。通过放大图片并仔细检查这些细节，观察是否有不符合常理的地方，可以识别 AIGC 生成的图片。

3. 反向图像搜索

反向图像搜索是一种简单但有效的方法。可以通过搜索引擎上传图片进行搜索。如果搜索结果中显示了类似的 AIGC 生成内容或相关 AIGC 生成工具的链接，则表明图片可能是通过 AIGC 生成的。此方法尤其适用于识别那些广泛使用的 AIGC 生成图片，如常见的插图或风格化的图片。目前，许多社交媒体平台也开始添加 AIGC 图片识别功能，例如，小红书会在 AIGC 相关内容的帖子中标注“可能存在 AI 演绎，请注意鉴别”。

4. 人脸识别不一致性

AIGC 生成的人脸图像在细节上可能存在一些瑕疵。例如，耳朵、眼睛、牙齿的排列可能不自然，面部特征可能略显不对称，或者背景中的重复图案等。这些细微的差异在高分辨率下尤其明显。通过对比这些特征，特别是与真实人脸图像的特征进行对比，可以识别出 AIGC 生成的人脸图像。

图 7.20　使用 Claude 工具检测图片（截自：Claude 官网）

5. 利用 AI 检测工具

有一些专门的 AI 检测工具可以帮助用户识别 AIGC 生成的图片。这些工具通过分析图像的各个方面，如像素分布、色彩模型和特征提取等，来判断图片是否由 AIGC 生成。此类工具包括 GANalyzer、Deepfake Detection 等。

这里使用 Claude 检测图 7.19，这个工具可以在不同饱和度状态下检测图片的真实性，将图片饱和度调至 200%，并拖动滑块，可以看到两个明显的缺陷（图 7.20）。首先是牙齿，在高饱和度下演讲者的牙齿呈现出奇怪的形状，明显存在渲染效果，并非真实拍摄。其次是麦克风头部的网状结构，在高饱和度下出现了奇怪的色块，这也是 AIGC 生成复杂图案时常见的问题。

除了 Claude，还可以尝试以下几种工具：

（1）GANalyzer 是一款专门用于识别 GAN 生成图片的工具。它通过分析图片的像素结构和特征模式，能够识别出由 GAN 生成的图像，尤其擅长处理复杂的视觉内容，如人脸图像和风景图像，并且在检测深度伪造图像方面表现出色。

（2）Deepfake Detection 工具是专为检测深度伪造内容设计的，能识别 AI 生成的人脸视频和图像，特别适合鉴别经过高度编辑和处理的内容。该工具通过分析面部特征的对称性、光影效果和背景一致性，能够快速判断图片是否是由 AI 生成的。

（3）Sensity 是另一款用于识别 AI 生成内容的工具，广泛应用于新闻和社交媒体领域。它不仅能够检测并标记出 AI 生成的图像和视频，还能提供详细的分析报告。Sensity 还支持自动化处理，能够大规模地扫描和检测平台上的图像内容。

（4）Forensically 是一款在线图像分析工具，虽然不是专门用于识别 AI 生成图片，但它的多种分析功能，如元数据查看、错误水平分析和图像对比等，可以帮助用户判断图片是否经过 AI 处理或伪造。

经过对比，可以得出图 7.19 是一张 AIGC 图片的结论，但仍需综合考量。因为如果一张图片经过多次压缩或画质损失严重，也可能在高饱和度下出现类似的问题，所以需要结合多种分析手段和工具，全面判断。

第 8 章 无师自通学会 AIGC 编程

编程也靠 AI 了？是的，AIGC 编程的快速发展正在引领人们进入一个全新的计算机编程时代。AIGC 编程不仅可以自动编写代码，还能帮助程序员提高工作效率、优化代码质量，广泛应用于创建智能系统等多方面。这项技术的进步正在改变人们对编程的理解和使用方式，同时对现有的编程教学和职业领域产生了深远影响。

本章将深入探讨 AIGC 编程的现状、可实现的功能、对行业的影响、存在的问题，以及一些前沿应用和服务。

8.1 AIGC 编程已经发展到什么水平

谈到编程和写代码，许多新手往往会望而却步，毕竟会写代码的人实在是太少了，而且学习编程需要掌握计算机基础、数学知识以及多种编程语言，成为一名程序员谈何容易！从另外一个角度来看，很多人认为自己在工作、学习和生活中用不到编程，因此没有必要学习它，那么，真的如此吗？本节将初步介绍 AIGC 编程，看看它如何提升人们的工作和学习效率。

图 8.1 所示为 AI 辅助编程的市场版图。

AIGC 编程现在已经发展到能够自动生成代码、优化代码、调试程序，甚至理解复杂的编程语言和任务。常用的 AIGC 编程工具包括 GitHub Copilot、OpenAI Codex 和 DeepMind 公司的 AlphaCode。这些工具在生产实践中展示了 AI 在编写代码和理解代码方面的巨大潜力。

自动生成代码是 AIGC 编程最显著的功能之一。通过简单的自然语言描述，AIGC 可以生成相应的代码片段。这个功能使开发者能够用日常用语描述他们想要实现的功能，AI 随即生成所需的代码。例如，想创建一个计算两个数之和的函数，只需输入“计算两个数的和”，AIGC 编程工具便能够自动生成相应的

图 8.1　AI 辅助编程的市场版图

Python 代码。这不仅加快了编程的速度，也大大降低了编程的门槛，让更多人能够参与编程。

代码优化和程序调试是 AIGC 编程的另一个重要功能。编程不仅仅是写代码，还要确保代码的高效性和无错误。通常情况下，代码调试需要由专业的测试工程师来完成，现在可以使用 AIGC 工具分析代码，识别其中的效率低下之处并提供优化建议。此外，AIGC 编程工具还能自动检测代码中的错误并给出修复建议。这对大型项目的开发者来说尤为重要，能显著缩短代码调试时间，提高代码质量。

理解复杂编程任务是 AI 编程技术的重要进展。现代 AIGC 工具不仅能编写简单的代码，还能理解和执行复杂的编程任务。例如，AIGC 辅助编程工具可以通过阅读现有代码库理解整个项目的结构和功能，并基于这些理解生成新的代码或进行修改。这意味着，AIGC 不仅能够帮助程序开发人员完成单一任务，还能在更高层次上参与整个软件的开发过程。

图 8.2 所示为 AI 辅助编程的简要逻辑图。

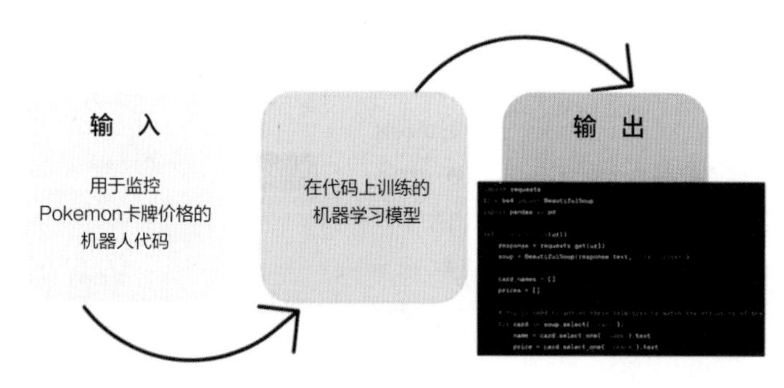

图 8.2　AI 辅助编程简要逻辑

在 AIGC 编程领域，有一些应用和服务已经走在前沿，为程序员和开发团队提供了强大的支持。下面介绍一些常用且受欢迎的服务，每个服务都有其独特优势，可以根据实际情况进行选择。

1. Claude

Claude 是由 Anthropic 公司开发的一款 AIGC 编程助手，能够在代码编写过程中为程序员提供智能建议、解决复杂问题，并协助调试和优化代码。Claude 的设计初衷是成为一个安全、负责任的 AI 助手，因此，在编程应用中特别注重提供可靠、稳健的代码建议和解决方案。Claude 可以根据用户的输入，自动生成代码片段或补全代码。虽然其功能与 GitHub Copilot 类似，但 Claude 在生成代码时更加注重代码的安全性和鲁棒性，尽量避免生成可能存在漏洞或风险的代码。此外，Claude 还可以帮助程序员审查现有代码，识别潜在的问题，并提供优化建议。这对于团队合作项目尤为重要，Claude 可以充当“虚拟审查员”的角色，帮助提升代码质量，确保项目的健壮性和可维护性。

2. GitHub Copilot

GitHub Copilot 是由 GitHub 公司和 OpenAI 公司联合开发的 AIGC 编程工具，能够实时提供代码建议，帮助程序员完成代码。GitHub Copilot 基于 OpenAI 的 Codex 模型，不仅支持多种编程语言，还能理解上下文并给出精准的代码建议。GitHub Copilot 的一个显著特点是能够根据程序员的输入，自动补全函数、生成代码块，甚至在复杂的编程任务中提供帮助。

3. OpenAI Codex

作为 GitHub Copilot 背后的引擎，OpenAI Codex 也是一个独立的 AIGC 编程平台。Codex 能够理解和生成代码，支持数十种编程语言，并且能够处理复杂的编程任务。它的功能不仅限于代码生成，还包括代码解释、重构和优化。Codex 的强大之处在于，它能够将自然语言直接转换为代码，使编程更加直观和易于理解。

4. DeepMind AlphaCode

DeepMind AlphaCode 是一款备受关注的 AIGC 编程工具，专注于解决编程竞赛中的挑战性问题，它通过分析大量的编程竞赛数据，学习如何解决复杂的算法问题。AlphaCode 的目标不仅是生成正确的代码，还要生成高效且优化的代码，这使得它在高难度的编程任务中表现出色。

5. Replit

Replit 是一个在线编程平台，结合了 AIGC 编程助手，使得编程更加轻松。Replit 的 AIGC 工具能够帮助用户快速编写和调试代码，提供实时反馈，并在用户编码时提供智能建议。其广泛的协作功能允许多个用户同时编写和编辑代码，特别适合团队开发和教育用途。

6. Tabnine

Tabnine 是一个 AI 驱动的代码补全工具，支持多种编程语言和集成开发环境。Tabnine 可以根据上下文提供智能代码建议，从而加快编码速度。它还支持个性化设置，允许用户定制 AI 建议，以更好地适应个人的编码风格。

通过综合 Claude、GitHub Copilot、OpenAI Codex、DeepMind AlphaCode、Replit、Tabnine 等领先的 AIGC 编程工具，可以看到 AIGC 在编程领域的巨大潜力和广泛应用。这些工具正在重新定义编程的未来，帮助开发者更加高效地工作，解决复杂问题，并推动软件开发的创新和进步。

AIGC 编程技术的进步对现有的程序员和计算机编程教学产生了深远的影

响。一方面，AIGC 编程工具使得编程更加高效和简单，另一方面，它也在重新定义程序员的角色和技能要求。

对程序员来说，AIGC 编程工具是一把双刃剑。它极大地提高了工作效率，使程序员能够更快地编写代码和解决问题，从而有更多的时间专注于创造性和复杂性的工作。然而，这也意味着程序员需要不断学习和适应新的工具和技术以保持竞争力。随着 AIGC 编程工具的日益强大，程序员可能需要更多地关注代码的设计、架构和高级调试，而不仅仅是代码编写。

在计算机编程教学方面，AIGC 编程工具也正在改变教编程和学编程的方式。传统的编程教学通常以学习编程语言语法和基本算法为主，而 AIGC 编程工具的引入使人们可以更多地关注解决问题的能力和创造性思维。学生可以通过使用 AIGC 编程工具快速生成代码，从而将更多精力放在理解和解决实际问题上，而不必纠结于语法细节。这不仅提高了学习效率，也使编程变得更加有趣。

尽管 AIGC 编程技术具有巨大潜力，但它也面临一些挑战和问题。首先，AIGC 生成的代码质量和安全性是一个主要问题。虽然 AIGC 可以快速生成代码，但这些代码并不总是最佳的或最安全的。尤其是在处理复杂任务时，可能存在漏洞或性能问题。因此，程序员在使用 AIGC 生成的代码时，仍然需要仔细检查和优化。另一方面，随着 AIGC 工具的普及，程序员可能越来越依赖这些工具而忽视了基础技能的学习和提高，这可能导致在没有 AIGC 工具的情况下，程序员无法有效地解决问题或编写代码。此外，AIGC 生成的代码是否侵犯了他人的知识产权？AIGC 工具是否可能在无意中引入有害的代码或算法？这些问题都需要在使用 AIGC 编程工具时加以考虑，并可能需要制定新的法规和标准来规范 AIGC 在编程中的应用。

接下来，直接使用 AIGC 编程工具来编写代码，以实现不同的需求，这些需求都是在日常工作和学习中可能用到的。别担心，即使你完全不懂代码，也可以大胆尝试，这正是 AI 的魅力所在。

8.2 零代码基础开发五子棋小游戏

如何编程开发一款游戏呢？如果按传统思路，这里面有太多东西需要学习。

不仅需要学习编程语言，理解游戏逻辑，还需要学会设计页面、编写前端代码、开发后端程序、部署服务器，等等。因此，在相当长一段时间里，编程开发都是需要长期训练、门槛非常高的一件事情。但今天，借助 Claude 3.5，只需 1 分钟就能做出一个可玩性很高的游戏，没错，你不需要学习任何代码，只需要会对 AIGC“提要求”即可。

Claude 3.5 是 Anthropic 公司开发的最新版本的 AIGC 对话助手，作为其前代产品的改进版，Claude 3.5 拥有更强大的自然语言处理能力和更高效的任务执行能力。它可以处理更复杂的对话和任务，提供更加智能和精准的建议，帮助用户解决各种问题。在编程方向，Claude 3.5 引入了一个新的功能——Artifacts，这是一个非常神奇的功能。

Artifacts 允许用户创建、管理和共享代码片段，配置文件和其他编程资源，这些资源可以在不同的项目中重复使用，从而提高开发效率，特别适合需要反复使用相同代码块或配置的场景。对普通用户来说，Artifacts 以最直观的方式展现了代码生成和最终结果的预览，左边输入要求，右边给出代码结果，有些甚至可以直接运行！

在开始设计游戏之前，请务必记得在 Claude 主页打开 Artifacts 功能（图 8.3），这样才能以最直观的方式感受 AIGC 编写代码的神奇之处。

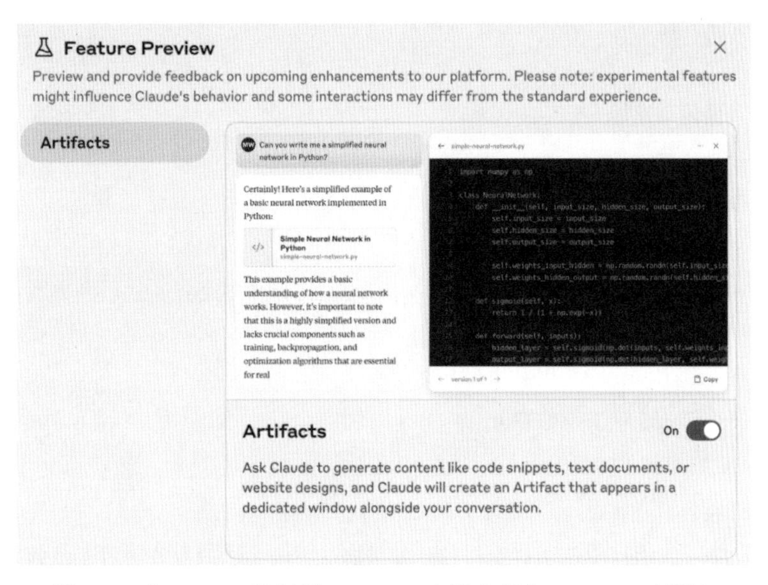

图 8.3　在 Claude 里打开 Artifacts 功能（截自：Claude 官网）

现在，你想要编写一款五子棋游戏。五子棋也常常被称为黑白棋，规则简单、乐趣无穷。借助 Claude，可以快速编写五子棋的游戏代码，最神奇的是，代码完成后可以直接运行，这边修改，那边就能立即开始玩游戏了。

打开 Claude 主页（图 8.4），怎样开始编程？需要输入什么代码吗？完全不用，甚至连英文都不需要，直接在对话框里用中文对话，神奇的事情就开始了。

图 8.4　在 Claude 里开始对话编程（截自：Claude 官网）

设计一款五子棋游戏。

我很高兴为您设计一款五子棋游戏。我们可以使用 React 来创建一个简单但功能齐全的五子棋游戏页面。

这个 React 组件实现了一个基本的五子棋游戏。以下是组件的主要特点：

1. 15 × 15 的棋盘。
2. 黑白两名玩家轮流落子。
3. 自动检测获胜条件（连续 5 子）。
4. 显示当前玩家和获胜信息。
5. 重新开始游戏的功能。

组件使用了 React Hooks（useState）来管理游戏状态，并使用 Tailwind CSS 类来设置样式。

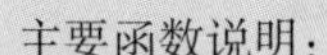
主要函数说明：

`checkWinner`：检查是否有玩家获胜。

`handleClick`：处理棋子落子逻辑。

`resetGame`：重置游戏状态。

您可以直接在 React 项目中使用这个组件。如果您需要进一步的修改或者有任何问题，请随时告诉我。

此时，页面右侧会快速出现逻辑代码，代码写完之后会显示游戏预览，在这个页面就可以直接玩游戏了（图 8.5）。也就是说，你只输入了一句话，Claude 就设计好了游戏并且可以直接运行，在这个过程中你无须做任何事，真正实现了“提什么要求、出什么结果”。

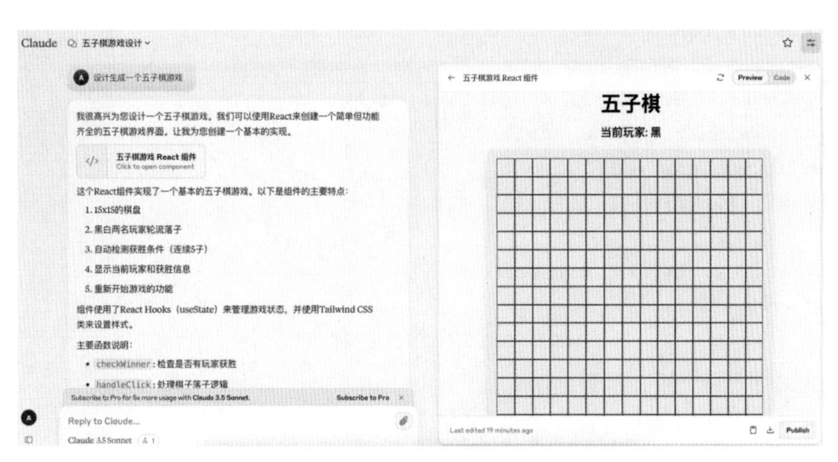

图 8.5　代码生成后直接运行游戏（截自：Claude 官网）

既然是游戏，那么 AIGC 是否真正理解游戏的逻辑并严格按照五子棋的逻辑来编写代码呢？可以在右侧直接玩一局，检验一下。

最终游戏的结果显示黑方获胜（图 8.6）。AIGC 完全理解了五子棋的基本原理，并给出了完整的程序和简洁美观的页面，最重要的是可以直接运行。这是否颠覆了你对编程写代码的印象？如果绝大部分简单的代码都可以用类似 Claude 的工具来实现，那么程序员确实需要好好思考一下，人类在编程方面的独特之处。

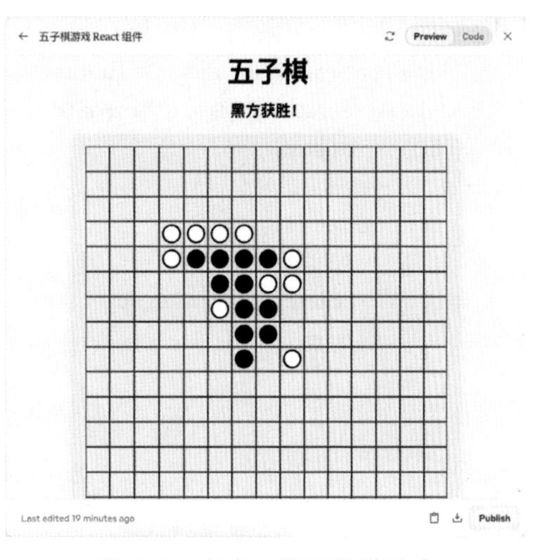

图 8.6　完成一局五子棋游戏（截自：Claude 官网）

我们知道 AIGC 最擅长收集和整理资料，为了验证这个代码是原创而非网络抄袭，可以将代码打印出来，并通过搜索引擎进行反向对比，以证明代码的确是 AIGC 编写的。

```
import React, { useState } from 'react';
const BOARD_SIZE = 15;
const WIN_CONDITION = 5;
const GomokuGame = () => {
  const [board, setBoard] = useState(Array(BOARD_SIZE).fill(null).
map(() => Array(BOARD_SIZE).fill(null)));
  const [currentPlayer, setCurrentPlayer] = useState('black');
  const [winner, setWinner] = useState(null);
  const checkWinner = (row, col) => {
    const directions = [
      [1, 0], [0, 1], [1, 1], [1, -1]
    ];
    for (let [dx, dy] of directions) {
      let count = 1;
      for (let i = 1; i < WIN_CONDITION; i++) {
        const newRow = row + i * dx;
        const newCol = col + i * dy;
        if (newRow < 0 || newRow >= BOARD_SIZE || newCol < 0 ||
newCol >= BOARD_SIZE || board[newRow][newCol] !== currentPlayer) {
          break;
        }
        count++;
      }
      for (let i = 1; i < WIN_CONDITION; i++) {
        const newRow = rowi * dx;
        const newCol = coli * dy;
        if (newRow < 0 || newRow >= BOARD_SIZE || newCol < 0 ||
newCol >= BOARD_SIZE || board[newRow][newCol] !== currentPlayer) {
          break;
        }
        count++;
      }
      if (count >= WIN_CONDITION) {
        return true;
      }
    }
    return false;
  };
  const handleClick = (row, col) => {
    if (board[row][col] || winner) return;
    const newBoard = board.map(row => [...row]);
    newBoard[row][col] = currentPlayer;
```

```
    setBoard(newBoard);
    if (checkWinner(row, col)) {
      setWinner(currentPlayer);
    } else {
      setCurrentPlayer(currentPlayer === 'black' ? 'white' :
'black');
    }
  };
  const resetGame = () => {
    setBoard(Array(BOARD_SIZE).fill(null).map(() => Array(BOARD_
SIZE).fill(null)));
    setCurrentPlayer('black');
    setWinner(null);
  };
  return (
    <div className="flex flex-col items-center justify-center min-h-
screen bg-gray-100">
      <h1 className="text-4xl font-bold mb-4">五子棋</h1>
      <div className="mb-4">
        {winner ? (
          <p className="text-xl font-semibold">{winner === 'black'
? '黑' : '白'}方获胜! </p>
        ) : (
          <p className="text-xl">当前玩家: {currentPlayer ===
'black' ? '黑' : '白'}</p>
        )}
      </div>
      <div className="bg-yellow-200 p-4 rounded-lg shadow-lg">
        {board.map((row, rowIndex) => (
          <div key={rowIndex} className="flex">
            {row.map((cell, colIndex) => (
              <button
                key={`${rowIndex}-${colIndex}`}
                className="w-8 h-8 border border-gray-700 flex
items-center justify-center"
                onClick={() => handleClick(rowIndex, colIndex)}
              >
                {cell && (
                  <div
                    className={`w-6 h-6 rounded-full ${
                      cell === 'black' ? 'bg-black' : 'bg-white
border-2 border-black'
```

```
                    }`}
                  />
                )}
              </button>
            ))}
          </div>
        ))}
      </div>
      <button
        className="mt-4 px-4 py-2 bg-blue-500 text-white rounded
hover:bg-blue-600"
        onClick={resetGame}
      >
        重新开始
      </button>
    </div>
  );
};
export default GomokuGame;
```

验证代码还有一种更简单的办法，就是在这个代码的基础上提出要求，让它增加功能，这些功能必须是你自己想出来的，差异化越大，代码原创的可能性就越高。接下来继续给 Claude 提高难度，让它给五子棋增加更多的功能和个性化的设置。

很棒，把棋盘改成粉红色并且增加提示音，同时限定每次落子时长不能超过 10 秒，超过就随机替玩家落子。

非常感谢您的反馈！我会按照您的要求对五子棋游戏进行修改。我们将改变棋盘颜色，添加提示音，并增加 10 秒的计时器功能。如果玩家在 10 秒内没有落子，系统会自动为玩家随机落子。

我已经按照您的要求对五子棋游戏进行了修改。以下是主要的更新：

1. 棋盘颜色：将棋盘背景色改为粉红色（`bg-pink-200`）。

2. 提示音：

添加了 `playSound` 函数来播放音效。

在落子时播放 'place.mp3'。

在获胜时播放 'win.mp3'。

注意：您需要在项目的 `public/sounds/` 目录下添加这些音频文件。

3. 10 秒计时器：

添加了 `timeLeft` 状态来跟踪剩余时间。

使用 `useEffect` 钩子来创建一个计时器，每秒更新剩余时间。

在页面上显示剩余时间。

4. 随机落子：

添加了 `randomMove` 函数，当时间用完时自动为玩家随机选择一个空位置落子。

如果计时器到达 0，会调用 `randomMove` 函数。

5. 其他优化：

使用 `useCallback` 来优化性能，特别是对于 `checkWinner` 和 `makeMove` 这样的复杂函数。

使用说明：

1. 将这个组件添加到您的 React 项目中。

2. 确保在 `public/sounds/` 目录下添加 'place.mp3' 和 'win.mp3' 音频文件。

3. 使用 Tailwind CSS 进行样式设置。

如果您需要进一步的修改或有任何问题，请随时告诉我。例如，如果您想调整计时器的时间，更改音效，或者修改棋盘的大小，我都可以为您进行相应的调整。

来检查一下，棋盘果然变成了粉红色，并且出现了倒计时。提示音则需要自己进行配置，把提示音的音频文件放置在指定目录下，这样每次落子时都会出现提示音，最终比赛结束时也会出现提示音（图 8.7）。

再次观察代码，Claude 已经将你的要求全部都修改和添加进去了，只用了不到 1 分钟的时间，就实现了对话、编程和运行的全部过程。继续增加难度，要求增加对战模式和人机模式，设置一个 AI 棋手，并且区分初级、中级和高级水平。

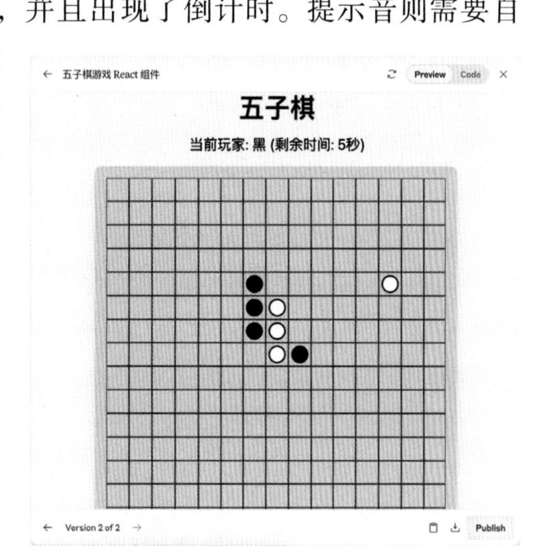

图 8.7 修改后的五子棋棋盘
（截自：Claude 官网）

给游戏设置人机模式和对战模式，人机模式设置一个 AI 对手，水平可以选择初级、中级和高级。

非常好的建议！我们可以增加人机模式和对战模式，并为人机模式设置不同难度的 AI 对手。这将大大提升游戏的可玩性和趣味性。让我为您更新游戏组件，加入这些新功能。

更新后的五子棋游戏组件现在包含了以下新功能：

1. 游戏模式选择：玩家可以选择人机对战（PvE）或玩家对战（PvP）模式。

2. AI 难度选择：在人机模式下，玩家可以选择 AI 的难度级别（初级、中级、高级）。

3. AI 对手实现：

初级：随机落子。

中级：具有一些基本策略，会尝试赢得游戏或阻止玩家赢得游戏。

高级：目前是中级的占位符，可以在此基础上实现更复杂的算法（如极小化极大算法）。

4. 游戏流程优化：

在人机模式下，玩家不能在 AI 回合落子。

AI 会在短暂延迟后落子，提高游戏体验。

在计时器耗尽时，只有在玩家回合（或 PvP 模式）才会随机落子。

5. 界面优化：

添加了游戏模式和 AI 难度选择页面。

在游戏页面显示当前模式和 AI 情况。

添加了返回主菜单的按钮。

使用说明：

1. 将这个组件添加到您的 React 项目中。

2. 确保在 `public/sounds/` 目录下添加 'place.mp3' 和 'win.mp3' 音频文件。

3. 使用 Tailwind CSS 进行样式设置。

注意事项：

高级 AI 目前使用的是中级 AI 的逻辑。要实现真正的高级 AI，您需要实现极小化极大算法或其他高级策略。

您可能需要根据实际情况调整 AI 的反应时间和难度。

如果游戏表现不佳，可以考虑优化一些计算密集型的函数，如 `checkWinner`。

如果您需要进一步修改、优化建议，或者有任何问题，请随时告诉我。例如，我们可以进一步完善 AI 策略，增加更多的游戏设置选项，或者优化游戏的性能。

怎么样？ Claude 3.5 完全可以实现你的想法，从页面上看，已经增加了对战模式（图 8.8）；从功能上看，可以选择人机对战并选择难度（图 8.9）；从代码来看，所有功能逻辑都已经实现。

经过实践，发现 AI 棋手的水平仍然比较低，可以通过对话要求提升 AI 棋手的水平，也可以提供具体的棋谱资料或其他有利于 AI 棋手提升能力的资料。这里留一个作业，读者可以自行探索。

最后，来完整检查一遍代码，发现它在原创性和逻辑性上都属于不错的水平。如果有编程基础，你可以在这个代码的基础上修改，调整成自己需要的最终代码。

图 8.8　增加对战模式之后的游戏
（截自：Claude 官网）

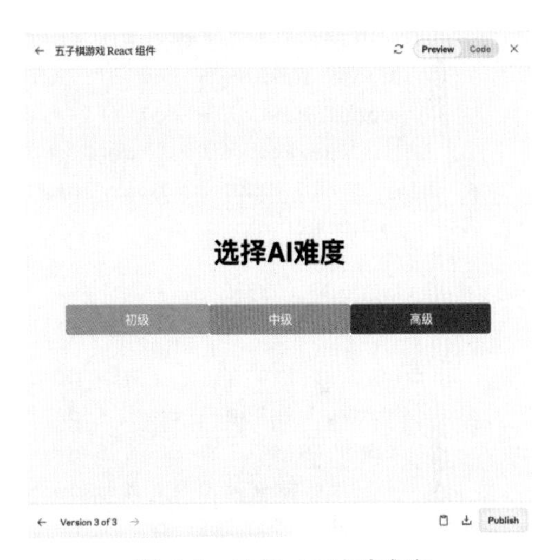

图 8.9　选择 AI 对手难度
（截自：Claude 官网）

```
import React, { useState, useEffect, useCallback } from 'react';
const BOARD_SIZE = 15;
const WIN_CONDITION = 5;
const TIME_LIMIT = 10;
const GomokuGame = () => {
  const [board, setBoard] = useState(Array(BOARD_SIZE).fill(null).
map(() => Array(BOARD_SIZE).fill(null)));
  const [currentPlayer, setCurrentPlayer] = useState('black');
  const [winner, setWinner] = useState(null);
  const [timeLeft, setTimeLeft] = useState(TIME_LIMIT);
```

```
  const [gameMode, setGameMode] = useState(null); // 'pvp' or 'pve'
  const [aiLevel, setAiLevel] = useState('easy'); // 'easy',
'medium', 'hard'
  const playSound = (filename) => {
    const audio = new Audio(`/sounds/${filename}`);
    audio.play();
  };
  const checkWinner = useCallback((board, player, row, col) => {
    const directions = [
      [1, 0], [0, 1], [1, 1], [1, -1]
    ];
    for (let [dx, dy] of directions) {
      let count = 1;
      for (let i = 1; i < WIN_CONDITION; i++) {
        const newRow = row + i * dx;
        const newCol = col + i * dy;
        if (newRow < 0 || newRow >= BOARD_SIZE || newCol < 0 ||
newCol >= BOARD_SIZE || board[newRow][newCol] !== player) {
          break;
        }
        count++;
      }
      for (let i = 1; i < WIN_CONDITION; i++) {
        const newRow = rowi * dx;
        const newCol = coli * dy;
        if (newRow < 0 || newRow >= BOARD_SIZE || newCol < 0 ||
newCol >= BOARD_SIZE || board[newRow][newCol] !== player) {
          break;
        }
        count++;
      }
      if (count >= WIN_CONDITION) {
        return true;
      }
    }
    return false;
  }, []);
  const makeMove = useCallback((row, col) => {
    if (board[row][col] || winner) return false;
    const newBoard = board.map(row => [...row]);
    newBoard[row][col] = currentPlayer;
    setBoard(newBoard);
```

```
    playSound('place.mp3');
    if (checkWinner(newBoard, currentPlayer, row, col)) {
      setWinner(currentPlayer);
      playSound('win.mp3');
    } else {
      setCurrentPlayer(currentPlayer === 'black' ? 'white' :
'black');
      setTimeLeft(TIME_LIMIT);
    }
    return true;
  }, [board, currentPlayer, winner, checkWinner]);
  const handleClick = (row, col) => {
    if (gameMode === 'pve' && currentPlayer === 'white') return;
// Prevent player from moving during AI turn
    makeMove(row, col);
  };
  const resetGame = () => {
    setBoard(Array(BOARD_SIZE).fill(null).map(() => Array(BOARD_
SIZE).fill(null)));
    setCurrentPlayer('black');
    setWinner(null);
    setTimeLeft(TIME_LIMIT);
  };
  const aiMove = useCallback(() => {
    // Easy: Random move
    if (aiLevel === 'easy') {
      randomMove();
    }
    // Medium: Improved move with some strategy
    else if (aiLevel === 'medium') {
      improvedMove();
    }
    // Hard: Best move using minimax algorithm (simplified for
performance)
    else if (aiLevel === 'hard') {
      bestMove();
    }
  }, [board, aiLevel]);
  const randomMove = () => {
    let emptyCells = [];
    for (let i = 0; i < BOARD_SIZE; i++) {
```

```
      for (let j = 0; j < BOARD_SIZE; j++) {
        if (!board[i][j]) {
          emptyCells.push([i, j]);
        }
      }
    }
    if (emptyCells.length > 0) {
      const [row, col] = emptyCells[Math.floor(Math.random() *
emptyCells.length)];
      makeMove(row, col);
    }
  };
  const improvedMove = () => {
    // Check if AI can win
    for (let i = 0; i < BOARD_SIZE; i++) {
      for (let j = 0; j < BOARD_SIZE; j++) {
        if (!board[i][j]) {
          const newBoard = board.map(row => [...row]);
          newBoard[i][j] = 'white';
          if (checkWinner(newBoard, 'white', i, j)) {
            makeMove(i, j);
            return;
          }
        }
      }
    }

    // Block player's winning move
    for (let i = 0; i < BOARD_SIZE; i++) {
      for (let j = 0; j < BOARD_SIZE; j++) {
        if (!board[i][j]) {
          const newBoard = board.map(row => [...row]);
          newBoard[i][j] = 'black';
          if (checkWinner(newBoard, 'black', i, j)) {
            makeMove(i, j);
            return;
          }
        }
      }
    }
    // If no winning or blocking move, make a random move
```

```
    randomMove();
  };
  const bestMove = () => {
    // Implement minimax algorithm here (simplified for performance)
    // This is a placeholder for the actual implementation
    improvedMove();
  };
  useEffect(() => {
    if (winner || gameMode !== 'pve' || currentPlayer !== 'white')
return;
    const timer = setTimeout(() => {
      aiMove();
    }, 1000); // Delay AI move by 1 second
    return () => clearTimeout(timer);
  }, [winner, gameMode, currentPlayer, aiMove]);
  useEffect(() => {
    if (winner) return;
    const timer = setInterval(() => {
      setTimeLeft((prevTime) => {
        if (prevTime <= 1) {
          clearInterval(timer);
          if (gameMode === 'pvp' || (gameMode === 'pve' &&
currentPlayer === 'black')) {
            randomMove();
          }
          return TIME_LIMIT;
        }
        return prevTime1;
      });
    }, 1000);
    return () => clearInterval(timer);
  }, [winner, gameMode, currentPlayer]);
  if (!gameMode) {
    return (
      <div className="flex flex-col items-center justify-center min-
h-screen bg-gray-100">
        <h1 className="text-4xl font-bold mb-8">五子棋</h1>
        <div className="space-y-4">
          <button
            className="w-48 px-4 py-2 bg-blue-500 text-white
rounded hover:bg-blue-600"
            onClick={() => setGameMode('pvp')}
```

```
          >
            玩家对战模式
          </button>
          <button
            className="w-48 px-4 py-2 bg-green-500 text-white
rounded hover:bg-green-600"
            onClick={() => setGameMode('pve')}
          >
            人机对战模式
          </button>
        </div>
      </div>
    );
  }
  if (gameMode === 'pve' && !aiLevel) {
    return (
      <div className="flex flex-col items-center justify-center min-
h-screen bg-gray-100">
        <h1 className="text-4xl font-bold mb-8">选择 AI 难度</h1>
        <div className="space-y-4">
          <button
            className="w-48 px-4 py-2 bg-green-500 text-white
rounded hover:bg-green-600"
            onClick={() => setAiLevel('easy')}
          >
            初级
          </button>
          <button
            className="w-48 px-4 py-2 bg-yellow-500 text-white
rounded hover:bg-yellow-600"
            onClick={() => setAiLevel('medium')}
          >
            中级
          </button>
          <button
            className="w-48 px-4 py-2 bg-red-500 text-white rounded
hover:bg-red-600"
            onClick={() => setAiLevel('hard')}
          >
            高级
          </button>
        </div>
```

```
      </div>
    );
  }
  return (
    <div className="flex flex-col items-center justify-center min-h-
screen bg-gray-100">
      <h1 className="text-4xl font-bold mb-4">五子棋</h1>
      <div className="mb-4">
        {winner ? (
          <p className="text-xl font-semibold">{winner === 'black'
? '黑' : '白'}方获胜! </p>
        ) : (
          <p className="text-xl">
            当前玩家: {currentPlayer === 'black' ? '黑' : '白'}
            {gameMode === 'pve' && currentPlayer === 'white' && `
(AI)`}
            (剩余时间: {timeLeft}秒)
          </p>
        )}
      </div>
      <div className="bg-pink-200 p-4 rounded-lg shadow-lg">
        {board.map((row, rowIndex) => (
          <div key={rowIndex} className="flex">
            {row.map((cell, colIndex) => (
              <button
                key={`${rowIndex}-${colIndex}`}
                className="w-8 h-8 border border-gray-700 flex
items-center justify-center"
                onClick={() => handleClick(rowIndex, colIndex)}
              >
                {cell && (
                  <div
                    className={`w-6 h-6 rounded-full ${
                      cell === 'black' ? 'bg-black' : 'bg-white
border-2 border-black'
                    }`}
                  />
                )}
              </button>
            ))}
          </div>
        ))}
```

```
      </div>
      <div className="mt-4 space-x-4">
        <button
          className="px-4 py-2 bg-blue-500 text-white rounded
hover:bg-blue-600"
          onClick={resetGame}
        >
          重新开始
        </button>
        <button
          className="px-4 py-2 bg-gray-500 text-white rounded
hover:bg-gray-600"
          onClick={() => {
            setGameMode(null);
            setAiLevel(null);
            resetGame();
          }}
        >
          返回主菜单
        </button>
      </div>
    </div>
  );
};
export default GomokuGame;
```

对于没有前端开发经验的新手，能够快速实现一个简单的游戏设计和演示简直是太神奇了。有了 Claude 的帮助，每个人都可以突破技术的限制，实现自己的创意。

对于想学习编程的人，以前可能需要先花费大量时间阅读书籍，学习各种编程技能，再逐步将它们应用到项目中。现在，可以直接带着问题与 AIGC 交流，让它帮助你实现所有想法。如果在过程中遇到问题，还能随时与 AIGC 沟通，这样的学习方式更加有趣。

想象一下，如果需要先学习一大堆前端语法，然后慢慢尝试实现一款五子棋游戏，绝大部分人可能都会觉得很枯燥，甚至很快放弃。但如果只需要一句话就能生成一款完整可运行的游戏，并且能够与 AIGC 一起探讨实现的过程和代码细节，这样的学习体验会有趣得多，也会让人更有成就感。

8.3 巧用 AIGC 编程，成为 Excel 办公达人

对很多办公达人来说，Excel 是日常工作中不可或缺的工具。然而，面对复杂的数据处理和表格操作，即便是熟练使用 Excel 的人有时也会感到力不从心。现在，AIGC 编程工具能够自动化处理数据、生成分析报告和创建定制化的小工具，极大地提高了工作效率。有了 AIGC 编程工具，人们可以将更多的精力投入到创造性的工作中，而不再被琐碎的表格操作束缚。更重要的是，AIGC 编程并不要求具备很强的编程能力，即便对编程一窍不通，只要能够清晰地描述需求即可。这样的技术不仅对办公达人有帮助，对于刚刚入职或希望提高工作效率的人，也是一个极佳的选择。

接下来，通过形象化的场景假设，介绍 AIGC 如何帮助办公人员提升工作效率。

1. 自动化生成数据分析报告

小李是某公司的数据分析师，平时的工作是处理大量的数据，并根据这些数据撰写分析报告。每次数据更新后，小李都要手动制作表格、绘制图表，再根据图表撰写文字分析，这一过程既费时费力，又容易出错。

某天，小李接触到了 AIGC 编程技术，尝试用 AI 自动生成数据分析报告。他将数据导入到一个简单的脚本中，然后通过几行指令让 AI 分析数据并生成图表。更令人惊喜的是，AI 还能根据图表内容自动生成相应的文字分析报告。只需几分钟，小李就得到了一个完整的分析报告，涵盖了数据趋势、关键指标和建议措施。

借助 AIGC 编程，小李不仅大大提高了工作效率，还能在节省时间的同时专注于更具创意的工作。例如，他可以花更多的时间研究数据背后的原因，而不是把时间花在枯燥的表格制作上。

2. 智能化表格操作

小王是公司里的 Excel 办公达人，别人搞不定的表格问题总会找他来帮忙。最近，公司需要处理一份几万行的数据表格，其中涉及复杂的筛选、分类和数据

匹配工作。尽管小王对 Excel 非常熟悉，但面对如此庞大的数据量，他也感到压力很大。

在朋友的建议下，小王尝试了 AIGC 编程技术。他发现，AI 可以通过简单的指令，快速完成原本需要几小时甚至几天才能完成的表格操作。只要告诉 AI 需要完成的任务，例如，按照某个条件筛选数据，将表格中的信息分类，或者自动匹配不同表格中的数据，AI 就会立即生成相应的代码，并执行操作。

通过这种方式，小王在短时间内就完成了数据处理任务。而更让他感到惊喜的是，AI 生成的代码不仅可以解决当前的问题，还可以作为以后类似工作的模板。下次再遇到类似的表格操作，小王只需稍加修改，就可以直接复用这些代码，从而进一步提高工作效率。

3. 自定义办公小工具

作为一个 Excel 办公达人，阿梅总是希望能拥有一些专属的小工具，解决工作中反复出现的问题。例如，公司每个月都会要求她整理并汇总各个部门的月报表，其中涉及很多重复的操作。如果能有一个定制的小工具专门用于这个任务，那就太好了。

传统的方法是通过 Excel 宏或 VBA 来实现这种自定义工具，但这需要具备一定的编程知识，而且复杂的逻辑和操作容易出错。阿梅决定尝试用 AIGC 创建自己的小工具。

她向 AI 描述了她的需求，AI 很快生成了一段代码，这段代码能够自动读取各个部门的月报表，整理并汇总数据，最后生成一份完整的月度汇总报告。阿梅仅用几分钟时间就创建了这个工具，接下来的每个月，她只需按一下按钮，AI 就会自动为她完成所有工作。

虽然以上场景是虚构的，但这样的事情几乎每天都在办公室里发生。有两种简单的办法让 AIGC 处理表格数据，一种是直接在对话框上传原始数据表格，向 AIGC 提出具体的需求，让它来运算和处理；另一种是描述需求，请 AIGC 帮忙编程和设置流程来进行处理。下面尝试用后面一种方法，处理两个具体的需求，希望通过这两个案例让新手朋友有一个整体的概念，理解 AIGC 可以处理哪些具体的工作。

假设工作需求是“自动生成销售报告”，可以让 AIGC 编写一个可以自动运行的 VBA 任务，无论数据如何变动，当你需要这份报告时，自动运行一次即可立即获得，无须重复工作。

创建复杂的 VBA 自动化任务需要逐步规划任务、编写代码并进行测试和优化。下面是一个详细的指南，帮助你创建一个复杂的 VBA 自动化任务。以“自动生成销售报告”为例，这个任务将包括以下功能。

1. 从多个工作表提取数据：从多个销售数据工作表中提取数据。
2. 数据汇总与计算：计算每个产品的总销售额、平均销售额等。
3. 生成总结报告：在新的工作表中生成一个总结报告。
4. 图表生成：基于汇总的数据自动生成图表。
5. 导出 PDF：将生成的报告导出为 PDF 文件。

第一步，需要从多张数据表里提取数据，创建新的表格并将汇总数据自动填入，AIGC 给出了详细的 VBA 代码：

```
Sub GenerateSalesReport()
    Dim ws As Worksheet
    Dim summaryWs As Worksheet
    Dim lastRow As Long
    Dim summaryRow As Long
    Dim productName As String
    Dim salesAmount As Double

    创建一个新的工作表用于汇总
    Set summaryWs = ThisWorkbook.Worksheets.Add
    summaryWs.Name = "销售汇总"

    添加表头
    summaryWs.Cells(1, 1).Value = "产品名称"
    summaryWs.Cells(1, 2).Value = "总销售额"
    summaryWs.Cells(1, 3).Value = "平均销售额"

    summaryRow = 2

    遍历所有工作表
```

```
    For Each ws In ThisWorkbook.Worksheets
        排出汇总工作表
        If ws.Name <> "销售汇总" Then
            lastRow = ws.Cells(ws.Rows.Count, "A").End(xlUp).Row
            遍历每一行数据
            For i = 2 To lastRow
                productName = ws.Cells(i, 1).Value
                salesAmount = ws.Cells(i, 2).Value

                查找产品是否已经存在于汇总表中
                Dim foundCell As Range
                Set foundCell = summaryWs.Columns("A").
Find(productName, LookIn:=xlValues)

                If Not foundCell Is Nothing Then
                    产品已存在，更新销售额
                    With summaryWs
                        .Cells(foundCell.Row, 2).Value =
.Cells(foundCell.Row, 2).Value + salesAmount
                        .Cells(foundCell.Row, 3).Value =
.Cells(foundCell.Row, 2).Value / (foundCell.Row 1)
                    End With
                Else
                    产品不存在，新增一行
                    With summaryWs
                        .Cells(summaryRow, 1).Value = productName
                        .Cells(summaryRow, 2).Value = salesAmount
                        .Cells(summaryRow, 3).Value = salesAmount
                        summaryRow = summaryRow + 1
                    End With
                End If
            Next i
        End If
    Next ws
End Sub
```

第二步，在新生成的表格里进行操作，直接生成柱状图，这样的形式可以更直观地展示销售汇总。只需将需求描述给 AIGC，马上就可以得到以下代码。

```
Sub GenerateChart()
    Dim summaryWs As Worksheet
    Dim chartObj As ChartObject
    Dim lastRow As Long
    获取汇总工作表
    Set summaryWs = ThisWorkbook.Worksheets("销售汇总")
    lastRow = summaryWs.Cells(summaryWs.Rows.Count, "A").End(xlUp).
Row

    创建柱状图
    Set chartObj = summaryWs.ChartObjects.Add(Left:=300,
Width:=500, Top:=50, Height:=300)
    With chartObj.Chart
        .SetSourceData Source:=summaryWs.Range("A1:C" & lastRow)
        .ChartType = xlColumnClustered
        .HasTitle = True
        .ChartTitle.Text = "产品销售汇总"
        .Axes(xlCategory, xlPrimary).HasTitle = True
        .Axes(xlCategory, xlPrimary).AxisTitle.Text = "产品名称"
        .Axes(xlValue, xlPrimary).HasTitle = True
        .Axes(xlValue, xlPrimary).AxisTitle.Text = "销售额"
    End With
End Sub
```

第三步，将生成的报告直接导出为 PDF 文件，这样可以在更多场合传播和使用。继续求助 AIGC 工具，生成的 VBA 代码如下。

```
Sub ExportReportAsPDF()
    Dim summaryWs As Worksheet

    获取汇总工作表
    Set summaryWs = ThisWorkbook.Worksheets("销售汇总")

    导出为 PDF
    summaryWs.ExportAsFixedFormat Type:=xlTypePDF,
Filename:=ThisWorkbook.Path & "\销售报告.pdf",
Quality:=xlQualityStandard
End Sub
```

至此，完成了工作目标的拆解，现在需要把它们整理到一个宏任务中，并按照固定顺序运行，这里 AIGC 给出了最后一段代码：

```
Sub GenerateFullSalesReport()
    Call GenerateSalesReport
    Call GenerateChart
    Call ExportReportAsPDF
End Sub
```

如何操作？非常简单，打开 Excel 文件并按下“Alt+F11”打开 VBA 编辑器。选择 Insert → Module，插入一个新的模块，把上面 AIGC 给出的代码输入进去。在调试或运行时，只需在 VBA 编辑器中按“F5”运行“**GenerateFullSalesReport()** 宏”即可。

处理 Excel 表格，最令人头疼的就是原始表格格式不统一、数据混乱，这种情况非常令人抓狂。因为在几万甚至十几万行数据里修改格式、调整数据简直比登天还难。如果没有格式统一的元数据，数据分析就无法完成，所以遇到这种情况一般需要预先进行表格数据清洗工作。接下来，使用 VBA 自动清理和整理数据，可以借助 AIGC 编写一个宏来处理常见的数据清理任务。要完成的数据清理任务包括处理缺失值、数据类型转换、去除重复项，以及统一数据格式。

```
Sub CleanAndOrganizeData()
    Dim ws As Worksheet
    Dim lastRow As Long
    Dim rng As Range
    Dim cell As Range

    设置目标工作表
    Set ws = ThisWorkbook.Sheets("Sheet1") ' 假设数据在 "Sheet1"

    找到最后一行
    lastRow = ws.Cells(ws.Rows.Count, "A").End(xlUp).Row

    1. 清理 "产品名称" 列中的缺失值
    Set rng = ws.Range("A2:A" & lastRow)
    For Each cell In rng
```

```
        If Trim(cell.Value) = "" Then
            cell.EntireRow.Delete
        End If
    Next cell

    重新计算最后一行（因为可能删除了一些行）
    lastRow = ws.Cells(ws.Rows.Count, "A").End(xlUp).Row

    2. 清理 "销售额" 列中的空值，并转换为数值格式
    Set rng = ws.Range("B2:B" & lastRow)
    For Each cell In rng
        If IsNumeric(cell.Value) Then
            cell.Value = CDbl(cell.Value)
        Else
            cell.Value = 0
        End If
    Next cell

    3. 统一 "销售日期" 列的日期格式
    Set rng = ws.Range("C2:C" & lastRow)
    For Each cell In rng
        If IsDate(cell.Value) Then
            cell.Value = Format(cell.Value, "yyyy-mm-dd")
        Else
            cell.Value = ""
        End If
    Next cell

    4. 去除重复项（假设每行是唯一的，如果 "产品名称" 和 "销售日期" 都重复
则删除）
    ws.Range("A1:C" & lastRow).RemoveDuplicates Columns:=Array(1,
3), Header:=xlYes
    5. 清除可能的空白行（如果前面删除操作导致空行）
    lastRow = ws.Cells(ws.Rows.Count, "A").End(xlUp).Row
    For i = lastRow To 2 Step -1
        If ws.Cells(i, 1).Value = "" Then
            ws.Rows(i).Delete
        End If
    Next i

    MsgBox "数据清理和整理完成！ ", vbInformation
End Sub
```

具体来看这段代码，清理“产品名称”列的主要目的是删除“产品名称”为空的行；清理“销售额”列，将其中的空值设置为 0，并确保所有数据为数值格式；统一日期格式时，将“销售日期”列的所有日期格式化为 YYYY-MM-DD；去除重复项则是移除“产品名称”和“销售日期”都相同的重复行；最后，删除空白行，目的是清理可能因删除操作而留下的空行。

经过这些步骤，基本上就可以把原始数据表清洗干净并格式统一。这个过程只需向 AIGC 提出需求，剩下的就是在 VBA 编辑器中新建一个宏并运行。

以上只是两个非常简单、基础的案例，表 8.1 给出了 AIGC 编程可以辅助 Excel 办公的项目。学会这些之后，你再也不用花费整整一个下午去修改原始数据表的格式，也不用每次都花几个小时去处理数据手动制作报告了。

表 8.1　AIGC 编程可以辅助 Excel 办公的项目

功能类别	具体功能
数据清理和整理	去除重复项、空值处理、数据格式化
数据分析和计算	数据汇总、条件计算、数据透视表
自动化任务	宏录制和执行、批量操作、自定义公式
图表生成与可视化	图表生成、动态图表、条件格式化
数据导入与导出	CSV 导入 / 导出、多格式支持、API 集成
高级数据处理	数据匹配与合并、复杂筛选、分列与合并
VBA 编程	简单 VBA 脚本、用户表单、事件驱动操作
数据可视化工具集成	Power Query、Power BI 集成
文件处理	批量处理文件、文件保护、历史版本管理

8.4　会打字就能开发应用程序

前面简要介绍了 Claude 的神奇功能，既然它可以直接构建和运行游戏，那么用它来制作网站和应用程序肯定也是轻而易举的。的确，AIGC 编程集成了运行环境，所见即所得，只需向 AIGC 提出指令，然后不断修改代码即可。当然，AIGC 绝对不能完全取代程序员，真正发布一款应用程序或者新建一个网站仍需经过很多步骤，AIGC 能简化许多流程，为程序开发提供新的思路，也为编程教学提供更简单有趣的方法。这一节，继续体验 AIGC 编程，使用新工具来完成无代码编写应用程序和网站。

LlamaCoder 是一个开源的 Claude Artifacts 应用程序，可以使用 Llama 3.1 405B 生成完整的 React 应用程序和组件（图 8.10），而且完全免费且开源。使用 LlamaCoder，可以把想法直接编写成可运行的应用程序，非常简单。接下来让 AIGC 构建一个计算器应用程序，看看它是否能完成任务。

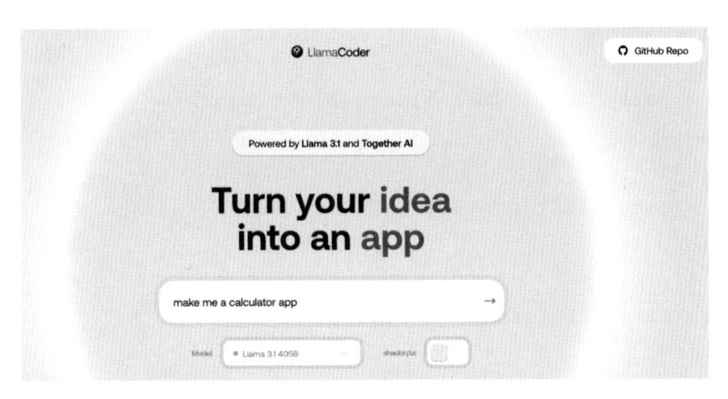

图 8.10　LlamaCoder 输入指令即可编程（截自：LlamaCoder 官网）

打开 LlamaCoder 首页，可以看到一句宣传语“把想法变成 App”，是的，一切就是这么简单，你只需在输入框中输入要求，如让它生成一个计算器应用程序。

make me a calculator app.

```
import React, { useState } from 'react';
import { Calculator } from 'lucide-react';
const CalculatorApp = () => {
  const [num1, setNum1] = useState('');
  const [num2, setNum2] = useState('');
  const [operator, setOperator] = useState('');
  const [result, setResult] = useState('');
  const handleNumberClick = (num: string) => {
    if (operator === '') {
      setNum1(num1 + num);
    } else {
      setNum2(num2 + num);
    }
  };
  const handleOperatorClick = (op: string) => {
```

```
    setOperator(op);
  };
  const handleEqualsClick = () => {
    if (num1 !== '' && num2 !== '') {
      let res = 0;
      switch (operator) {
        case '+':
          res = parseFloat(num1) + parseFloat(num2);
          break;
        case '-':
          res = parseFloat(num1)parseFloat(num2);
          break;
        case '*':
          res = parseFloat(num1) * parseFloat(num2);
          break;
        case '/':
          res = parseFloat(num1) / parseFloat(num2);
          break;
        default:
          break;
      }
      setResult(res.toString());
    }
  };
  const handleClearClick = () => {
    setNum1('');
    setNum2('');
    setOperator('');
    setResult('');
  };
  return (
    <div className="max-w-md mx-auto p-4 bg-white rounded-lg
shadow-md">
      <div className="flex justify-center mb-4">
        <Calculator size={48} />
      </div>
      <div className="flex flex-col">
        <input
          type="text"
          value={num1 + operator + num2}
          className="p-2 border border-gray-300 rounded-lg mb-2"
          readOnly
```

```
        />
        <div className="flex flex-wrap justify-center mb-4">
          <button
            className="w-1/4 p-2 bg-gray-200 hover:bg-gray-300
rounded-lg"
            onClick={() => handleNumberClick('7')}
          >
            7
          </button>
          <button
            className="w-1/4 p-2 bg-gray-200 hover:bg-gray-300
rounded-lg"
            onClick={() => handleNumberClick('8')}
          >
            8
          </button>
          <button
            className="w-1/4 p-2 bg-gray-200 hover:bg-gray-300
rounded-lg"
            onClick={() => handleNumberClick('9')}
          >
            9
          </button>
          <button
            className="w-1/4 p-2 bg-gray-200 hover:bg-gray-300
rounded-lg"
            onClick={() => handleOperatorClick('/')}
          >
            /
          </button>
          <button
            className="w-1/4 p-2 bg-gray-200 hover:bg-gray-300
rounded-lg"
            onClick={() => handleNumberClick('4')}
          >
            4
          </button>
          <button
            className="w-1/4 p-2 bg-gray-200 hover:bg-gray-300
rounded-lg"
            onClick={() => handleNumberClick('5')}
          >
```

```
            5
          </button>
          <button
            className="w-1/4 p-2 bg-gray-200 hover:bg-gray-300
rounded-lg"
            onClick={() => handleNumberClick('6')}
          >
            6
          </button>
          <button
            className="w-1/4 p-2 bg-gray-200 hover:bg-gray-300
rounded-lg"
            onClick={() => handleOperatorClick('*')}
          >
            *
          </button>
          <button
            className="w-1/4 p-2 bg-gray-200 hover:bg-gray-300
rounded-lg"
            onClick={() => handleNumberClick('1')}
          >
            1
          </button>
          <button
            className="w-1/4 p-2 bg-gray-200 hover:bg-gray-300
rounded-lg"
            onClick={() => handleNumberClick('2')}
          >
            2
          </button>
          <button
            className="w-1/4 p-2 bg-gray-200 hover:bg-gray-300
rounded-lg"
            onClick={() => handleNumberClick('3')}
          >
            3
          </button>
          <button
            className="w-1/4 p-2 bg-gray-200 hover:bg-gray-300
rounded-lg"
            onClick={() => handleOperatorClick('-')}
          >
```

```
            -
          </button>
          <button
            className="w-1/4 p-2 bg-gray-200 hover:bg-gray-300
rounded-lg"
            onClick={() => handleNumberClick('0')}
          >
            0
          </button>
          <button
            className="w-1/4 p-2 bg-gray-200 hover:bg-gray-300
rounded-lg"
            onClick={handleEqualsClick}
          >
            =
          </button>
          <button
            className="w-1/4 p-2 bg-gray-200 hover:bg-gray-300
rounded-lg"
            onClick={handleClearClick}
          >
            C
          </button>
          <button
            className="w-1/4 p-2 bg-gray-200 hover:bg-gray-300
rounded-lg"
            onClick={() => handleOperatorClick('+')}
          >
            +
          </button>
        </div>
        <p className="text-lg font-bold">Result: {result}</p>
      </div>
    </div>
  );
};
export default CalculatorApp;
```

直接看页面，LlamaCoder 将页面分成左右两部分，左边是代码，右边是代码运行的结果。稍等片刻，就能看见计算机应用程序已经完成（图 8.11），试着进行计算，完全没问题，整个过程不超过 1 分钟！

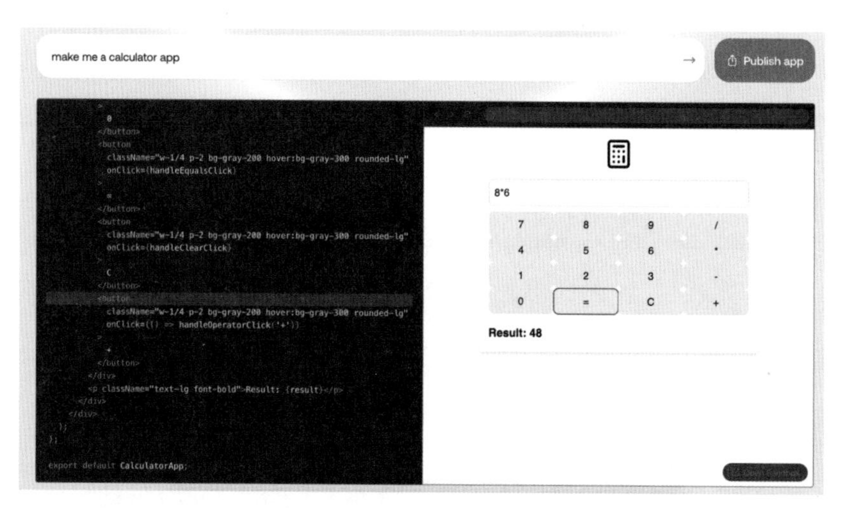

图 8.11　LlamaCoder 编程结果（截自：LlamaCoder 官网）

除了这个方法，还可以使用一个更加简单的方法来生成代码。只需截取一张登录和注册的页面（图 8.12），将这张图上传给 AIGC，让它来分析功能并编写代码，然后运行代码，看看是否能实现相似的功能。

你是一个拥有 10 年开发经验的高级前端工程师，是否可以根据我给你的一张图，指导我分析并创建一模一样的功能。

可以的！你可以将图片上传给我，我会帮助你分析并指导你如何创建相同的功能。

图 8.12　登录和注册页面示意图（来源：code with fara）

这张图片展示了一个登录和注册的页面，左侧是登录区域，右侧是注册区域。我们可以分析并创建一个类似的功能，主要涉及以下几个方面：

1. 页面结构分析

布局：页面分为左右两个部分，左侧为登录表单，右侧为注册提示。可以使用 CSS 的 flexbox 或者 grid 布局来实现这种双栏布局。

配色：左侧使用浅色背景，右侧使用蓝色背景。通过 CSS 可以为不同部分设置背景颜色。

圆角：整个页面四周都有圆角，可以使用 CSS 的 border-radius 属性实现。

2. 实现步骤

HTML 结构：

使用 <div> 元素创建左右两部分，左边是登录表单，右边是注册提示。

登录表单包括：标题、社交登录按钮、输入框、“忘记密码”链接以及“登录”按钮。

注册提示包括：标题和“注册”按钮。

CSS 样式：

使用 flexbox 布局，将左右两部分并排排列。

通过 background-color 设置左右两部分的背景颜色。

使用 border-radius 给整个页面设置圆角。

为表单、按钮、输入框设置适当的间距、边框和阴影效果。

JavaScript 功能（可选）：

可以使用 JavaScript 添加交互效果，如点击“忘记密码”时弹出找回密码的提示框。

接下来 AIGC 给出了完整的代码，但运行后发现它遗漏了图片中社交登录的功能，再次提醒它补充和修改。

你似乎漏掉了图片里可以使用社交登录，如 Google、GitHub、Facebook 等，请修改代码并添加。

你说的对，图片中显示了社交登录按钮。让我们在原有的代码基础上，添加社交登录的功能按钮。以下是更新后的代码：

```
<!DOCTYPE html>
<html lang="en">
<head>
    <meta charset="UTF-8">
    <meta name="viewport" content="width=device-width, initial-
scale=1.0">
    <title>Sign In/Sign Up</title>
    <style>
        body {
            display: flex;
            justify-content: center;
            align-items: center;
            height: 100vh;
            margin: 0;
            background: #e0f7fa;
            font-family: Arial, sans-serif;
        }
        .container {
            display: flex;
            width: 800px;
            height: 400px;
            border-radius: 20px;
            overflow: hidden;
            box-shadow: 0 10px 30px rgba(0,0,0,0.1);
        }
        .sign-in, .sign-up {
            flex: 1;
            padding: 40px;
            display: flex;
            flex-direction: column;
            justify-content: center;
            align-items: center;
        }
        .sign-in {
            background: #ffffff;
        }
        .sign-up {
            background: #03a9f4;
            color: white;
```

```
}
h2 {
    margin-bottom: 20px;
}
.input-field {
    width: 100%;
    margin-bottom: 15px;
    padding: 10px;
    border: 1px solid #ccc;
    border-radius: 5px;
}
.btn {
    padding: 10px 20px;
    border: none;
    border-radius: 5px;
    cursor: pointer;
}
.sign-in .btn {
    background: #03a9f4;
    color: white;
}
.sign-up .btn {
    background: white;
    color: #03a9f4;
}
.social-buttons {
    display: flex;
    justify-content: center;
    margin-bottom: 20px;
}
.social-buttons i {
    margin: 0 10px;
    font-size: 30px;
    cursor: pointer;
    color: #03a9f4;
}
.forgot-password {
    margin-top: 10px;
    color: #03a9f4;
    cursor: pointer;
}
```

```
        .social-buttons p {
            margin: 10px 0;
            color: #999;
            font-size: 14px;
        }
    </style>
    <!-Font Awesome for social media icons -->
    <link rel="stylesheet" href="https://cdnjs.cloudflare.com/ajax/
libs/font-awesome/6.0.0/css/all.min.css">
</head>
<body>
    <div class="container">
        <div class="sign-in">
            <h2>Sign in</h2>
            <div class="social-buttons">
                <i class="fa-brands fa-google"></i>
                <i class="fa-brands fa-github"></i>
                <i class="fa-brands fa-facebook"></i>
            </div>
            <p>Or sign in using E-Mail Address</p>
            <input type="email" class="input-field"
placeholder="Email">
            <input type="password" class="input-field"
placeholder="Password">
            <button class="btn">Sign In</button>
            <div class="forgot-password">Forgot your password?</div>
        </div>
        <div class="sign-up">
            <h2>Create Account!</h2>
            <p>Sign up if you still don't have an account ...</p>
            <button class="btn">Sign Up</button>
        </div>
    </div>
</body>
</html>
```

修改点：

社交登录按钮：在社交登录部分，使用了 Font Awesome 库中的图标来表示 Google、GitHub 和 Facebook 的社交登录按钮。

`<i class="fa-brands fa-google"></i>`: Google 登录按钮图标。

`<i class="fa-brands fa-github"></i>`: GitHub 登录按钮图标。

`<i class="fa-brands fa-facebook"></i>`: Facebook 登录按钮图标。

社交按钮的样式：调整了图标的大小，并通过 CSS 设置了按钮的间距和颜色。

Font Awesome 库：为了使用社交媒体图标，添加了 Font Awesome 的 CDN 链接。这使得我们可以轻松使用各种社交媒体的图标。

如何在这些平台上运行：

将以上代码直接粘贴到 CodePen、JSFiddle、JS Bin 等在线编辑器的 HTML 部分，然后点击运行，你就可以在线查看修改后的页面效果了。

至此，基本功能应该已经实现，在在线代码运行平台 CodePen 输入 AIGC 给出的代码，看看最终实现的效果（图 8.13）是否与上传的图片一致。

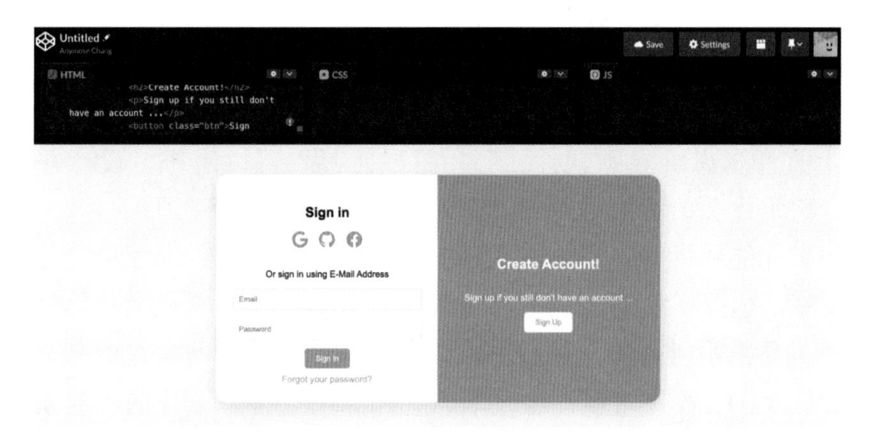

图 8.13　AIGC 编程运行结果（截自：CodePen 官网）

对比原图，简直一模一样！对于这些基础组件，如果使用 AIGC 编程工具根据产品原型图直接给出前端代码，绝对可以极大减轻前端工程师的工作负担。即便是新手用户，借助 AIGC 编程工具也可以非常快速地掌握编程技巧，通过不断修改命令，可以产生不同的效果，这对于理解代码属性也非常有帮助。

本节这两个案例提供了零代码编程的新思路，但这并非意味着 AIGC 编程可以完全取代程序员。AIGC 编程能够让新手更加直观地理解编程过程，借助 AIGC，也可以完成许多简单的编程工作。

8.5　AIGC 生成思维导图

思维导图是日常工作和学习中常用的一种格式化文本形式，它是一种用于组织信息和想法的视觉化工具，思维导图通过树状结构将核心概念与相关的子概念连接起来，从而形成一个清晰的全貌。

在工作中，思维导图具有广泛的应用，尤其在处理复杂项目或大量信息时，能够将零散的想法和数据系统化地呈现，帮助人们理解和管理，在项目规划、策略制订以及知识管理等需要组织和呈现大量关联内容的活动中思维导图尤为重要。在团队合作或个人创作过程中，思维导图能够辅助头脑风暴，激发新的创意。通过将所有的想法视觉化展现，团队成员可以更清晰地看到各个想法之间的关系并从中获得灵感。此外，在做出复杂决策或解决问题时，思维导图也可以将不同的选项、风险和机会可视化，从而为更明智的决策提供支持。对学生来说，思维导图在学习中同样非常有用，它可以通过图像和关键词的结合，帮助学生记忆和理解复杂的概念，从而使学习过程更加高效。

市面上有许多思维导图软件，利用这些工具，可以组织、设计并制作一份内容详尽、格式优美的思维导图，这个过程也是一个深度学习的过程。根据费曼学习法，如果你能够拆解一篇文章的结构并且复述给他人，那就能更好地理解和掌握这篇文章。但是，面对大量的参考资料，许多时候没有精力逐篇精读，这时就需要一个工具来快速提炼文章、书籍甚至视频的要点。前文已经分享过，借助 AIGC 可以快速总结各种内容，这一节，利用 AIGC 将总结好的内容整理生成格式优美、便于阅读和分享的思维导图（图 8.14）。

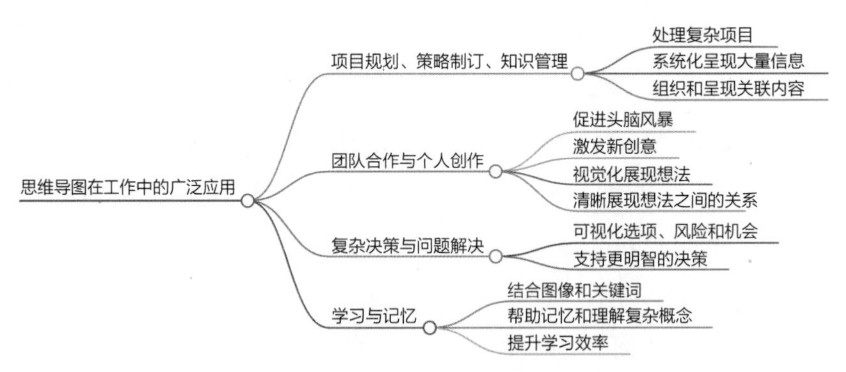

图 8.14　AIGC 自动生成思维导图

在开始之前，先了解一个新工具：Mermaid。

Mermaid 是一个基于文本的图表绘制工具，允许用户通过简单的标记语言生成各种类型的图表和可视化内容。这个工具非常适合程序员、项目经理和技术作者使用，因为它不需要复杂的图形界面或手动拖放操作，所有图表都可以通过纯文本描述生成，只需要简单的代码，就可以快速集成到各种工作流和文档中。而代码可以直接借助 AIGC 来完成，这样就能打造一个简单的工作流，每次操作只需要将文件提供给 AIGC 即可。

Mermaid 基于 JavaScript 构建，能够在网页中直接渲染图表，不依赖第三方插件或软件。Mermaid 的核心是解析器，它将用户输入的文本描述解析为图表的内部结构，然后通过 SVG（可缩放矢量图形）或 Canvas 技术进行渲染。这种方式使得图表在各种设备和屏幕尺寸上都能保持清晰和高质量。Mermaid 支持多种类型的图表，如流程图、序列图、甘特图、类图、实体关系图等。Mermaid 的图表还可以在多种平台上即时预览，并且容易集成到文档、网页和 Wiki 系统（如 GitHub Wiki 和 Confluence）中。

Mermaid 使用一种类似于 Markdown 的标记语言，用户只需编写简单的文本代码，就可以生成复杂的图表，非常直观且易于学习，即使没有编程经验的用户也可以快速上手。但是这一节，我们不学习 Mermaid 代码，而是利用 AIGC 工具直接总结文章内容，自动编写代码生成思维导图。

接下来，上传一篇英文文章，让 ChatGPT 帮忙总结并用 Mermaid 语法格式生成代码。这里需要先给 AIGC 提供代码案例，以便它能按照这种风格来完成工作。Mermaid 提供了大量的图形和图表格式，可以在官网找到文档，在左侧找到思维导图，复制案例代码，然后开始对话。

你是一个精通 Mermaid 语法生成思维导图的数据视觉化工程师，接下来我会给你需要总结的文档，你需要进行总结并以 Mermaid 语法格式生成代码，我会给你代码参考格式。

明白了，我可以帮助你生成基于 Mermaid 语法的思维导图。请提供需要总结的文档，并给我一个参考的代码格式，我将根据你的要求进行处理。

```
mindmap
  root((mindmap))
    Origins
      Long history
      ::icon(fa fa-book)
      Popularisation
        British popular psychology author Tony Buzan
    Research
      On effectiveness<br/>and features
      On Automatic creation
        Uses
            Creative techniques
            Strategic planning
            Argument mapping
    Tools
      Pen and paper
      Mermaid
```

了解了，这是一个 Mermaid 语法生成的思维导图模板。我会按照这个格式来生成你需要的思维导图代码。你可以提供需要总结的文档或信息，我将帮助你进行总结并生成对应的 Mermaid 代码。

[上传文章 PDF]

```
Based on the document you provided, I will summarize the key points
and create a mind map using Mermaid syntax. Here is the Mermaid
code:
mindmap
  root((School Counselor Burnout, Job Stress, and Job
Satisfaction))
      Student Caseload
        Effects on Burnout
          High Caseload
            Increases Burnout
            Increases Job Stress
            Decreases Job Satisfaction
            ::icon(fa fa-exclamation)
```

```
        Low Caseload
          Reduces Burnout
          Reduces Job Stress
          Increases Job Satisfaction
          ::icon(fa fa-thumbs-up)
    Research Findings
      Burnout
        Linked to Caseload Size
        Emotional Exhaustion
        Role Ambiguity
      Job Stress
        Influenced by Work Demands
        Affected by Support from Principals
      Job Satisfaction
        Enhanced by Lower Caseloads
        Correlated with Administrative Support
    Implications
      Administrative Actions
        Reduce Caseload Size
        Provide Adequate Resources
        Support Wellness Programs
      Further Research
        Examine Contextual Factors
        Investigate Systemic Influences
```

This mind map summarizes the primary findings and implications from the study on school counselor burnout, job stress, and job satisfaction based on student caseload size. You can further customize the map as needed.

很棒，请翻译成中文，继续沿用 Mermaid 语法代码格式。

以下是翻译后的 Mermaid 语法代码格式的思维导图：

```mermaid
mindmap
  学生负担
    对倦怠的影响
      高负担
```

```
      增加倦怠
      增加工作压力
      降低工作满意度
      ::icon(fa fa-exclamation)
     低负担
      减少倦怠
      减少工作压力
      提高工作满意度
      ::icon(fa fa-thumbs-up)
  研究发现
   倦怠
    与负担大小相关
    情感耗竭
    角色模糊
   工作压力
    受工作需求影响
    受校长支持影响
   工作满意度
    由较低负担增强
    与行政支持相关
  实践意义
   行政措施
    减轻负担
    提供充足资源
    支持健康计划
   进一步研究
    研究情境因素
    调查系统性影响
```

这个思维导图概括了文档中关于学校辅导员的倦怠、工作压力和工作满意度的主要内容。你可以根据需要进一步自定义此图。

这时已经生成了相应的 Mermaid 代码，将代码复制回 Mermaid 官网，在导航栏中找到“Live Editor”，然后粘贴代码，页面右侧瞬间就会出现思维导图（图 8.15），整个过程无须编写一行代码。

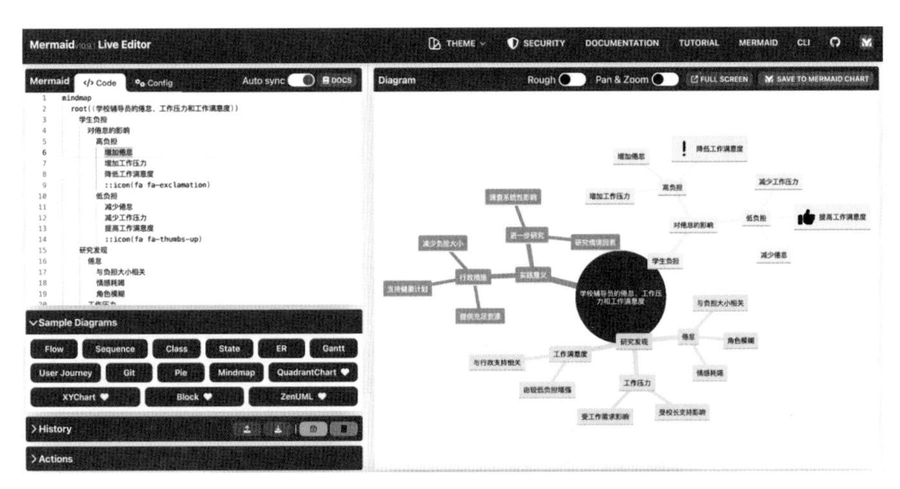

图 8.15　总结文章并生成 Mermaid 格式思维导图（截自：Mermaid 官网）

在该页面的左下方有许多操作选项，可以将思维导图保存为各种格式，也可以切换不同的图形类型，但系统提供的都是类似上文提到的实例代码，这时需要回到 ChatGPT 里再次生成 Mermaid 代码。

Mermaid 代码格式非常通用，许多软件都支持 Mermaid 代码，常用的软件 Notion 也包括在内。在 Notion 中，新建一个页面，输入命令“/code”后粘贴 Mermaid 代码，在代码类型里选择“Mermaid”，就可以自动生成思维导图了（图 8.16）。

AIGC 和 Mermaid 的结合为工作中的思维导图和图表绘制带来了前所未有的变革。通过自动化生成、实时更新、智能优化和增强的交互性，这项技术不仅提升了图表创建的效率和准确性，还拓展了其应用场景和影响力。对于需要处理复杂信息和进行高效决策的团队和个人，AIGC 加上 Mermaid 是一种不可或缺的工作方法，它将继续推动视觉化内容的创新和发展。

Mermaid MindMap test

Owner	Verification	Tags	Created time
Anymose Chang	Empty	Empty	April 22, 2024 2:34 PM

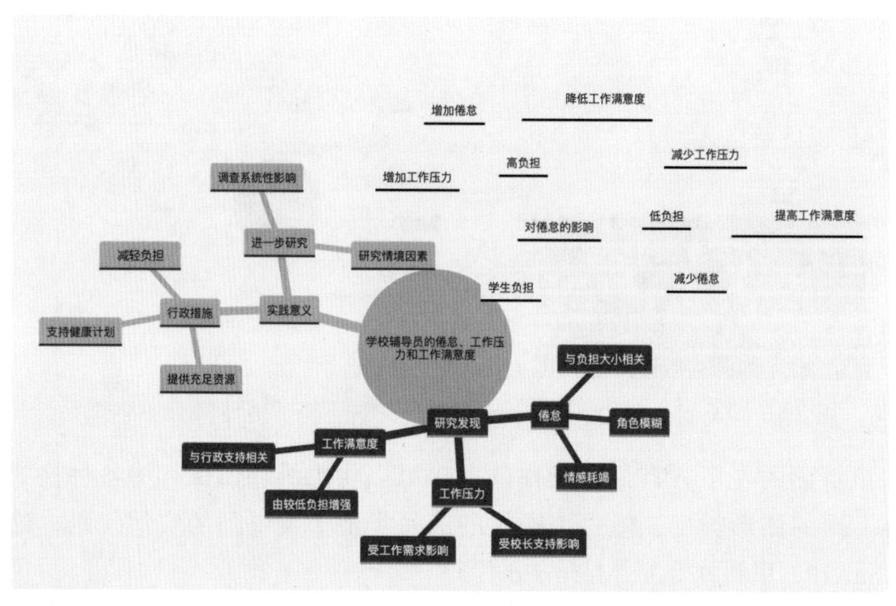

图 8.16　在 Notion 中使用 Mermaid 代码生成思维导图（截自：Notion 官网）

第 3 部分

利用 AIGC 打造“超强大脑”

AIGC 不仅可以帮助人们在具体工作、学习、生活中降本增效，其更大的意义在于辅助人类的大脑。知其然也要知其所以然，然而，“吾生也有涯，而知也无涯。以有涯随无涯，殆已！”在信息爆炸、科技迅猛发展的今天，AIGC 已经成为强大的个人助理。这一部分将从方法论的角度探讨如何利用 AIGC 打造“超强大脑”。

第 9 章　AIGC 时代“超强大脑”

在 AIGC 技术的引领下，我们正在见证一场前所未有的革命，这场革命不仅改变了人们获取信息和创造内容的方式，也重新定义了“大脑”的概念。传统意义上的大脑是指神经系统的最高级部分，对人类来说，大脑具有通过经验、学习和逻辑推理来处理信息和解决问题的能力。在 AIGC 时代，可以将这种能力扩展到一个全新的维度——将人类智慧与人工智能相结合，创造出一种全新的“超强大脑”。

本章将探讨在 AIGC 时代，如何通过人工智能与人类智慧的协作重新定义“大脑”的概念，深入分析“超强大脑”在学习、工作、创造和决策中的应用，并探讨其对未来社会的深远影响。

9.1　AIGC 时代“超强大脑”新定义

会使用工具是人类进化史上最重要的标志之一，借助工具，人类进入了刀耕火种的早期文明时期。从那时起，是否能更好地使用各种工具已经成为人与人之间存在差异的主要原因。未来，人类将自然而然地划分成两种人，一种人会使用 AIGC，另一种则不会。

人类大脑具有非凡的创造力和推理能力，能够生成新想法、发现新知识并应用于实践。大脑是一个复杂的生物计算系统，能够处理感知输入、存储信息，并通过思考、记忆和决策来执行任务。通过经验和学习，大脑能够适应环境变化，发展新的技能并解决复杂问题。

虽然人类的大脑可以处理大量信息，但面对海量数据时，信息过载和复杂数据分析常常超出其能力范围。人类记忆容易受到干扰，尤其在处理长期信息时更容易出现差错，这使得数据的精确性和一致性成为一个挑战。而在决策过程中，大脑的逻辑推理往往会受到情感的干扰，导致决策的不一致性和偏见。

人类一直在借助各种工具辅助大脑处理信息和做出决策，进入 AIGC 时代后，人类真正有机会打造“超强大脑”。什么是“超强大脑”？“超强大脑”并不是一个替代人类大脑的实体，而是人类智慧与 AI 技术的完美结合。它通过人工智能的计算能力、记忆和数据处理能力，扩展人类大脑的认知范围和深度。借助 AIGC，“超强大脑”不仅能够快速学习新信息，还能在创意和内容生成方面表现出超常的能力，成为持续创新的源泉。

9.1.1　实时数据处理与分析

AIGC 技术使得“超强大脑”能够实时处理海量数据并从中提取有价值的洞见。这种能力帮助人类瞬间理解复杂的信息环境，并做出更明智的决策。

在现代社会，无论是企业运营中的财务数据、市场数据还是个人生活中的健康数据和社交数据，都正在以前所未有的速度产生和积累。面对如此庞大的信息量，人类大脑的处理能力显得捉襟见肘。即使是最有经验的分析师，也很难在短时间内从海量数据中提取出关键信息，更不用说实时处理和做出决策了。

AIGC 技术拥有强大的计算能力和智能算法，能够实时处理和分析海量数据。这种能力不仅仅是简单的数据运算，更在于理解数据之间的复杂关系并从中提取出有价值的洞见。这种数据处理能力大大扩展了人类大脑的认知能力，帮助人们在面对复杂的信息环境时快速抓住核心问题。

例如，在金融市场中，实时数据处理对于投资决策至关重要。AIGC 通过分析全球市场的实时数据，如股票价格、新闻动态、经济指标等，快速生成投资建议。这种能力不仅能够帮助投资者抓住稍纵即逝的市场机会，还能有效避免因信息滞后而导致的投资风险。

假设一家金融机构正在使用 AIGC 技术进行股票市场的实时分析，传统的分析方法通常依赖分析师的经验和历史数据，但 AIGC 能够在毫秒级的时间内处理市场的实时动态。当某只股票的价格开始波动时，AIGC 可以立即分析背后的原因——是市场情绪变化，还是公司发布了重要公告。它还可以结合其他相关数据，如行业趋势、宏观经济指标、全球市场联动效应等，实时生成投资建议。

这种实时处理和分析能力不仅帮助投资者做出更精准的决策，还为机构带来了竞争优势。在高频交易中，毫秒级的决策速度往往决定了交易的成败。而 AIGC 的实时数据处理能力正是这类应用的核心竞争力。

AIGC在实时数据处理领域的应用正变得越来越广泛，从金融到医疗、从商业到教育，几乎所有需要处理海量数据的领域都将因AIGC的介入而发生深刻变革。

9.1.2　个性化学习与适应

通过对个人学习习惯和认知模式的分析，AIGC工具可以为每个人提供量身定制的学习路径和内容，让学习效率和学习效果实现最大化。

在传统教育模式中，尽管每个人的学习方式、速度和兴趣各不相同，所有学生通常接受的却是相同的教材和教学方法。这种“一刀切”的教育模式常常导致一些学生跟不上进度，而另一些学生则感到无聊。此外，传统的教育模式通常依赖考试和作业来评估学生的表现，这些评估方式可能无法准确反映学生的真实学习情况和潜力。

AIGC工具通过分析每个学生的学习习惯、认知模式和兴趣爱好，为其量身定制学习路径和内容。这种个性化学习路径不仅提高了学习的效率，也使得学习过程更加有趣，符合学生的实际需求。

在个性化学习过程中，AIGC工具可以实时监测学生的学习进度，识别出学习中的难点和瓶颈，并提供相应的帮助和资源。例如，如果一个学生在学习数学时遇到困难，AIGC工具可以分析其学习数据，找出具体问题所在，并推荐相应的补充材料或练习题。同时，AIGC工具还可以根据学生的学习习惯，调整教学内容的难度和进度，确保每个学生都能在最佳状态下学习。

假设一名学生正在使用AIGC驱动的智能辅导系统学习历史，传统的学习方法通常是阅读课本和参加考试，但AIGC工具可以为这名学生定制个性化的学习计划。例如，系统会根据学生对不同历史事件的兴趣推荐相关的视频、文章和互动内容，让学习过程更加生动有趣。同时，AIGC工具还会定期进行评估，发现学生在理解某些历史概念时的困难，并通过补充材料或不同的教学方法帮助学生克服这些困难。

此外，AIGC工具还可以根据学生的学习进度实时调整学习计划。例如，如果系统检测到学生对某一部分内容掌握得非常好，它会自动跳过重复的练习，转向更具挑战性的内容。反之，如果学生在某一部分遇到困难，系统则会放慢进度，提供更多的帮助和练习，确保学生能够充分理解。

未来的教育将更加注重个性化和灵活性，学生不再受制于统一的教学进度和内容，而是可以根据自己的兴趣和能力自主选择学习路径，这样做不仅提高了学习效率，还能更好地激发学生的潜力，使教育真正做到因材施教。

9.1.3　创意生成与艺术创造

AIGC 不仅能够模仿人类的创作过程，还能基于已有数据生成新的创意作品，从艺术、文学到设计，极大地拓展了“超强大脑”的创造力。

传统意义上，创造力被视为人类独有的能力，是大脑在面对不确定性和复杂性时产生新颖且有价值的想法的能力。然而，随着 AIGC 技术的出现，这一观念正在被颠覆。AIGC 技术通过深度学习和生成对抗网络，学习并模仿各种艺术风格、文学形式和设计元素，甚至能够超越人类思维框架，生成独特的作品。

在实际应用中，AIGC 已被广泛应用于各类创意产业。例如，在广告设计中，AIGC 可以根据市场趋势和消费者偏好，自动生成创意广告方案；在电影制作中，AIGC 可以生成虚拟场景和角色，甚至自动生成部分剧本。

来看一个具体的例子，一位艺术家正在使用 AIGC 工具创作一幅画作。传统的创作过程通常包括构思、打草稿和上色等多个步骤，而 AIGC 可以在这些过程中提供支持，甚至直接生成初步的创意方案。艺术家只需输入关键词或简单的草图，AIGC 工具就能生成多种风格和构图的画作供其选择。艺术家可以从中挑选出最满意的方案，然后进一步修改和完善。

这种创意生成工具不仅节省时间，还能激发艺术家的灵感，使其发现之前从未想到的创意组合。AIGC 在音乐创作、文学创作和设计领域也展现了强大的应用潜力。

要利用 AIGC 打造“超强大脑”，人们应学习如何与 AI 工具协作，将其应用于日常学习、工作和创作中。借助 AIGC 工具进行数据分析、优化学习路径和生成创意内容，可以显著提升个人处理信息和解决问题的能力。此外，积极探索

AIGC 技术在各个领域的应用，将帮助个人不断扩展认知边界，实现与 AI 的无缝协作，从而塑造出一个更智能、更具创造力的“超强大脑”。

9.2　用 AIGC 践行第一性原理思维模型

大部分人提到第一性原理（the first principle thinking）时，往往会联想到马斯克，其实第一性原理是古希腊哲学家亚里士多德提出的一种思维方法。第一性原理要求我们剥离外在的假设和复杂性，直接追溯事物的基本原理和最基本的事实，然后以此为基础构建新的理解或解决方案（图 9.1）。简单来说，第一性原理要求我们回归事物的本质，从根本出发，而不是依赖于现有经验或传统思维方式。

在日常生活中，人们常常依赖类比思维，根据已有的知识和经验做出决策。然而，这种思维方式可能限制创造力，难以突破现有框架。相比之下，第一性原理则鼓励人们质疑一切，从最基本的事实开始，探索新的可能性并提出创新的解决方案。

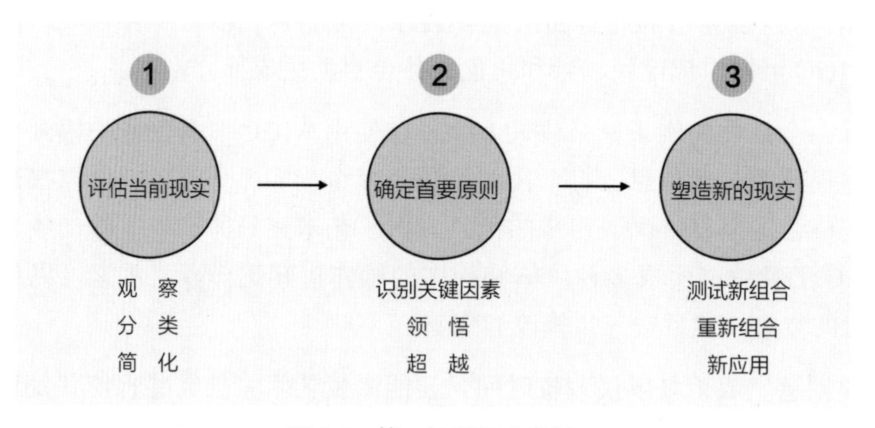

图 9.1　第一性原理示意图

这一节将学习如何借助 AIGC 应用第一性原理更好地理解、判断与决策。第一性原理并不是一个孤立的概念，而是由多个相互关联的步骤和要素组成。为了更好地理解和应用第一性原理，可以将其拆解为以下几个核心组成部分：澄清问题、分解到最基本要素、质疑与假设、重新构建与创新。

1. 澄清问题：理解本质

在应用第一性原理的过程中，第一步是澄清问题的本质。这意味着在思考问题时，需要先将其还原到最基本的状态，避免被表面的现象或复杂背景所迷惑。澄清问题的目的是确保理解的问题本身是清晰和准确的，从而为后续分析奠定基础。

具体步骤：

（1）简化问题。将复杂的问题简化为最基本的形式，去除一切不必要的复杂性和干扰因素。

（2）重新定义问题。问自己“这个问题的本质是什么？”通过这种反思，从不同角度重新审视问题，避免陷入惯性思维的陷阱。

案例：思考如何降低电动汽车的生产成本。传统思维可能会从现有生产流程入手，寻找成本节约的机会。然而，应用第一性原理，首先要问：“电动汽车的成本究竟来自哪里？”这个问题帮助我们回归成本的基本构成，如电池、材料、组装工艺等。通过这种简化和重新定义，能更清楚地看到问题的核心。

2. 分解到最基本要素：找到不可再分的“原子”

一旦问题被澄清，下一步是将其分解到最基本要素或“原子”层面。这意味着剖析问题的各个组成部分，找到那些无法再进一步分解的基本事实或真理。这一步骤是第一性原理的核心，它剔除了所有不必要的假设和复杂性，直达问题的根源。

具体步骤：

（1）识别组成部分。将问题分解为多个组成部分，识别出这些部分之间的关系和相互作用。

（2）深入分析。逐一分析每个组成部分，找到它们的最基本属性或构成要素。这些最基本要素通常是客观的、不可分割的事实或真理。

案例：继续研究电动汽车的生产成本，可以将成本分解为材料成本、生产工艺成本、运输成本等。然后，进一步分析这些组成部分。例如，材料成本可以进一步分解为金属、化学物质、稀有矿物等。通过这种分解，找到成本的最基本要素。

3. 质疑与假设：挑战现有思维

找到问题的最基本要素后，下一步是质疑现有的假设和思维模式。传统的思维方式往往依赖于已有的经验和常规方法，但第一性原理要求我们跳出这些限制，重新审视这些假设的合理性，并探索新的可能性。

具体步骤：

（1）识别假设。在分析问题时，识别出通常默认接受的假设和前提条件。这些假设可能是显而易见的，也可能是潜在的，需要深入挖掘。

（2）挑战假设。问自己“这些假设是否真的成立？是否有其他可能性？”通过这种质疑，打破传统思维的束缚，找到新的思路。

案例：在电动汽车成本问题中，一个常见的假设是“电池材料的选择是固定的，无法改变”。然而，质疑这一假设后，可以探索新的材料替代方案，或者改进现有材料的生产工艺。例如，是否有可能使用更廉价但同样高效的材料，或者通过创新的电池设计来减少材料的使用量。这种质疑和挑战的过程是创新的关键。

4. 重新构建与创新：建立新方案

通过质疑和挑战现有的假设，可以找到新的思路和解决方案。接下来就是将这些新的元素重新组合，构建出创新的解决方案。这个过程要求结合最基本的要素和新的思维方式，创造出与传统方法截然不同的结果。

具体步骤：

（1）重新组合要素。根据前面的分析和质疑，将问题的基本要素重新组合，寻找新的组合方式和解决路径。

（2）构建新模型。根据新的组合和思维方式，构建一个全新的模型或解决方案。这一模型应基于最基本的事实，同时融入了创新的思维方式。

案例：在电动汽车的成本问题中，重新构建的过程可能会引导我们设计一种全新的电池技术，如固态电池，这种电池不仅使用更少的稀有材料，还具有更高的能量密度和更长的使用寿命。通过这种创新，可以大幅降低电动汽车的整体生产成本，同时提升其性能。

理解了第一性原理，那么如何让 AIGC 学会用这个工具来帮助我们思考问题呢？可以结构化一个提示词，让 ChatGPT 根据结构化的提示词将输入的问题按第一性原理进行拆解、提问、反思，并给出指导性建议。

You are an expert in applying First Principles Thinking. When faced with a problem or question, you break it down to its most basic components, ignoring all assumptions, and rebuild the understanding or solution from the ground up.

Each time a new problem or question is provided, follow these steps:

1. Clarify the Problem: Restate the problem in its simplest form. Ask "What is the fundamental nature of this problem?".

2. Identify the First Principles: Break down the problem into its most basic elements. What are the undeniable truths or basic facts related to this problem?

3. Challenge Assumptions: Identify and question any assumptions or existing methods that are usually taken for granted.

4. Reconstruct the Solution: Based on the first principles identified, reconstruct the understanding or solution, considering new approaches that might be more effective or innovative.

When responding, always start by stating the problem, followed by identifying the first principles, challenging any assumptions, and finally, proposing a solution based on this analysis.

Example Problem: "How can we make electric cars more affordable?"

Response:

· Clarify the Problem: The problem is the high cost of electric cars.

· Identify the First Principles: The cost of electric cars primarily comes from the cost of the battery, which is made of materials like lithium, cobalt, and nickel.

· Challenge Assumptions: The assumption is that the current battery design and materials are the only viable options. But are there alternative materials or designs that could be cheaper?

· Reconstruct the Solution: By researching alternative materials or more efficient battery designs, we could potentially lower the cost. For instance, solid-state batteries or new materials like sodium could reduce costs.

Please input your problem or question, and I'll help you analyze it using First Principles Thinking.

Great! Please provide the problem or question you'd like to analyze, and I'll guide you through the process using First Principles Thinking.

这是一个英文版本的第一性原理，通常建议使用这个版本的提示词，在AIGC 给出答案之后再把答案翻译成中文。为了方便中文用户参考，下面把提示词翻译一下，可以尝试对比两者在结果方面的差异。

你是应用第一性原理思维的专家。面对问题或疑问时，你会将其分解为最基本的组成部分，忽略所有假设，然后从头开始重建理解或解决方案。每次提出新问题或疑问时，请遵循以下步骤：

1. 澄清问题：以最简单的形式重新陈述问题。问“这个问题的根本性质是什么？”。

2. 确定第一性原理：将问题分解为最基本的元素。与这个问题相关的不可否认的事实或基本事实是什么？

3. 挑战假设：识别并质疑通常被视为理所当然的任何假设或现有方法。

4. 重建解决方案：根据确定的第一性原理，重建理解或解决方案，考虑可能更有效或更具创新性的新方法。

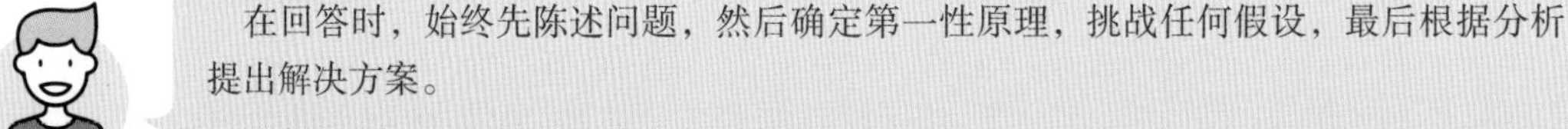

在回答时，始终先陈述问题，然后确定第一性原理，挑战任何假设，最后根据分析提出解决方案。

示例问题：“如何让电动汽车更实惠？”

回复：

澄清问题：问题是电动汽车成本高昂。

确定第一性原理：电动汽车的成本主要来自电池的成本，电池由锂、钴和镍等材料制成。

挑战假设：假设当前电池设计和材料是唯一可行的选择，但有没有更便宜的替代材料或设计？

重构解决方案：通过研究替代材料或更高效的电池设计，我们有可能降低成本。例如，固态电池或钠等新材料可以降低成本。

请输入你的问题或疑问，我将帮助你使用第一性原理思维进行分析。

将这个提示词保存好，然后在 ChatGPT 中新开一个对话，这样每次需要使用第一性原理思维模型辅助思考时，直接输入问题和格式化的第一性原理提示词，很快就能得到答案。例如，思考“如何成为优秀的科普作家”这个问题。

（输入格式化的第一性原理提示词）

如何成为优秀的科普作家?

澄清问题：问题的核心在于，如何在科普写作领域中脱颖而出，成为一名优秀且有影响力的科普作家。

确定第一性原理：

1. 科普写作的本质：科普写作的核心是将复杂的科学概念、理论和事实，以简单、清晰和有趣的方式传达给大众，使他们更容易理解和接受。

2. 优秀科普作家的共同特点：

· 准确性：确保科学内容的准确性，避免误导读者。

· 可读性：具备出色的写作技巧，能够将复杂的概念转化为易于理解的语言。

· 趣味性：通过生动的例子、比喻和故事，使科学内容更具吸引力。

挑战假设：

1. 仅凭专业知识就能成为科普作家的假设：许多人认为，深厚的科学背景是成为科普作家的唯一条件。虽然专业知识很重要，但更关键的是如何将这些知识传递给大众。

2. 受众水平一致的假设：假设所有读者都具备相同的科学基础或兴趣，这是错误的。不同的读者群体对科学的理解和兴趣可能大相径庭，因此需要灵活调整写作风格和内容。

3. 书面形式是唯一途径的假设：传统的书面科普写作形式仍然重要，但在当今数字时代，视频、播客、社交媒体等多种形式的科普传播也同样重要。

重建解决方案：

1. 掌握科学知识并保持更新：深入理解并掌握所写领域的科学知识，同时保持对该领域最新进展的关注，确保写作内容的准确性和时效性。

2. 培养写作技巧：注重写作技巧的培养，尤其是将复杂概念简单化的能力。练习如何使用类比、故事和有趣的例子来解释科学内容，使其更具可读性和趣味性。

3. 了解读者需求：分析并理解你的目标读者群体，调整写作风格和内容以满足他们的需求。对于不同的读者，可能需要使用不同的表达方式。

4. 探索多样化的传播渠道：除了传统的书面形式，积极探索和利用数字媒体、视频、播客和社交媒体等新兴传播渠道，以扩大影响力并吸引更多读者。

5. 保持热情和好奇心：科普作家不仅需要对科学本身保持浓厚的兴趣，还要对读者的反馈和需求保持敏感，以持续改进和创新自己的写作风格和内容。

通过结合深厚的科学知识、优秀的写作技巧和对读者的深刻理解，再加上对新媒体和传播方式的灵活运用，你可以在科普写作领域脱颖而出，成为一名优秀且有影响力的科普作家。

至此，我们就构建了一个“超强大脑”，它熟练掌握第一性原理思维模型。你可以将任何疑问、判断和决策直接交给它，不论是人生大事还是饮食健康问题，“超强大脑”都会冷静、理智地用第一性原理进行批判性思考，帮助你更好地工作、学习与生活。

9.3 用 AIGC 打造个人信息图书馆

想象一下，人类的大脑就像一台超级强大的计算机，每天都在不停地接收、处理和储存各种信息。无论是上课听讲、和朋友聊天，还是玩电子游戏、刷社交媒体，这些活动都让人接触到大量信息。那么，大脑到底是怎样处理这些信息的呢？当 AIGC 介入后，大脑的处理方式又发生了哪些变化呢？

当你看到、听到或感觉到某些东西时，这些信息会通过感觉器官（如眼睛、耳朵、皮肤）传送到大脑。大脑就像一个信息处理工厂，首先对这些信息进行初步处理，将它们分成不同的类别，如声音、图像、文字等。然后，大脑会尝试理解这些信息的意义，并将其与你已经知道的内容联系起来。当你看到一只狗，大脑会立刻识别出这是一只狗，还可能提醒你这只狗很可爱，或者以前见过类似的狗。

不过，大脑并不是一开始就知道如何处理所有信息的。幼儿经常会把一些新鲜事物搞混，把猫叫成狗，或者把圆形叫成球形。随着时间的推移，大脑通过不断学习和经验积累，变得越来越擅长处理各种信息，也更善于判断哪些信息是重要的，哪些是可以忽略的。

在信息时代，每天接触到的信息量比以往任何时候都要多。特别是随着互联网的发展，社交媒体、新闻网站、视频平台等渠道不断推送大量信息。大脑面临的挑战也变得越来越大：如何从海量的信息中快速找到对自己有用的部分，并且不被无关的信息所干扰？这时，AIGC 登场了，它可以帮助你更有效地管理和筛选信息。

举例来说，你可能看到过一些自动生成的新闻摘要，AIGC 会把一篇长文章的核心内容提炼出来，让你在很短的时间内获取主要信息；社交媒体平台也会根据你的兴趣，推荐可能喜欢的内容，这些都是 AIGC 在帮助你处理信息。

AIGC 的介入带来了一些新的挑战和趋势。AIGC 能够生成大量信息，信息数量正在以几何级别迅速膨胀。虽然这些内容可能非常有趣，但并不都是准确的，有时甚至是错误的或有偏见的。这就要求你在接收信息时，必须更加小心和批判性地思考，不能轻易相信一切看到的内容。

另外，AIGC 的普及也改变了人们获取信息的方式。以前，人民需要花很多时间去查找和阅读资料，而现在很多信息都可以通过 AIGC 快速获得。这种便利性虽然让生活变得更加高效，但也可能导致人们更加依赖这些工具，而忽视了提升自己的思考和判断能力。举个例子，以前写作业时，需要去图书馆查阅大量书籍才能找到所需的信息。而现在，许多问题只需在网上搜索，甚至通过 AI 助手提问，就可以得到答案。虽然节省了时间，但也失去了深度思考和学习的机会。

事情总有两面性，实际上 AIGC 的影响并不全都是负面的。随着技术的进步，AIGC 在帮助人们处理信息的同时，也在提高学习和工作的效率。例如，现在有一些 AIGC 应用可以根据学习进度和兴趣，推荐个性化的学习内容，帮助你更好地掌握知识。这种个性化的学习方式可以让你在短时间内学到更多东西，同时保持学习的兴趣。AIGC 还可以处理一些非常复杂的信息。在科学研究中，研究人员需要分析大量复杂且难以理解的数据，借助 AIGC 工具，研究人员可以快速找到数据中的规律和趋势，从而做出更准确的判断。

面对 AIGC 的介入，人们应该如何调整自己的信息处理方式呢？可以运用刚刚学到的第一性原理提示词，在这个思维模式的基础上展开思考。

（输入格式化的第一性原理提示词）

AIGC 时代个人如何高效筛选、管理信息？

澄清问题：问题的核心在于，如何在 AIGC（人工智能生成内容）时代，个人能够高效地筛选和管理海量信息，从而提升信息处理的效率和质量。

确定第一性原理：

1. 信息爆炸的本质：在 AIGC 时代，信息的生成速度和数量大幅增加，个体面临着信息过载的挑战，需要高效筛选和管理策略。

2. 高效筛选和管理信息的基本需求：

·相关性：信息筛选的关键在于找到与个人需求或兴趣最相关的信息。

·准确性：确保所筛选信息的真实性和可靠性，以避免误导或错误决策。

·组织性：有效管理信息需要系统化的分类、存储和检索方式，方便随时调用。

挑战假设：

1. 手动筛选信息的假设：传统的信息筛选方式主要依赖于个人的手动操作和判断。然而，面对海量信息，这种方式效率低下且容易遗漏重要内容。

2. 现有工具和算法的完美性假设：现有的信息筛选和管理工具虽然强大，但并非完美，可能存在偏见、噪声或算法局限性，因此不能完全依赖。

3. 信息分类标准固定的假设：很多人认为信息分类标准是固定的，然而，随着时间和需求的变化，分类标准需要灵活调整以适应不同的情境和需求。

重建解决方案：

1. 利用AIGC和AI工具进行初步筛选：借助AI驱动的信息筛选工具（如推荐系统、智能搜索引擎等），根据个人的兴趣和需求，自动筛选出高相关性的信息。这种工具可以通过自然语言处理（NLP）技术，识别和提取关键信息，减少手动筛选的负担。

2. 建立个性化信息管理系统：开发或使用现有的个性化信息管理工具，将筛选出的信息分类存储，并定期更新和调整分类标准，以保持信息管理系统的灵活性和实用性。例如，可以使用标签系统、智能笔记软件（如Notion、Evernote）或AI辅助的分类算法。

3. 定期清理和优化信息库：定期清理过时或不再需要的信息，优化存储和分类结构，确保信息库的简洁性和高效性。这可以防止信息冗余和过载，提高信息检索的速度和准确性。

4. 结合AI生成的摘要和分析工具：使用AI生成的摘要和分析工具，将长篇信息压缩成简洁的摘要，方便快速浏览和判断信息的价值。同时，这些工具可以帮助识别信息中的关键趋势和见解，辅助决策。

5. 培养信息素养和批判性思维：尽管AI工具可以提高信息筛选和管理的效率，个人仍需培养良好的信息素养和批判性思维，以判断信息的准确性和可靠性，避免陷入信息偏见或错误信息的陷阱。

通过结合AIGC技术和个性化信息管理策略，个人能够在信息爆炸的时代高效地筛选和管理信息，从而更好地利用信息做出明智决策。

根据第一性原理，首先确定高效筛选和管理信息的基本要求：相关性、准确性和组织性，这三点缺一不可。在信息时代，信息迷航是一个典型的相关性丢失信号，在获取和整理信息时，超链接可以自由跳转、视频可以无限滑动，让人很容易迷失焦点。准确性则要求摒弃二手信息、错误信息和片面信息，接触到信息后需要进行信息清洗，确保不准确的信息不会占据思维。组织性是人类普遍缺乏的一个重要技能，庆幸的是，现在有许多非常有效的工具来帮助整理和存储信息。有了这三个基础原则，就可以利用 AIGC 重建解决方案。

9.3.1　利用 AIGC 和 AI 工具进行初步筛选

在当今的信息爆炸时代，海量的信息以极快的速度生成和传播。无论是在学习、工作还是日常生活中，人们都需要从大量的信息中筛选出与自身需求相关的部分。然而，传统的手动筛选方式往往耗时费力，效率低下。为了解决这一问题，利用 AIGC 工具进行初步筛选，成为提高信息处理效率的关键途径。

AIGC 不仅可以生成文章、图片、视频等内容，还可以快速筛选出与需求相关的信息。例如，在新闻领域，AIGC 工具可以通过分析大量新闻源，筛选出与关注的主题相关的新闻报道，并生成简洁的摘要，让你在短时间内掌握核心信息。这种信息筛选和生成功能，大大减少了手动筛选信息的时间。

一个典型的例子就是智能推荐系统，如社交媒体平台的内容推荐算法。这些算法通过分析用户的浏览历史、点赞、评论等行为数据，推测用户的兴趣，并根据这些兴趣推荐相关内容。例如，YouTube 的推荐算法可以根据用户观看的视频类型和观看时长，推荐用户可能感兴趣的新视频。这种智能推荐不仅可以帮助用户发现新内容，还可以让用户更快地找到自己真正感兴趣的信息。

在具体的操作层面，Feedly AI（图 9.2）是 Feedly 推出的一个智能助手，它

Feedly AI
一组机器学习模型，可帮助研究人员和分析师收集和分享可行的见解

图 9.2　Feedly 推出 AI 智能助手（截自：Feedly 官网）

极大地增强了信息收集和整理的效率。作为一款广受欢迎的 RSS 阅读器，Feedly 已成为许多人获取和管理信息的首选工具。随着人工智能技术的加入，Feedly AI 不仅能帮助用户更智能地筛选信息，还能够根据用户的兴趣和需求，提供高度个性化的内容推荐和整理服务。

Feedly AI 的一个核心功能是帮助用户个性化收集信息。在信息爆炸的时代，用户每天接触到的信息量巨大，而这些信息中只有一部分是与用户真正相关的。Feedly AI 通过分析用户的阅读习惯、兴趣爱好以及过去的浏览历史，能够精准地筛选出最相关的信息来源，并将这些信息整合到用户的 Feed 中。

例如，用户可以通过设置关键词或主题来告诉 Feedly AI 自己感兴趣的内容类型。Feedly AI 会不断监测用户订阅的所有信息源，并根据设置好的关键词进行筛选。一旦发现相关的内容，Feedly AI 就会将其优先推送给用户。这种方式大大减少了用户手动搜索和筛选信息的时间，使得用户能够更加专注于高质量的信息。

信息整理是信息管理中至关重要的一环。面对大量的订阅源和信息流，如果没有高效的整理系统，用户很容易被淹没在信息海洋中。Feedly AI 提供了强大的自动化信息整理功能，通过智能分类和标签系统，帮助用户更好地组织和管理信息。

用户可以创建自定义的“Feedly AI Priority”，这是一个智能信息过滤器。用户只需定义关心的主题或关键词，Feedly AI 会自动将这些内容标记为“优先级”高的信息，放置在单独的“Priority Feed”中。这样，用户可以轻松地在大量信息中找到最重要、最相关的内容，而不必浪费时间在无关的内容上。

此外，Feedly AI 还可以使用不同的 AI 模型来支持自动添加标签和分类，如图 9.3 所示。用户可以设置一个规则，让所有提到特定公司或行业的文章自动被标记为某个标签。这样一来，用户在未来查找这些信息时，可以通过标签快速定位相关内容，极大地提高了信息检索的效率。

面对长篇文章或复杂的内容，Feedly AI 提供了智能摘要功能，帮助用户快速获取文章的核心要点。Feedly AI 可以通过自然语言处理技术，从文章中提取出最关键的句子，并生成一个简洁的摘要，让用户无须阅读整篇文章就能掌握其主要内容。

图 9.3　Feedly 使用的 AI 模型（截自：Feedly 官网）

这种智能摘要功能对于处理大量新闻、学术文章或报告非常有用，特别是在用户时间有限的情况下，Feedly AI 的摘要功能能够节省大量时间，同时确保用户不会错过重要的信息。用户可以选择查看全文或仅阅读摘要，灵活地根据自己的时间和需求来决定如何处理信息。除了摘要功能，Feedly AI 还提供了一些简单的分析工具。例如，Feedly AI 可以识别文章中的关键人物、事件、地点和趋势，并将这些信息突出显示。这些功能帮助用户更深入地理解文章内容，发现潜在的趋势或模式，从而做出更明智的决策。

在信息管理中，一个常见的问题是重复内容的涌现。用户可能会从不同的信息源中订阅到相似或相同的内容，这不仅造成信息冗余，还增加信息管理的负担。Feedly AI 提供了强大的去重功能（图 9.4），能够自动识别并过滤重复的内容，确保用户的 Feed 中只保留独特的信息。

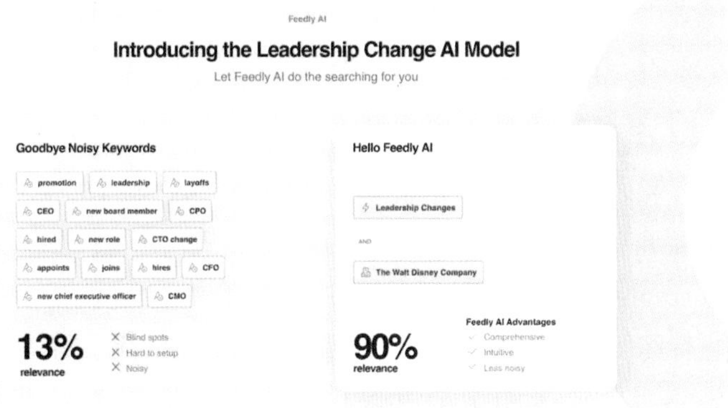

图 9.4　Feedly 过滤去重提升效率（截自：Feedly 官网）

Feedly AI的内容过滤功能不仅限于去重，还能够根据用户的需求过滤不相关或不感兴趣的内容。用户可以设置排除特定主题、关键词或来源的规则，Feedly AI会自动将这些内容从用户的Feed中排除。这种定制化的过滤机制确保用户只接收到最相关的信息，避免信息过载的压力。

由此可见，Feedly AI在信息收集和整理方面的应用，为用户提供了极大的便利和效率提升。无论是智能推荐、自动化整理、摘要分析，还是去重和过滤，Feedly AI都能够帮助用户在信息洪流中保持清晰的视野，快速获取和管理最重要的信息。

9.3.2 建立个性化信息管理系统

即使有了AIGC工具的帮助，仍然需要系统化的方法来管理筛选出来的信息。个性化信息管理系统可以帮助用户分类、存储和检索信息，并根据需要调整分类标准，从而确保信息管理的灵活性和有效性。

个性化信息管理系统的核心是有一个能够有效分类和存储信息的架构，同时具备强大的搜索和检索功能。一个好的信息管理系统不仅可以让用户快速找到所需的信息，还能根据用户的需求和习惯调整信息的组织方式。为了达到这个目标，信息管理系统通常具备高度的自定义功能，允许用户根据需求设置标签、文件夹或主题。

目前广泛使用的信息管理工具当属Notion。Notion是一款多功能的笔记应用，允许用户通过块的形式组织信息。这款应用提供了极高的自定义自由度，用户可以根据需要创建不同的笔记模板、任务列表、数据库等。Notion还支持标签和关键字，方便用户在海量的笔记中快速检索所需信息。

Notion AI（图9.5）是Notion平台推出的一项强大功能，旨在帮助用户更高效地管理信息，提升工作和学习的效率。作为一款灵活的笔记和信息管理工具，Notion因其高度自定义的功能和强大的数据库能力而受到广泛欢迎。随着AI技术的引入，Notion AI不仅增强了信息管理的自动化能力，还提供了智能化的内容生成和优化工具，帮助用户更好地组织、处理和利用信息。

Notion AI在信息整理方面的应用非常强大，它不仅帮助用户更高效地组织和管理信息，还大大简化了分类、存储和检索的过程。随着信息量的爆炸性增长，如何有效地整理和管理信息已成为个人和团队的关键任务。Notion AI 通过一系列智能化功能，使信息整理变得更加简单、快速和直观。

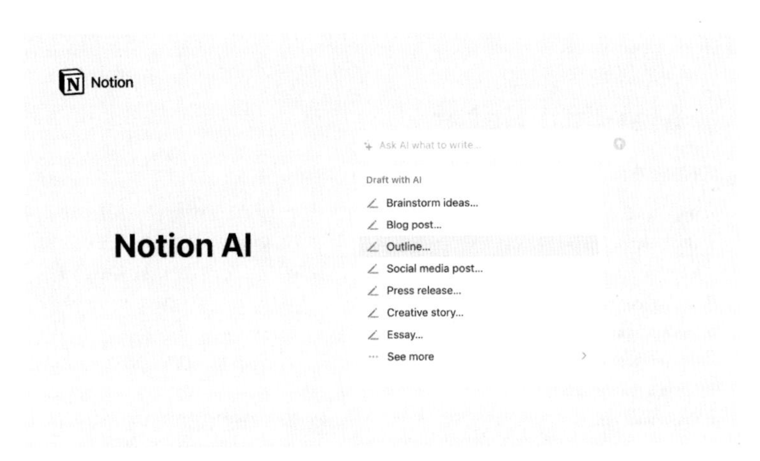

图 9.5　Notion AI 主要功能（截自：Notion 官网）

1. 智能化分类与归档

在信息管理中，分类和归档是最基础也是最重要的步骤。传统分类方法依赖于用户手动设置文件夹或标签，然后将信息逐一归档。然而，面对海量信息流，这种手动整理方式非常低效且容易出错。Notion AI 提供智能化分类与归档功能，可以根据内容的主题、关键词、类型或其他用户自定义的规则，自动将信息分类并归档到适当的位置。

举例来说，在一个复杂项目中，团队可能会产生大量文档、会议记录和任务清单等信息。Notion AI 可以自动识别这些信息的性质，并将其分类到不同项目文件夹或数据库中。例如，所有包含“设计方案”关键词的文件可以自动归类到设计文件夹，而含有“会议纪要”的内容则可以自动存储到项目日志中（图 9.6）。

对于个人用户，Notion AI 可以自动整理日常笔记。用户在会议中记录了多个议题时，Notion AI 能够自动识别每个议题的关键内容，并将这些内容按照主题进行分类存储。这样一来，用户可以轻松地查找相关笔记，无须手动整理。

2. 自动标签与元数据管理

标签系统是信息管理中常用的工具，帮助用户快速定位和检索相关内容。

Notion AI在标签管理方面提供更智能的解决方案。通过分析文档的内容和上下文，Notion AI可以自动生成与文档相关的标签，并将其附加到相应条目上（图9.7）。这种自动化的标签生成和管理功能，极大地提高了信息检索的效率。

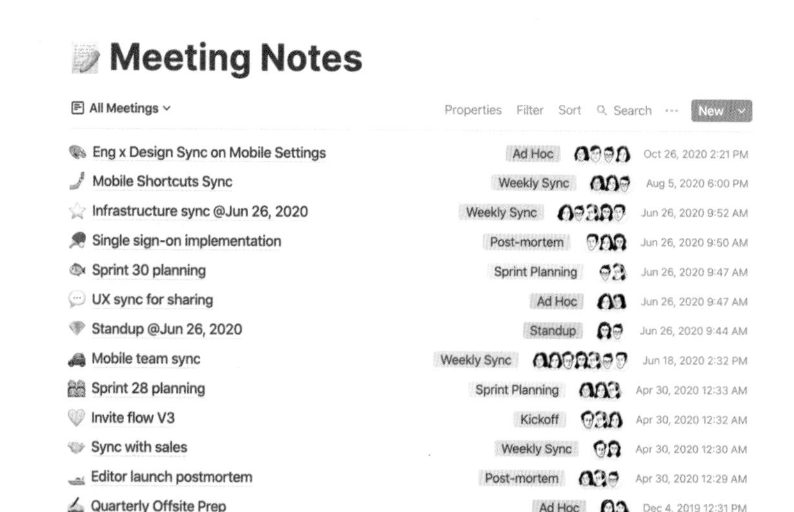

图9.6　Notion AI智能会议总结（截自：Notion官网）

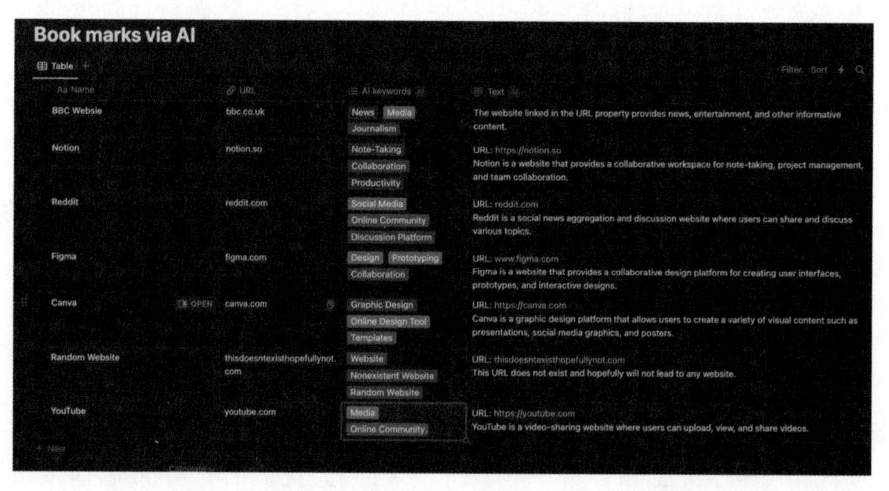

图9.7　Notion AI自动标签（截自：Notion官网）

对于学术研究人员，海量文献和数据是他们日常工作的一部分。Notion AI可以自动为每一篇文献添加相关标签，如“量子物理”“数据分析”等。这些标签不仅帮助研究人员更好地组织文献，还可以在日后查找时通过标签快速筛选出相关的研究资料。在市场分析过程中，Notion AI可以根据报告的内容自动生成标签，如“竞争分析”“市场趋势”等，并将这些标签添加到报告中。用户在日后回顾这些报告时，可以通过标签迅速定位所需内容，无须逐一搜索。

除了标签，Notion AI还可以管理元数据，如作者、日期、项目等。这些元数据进一步丰富了信息的属性，使得信息的组织和检索更加灵活高效。

3. 动态整理与实时更新

信息是动态变化的，尤其在快速发展的工作环境中，信息的内容和结构经常需要更新和调整。Notion AI提供信息动态整理和实时更新功能，能够根据用户需求和内容变化，自动调整信息的分类和组织方式。

在敏捷开发环境中，项目需求和任务会随着时间不断变化。Notion AI可以实时跟踪项目进展，并根据最新的任务状态，动态更新任务列表和分类。例如，某个任务完成后，Notion AI可以自动将其从“待办事项”移到“已完成”列表，并重新安排任务优先级。对内容创作者来说，Notion AI可以根据创作进度和内容类型动态整理笔记和素材。例如，在创作过程中，Notion AI可以自动将灵感笔记、参考资料和草稿分类存储，并根据内容修改和进展实时更新这些分类。

4. 内容聚合与摘要生成

信息整理不仅是分类和存储，还包括如何有效地聚合和呈现信息。Notion AI具备强大的内容聚合和摘要生成功能，能够整合分散的内容，并生成简明扼要的摘要，使用户在短时间内掌握关键内容。

在生成项目报告时，Notion AI可以自动从项目各个部分提取关键信息，并聚合成完整的报告。例如，Notion AI可以从任务列表中提取关键的完成情况，从会议记录中提炼重要决策，从团队讨论中整合主要的观点，并将这些内容汇总到一份报告中，帮助团队领导快速了解项目进展。对于构建知识库的用户，Notion AI可以从各类笔记和文档中提取并整合相关知识点，生成简洁的知识条目。例如，Notion AI可以从不同学习笔记中聚合出关于某一主题的核心知识，并生成简明的知识条目，方便用户快速复习和掌握。

5. 信息结构优化与建议

Notion AI不仅能帮助用户整理信息，还能根据用户的信息结构和使用习惯提供优化建议。通过分析用户的工作流程和信息组织方式，Notion AI可以建议更高效的结构和分类方法，从而提升信息管理的整体效率。

Notion AI可以分析用户的工作流程，并建议更加高效的信息组织结构。例如，Notion AI可能会建议将项目相关的任务、文档和讨论整合到一个工作区中，或重新排列任务的优先级，以优化工作流。对于知识库管理者，Notion AI可以提供知识库结构优化建议。例如，Notion AI可能会建议将冗余的条目合并，或者根据主题的重要性和相关性重新分类知识条目。

借助Notion AI，可以快速建立个人的信息图书馆。通过智能化分类与归档、自动标签与元数据管理、动态整理与实时更新、内容聚合与摘要生成，以及信息结构优化与建议，Notion AI让信息管理更加高效。

9.3.3　定期清理和优化信息库

随着时间的推移，信息库可能会变得冗杂，充满过时或不再需要的内容。如果不进行定期清理，信息库不仅会占用大量存储空间，还会降低信息检索的效率。因此，定期清理和优化信息库是信息管理过程中不可忽视的一部分。

清理信息库的主要目的是去除冗余或无用的信息，优化存储结构，提高系统的响应速度和检索效率。在清理过程中，需要对每条信息进行审查，判断其是否仍然有价值。如果信息已经过时或不再需要，可以选择删除或归档。优化信息库还包括对存储结构进行调整，例如重新分类、合并重复的文件夹或标签等。

Trello是一款广泛应用于项目管理和任务协作的工具，用户可以通过卡片、列表和工作板的方式，直观地组织和管理任务。Trello以其简单易用的界面和灵活的组织方式而著称，在定期清理和优化信息库方面，Trello也具备一些有效的功能。这些功能帮助用户维持一个清晰、整洁和高效的工作环境，避免信息过载和混乱的发生。虽然Trello本身并没有集成深度的AI功能，但它通过一些自动化功能和与外部AI工具的集成，能够更有效地帮助用户清理和优化信息库（图9.8）。

Zapier是一个强大的自动化工具，它允许用户将Trello与数百种其他应用程序连接起来。通过Zapier，用户可以创建自动化工作流程（Zap），这些流程可

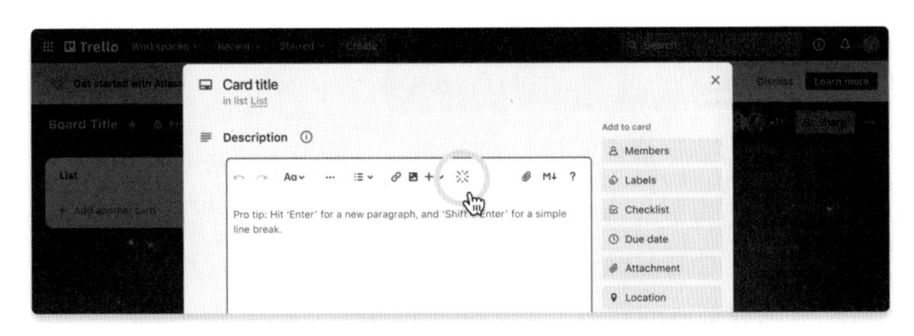

图 9.8　在 Trello 里整合 AI（截自：Trello 官网）

以触发 AI 工具在 Trello 上执行任务。例如，用户可以设置一个 Zap，当某个任务被标记为“已完成”时，Zapier 可以触发一个 AI 工具生成该任务的总结报告，并将报告自动附加到卡片中，随后归档卡片。这种集成使信息管理更加智能和高效。

Trello 与 Slack 的集成也可以借助 AI 提高信息管理的效率。例如，当一个任务被自动归档或达到特定条件时，Trello 可以通过 Slack 发送通知，或通过 Slackbot 提供进一步的智能建议，如是否需要重新安排类似任务或进行回顾。

通过与数据分析工具（如 Tableau、Power BI）的集成，Trello 的任务数据可以导出并进行深入分析。AI 可以分析这些数据，为信息库优化提供建议，例如识别冗余的任务流程，或发现信息库中的瓶颈，从而帮助用户进行更深层次的清理和优化。

Trello 在信息库的定期清理和优化方面，通过强大的自动化工具 Butler 以及与外部 AI 工具的集成，为用户提供了多种有效的解决方案，包括自动化归档、日期触发清理、通知提醒等功能，保持信息库的整洁和高效，这些功能可以让信息图书馆自动“排毒”，保持常新。

9.3.4　AIGC 生成的摘要和分析工具

在处理大量信息时，AIGC 生成的摘要和分析工具能够大大提高效率。这些工具可以将长篇的信息压缩成简洁的摘要，帮助人们快速了解内容的核心要点，节省时间，提高信息处理的效率。

这部分内容前文已经有了详细的论述，可以翻回去再重新巩固一遍。

9.3.5 培养信息素养和批判性思维

这是最后一个方案，也是最容易被忽略的一个方案，收集、管理信息是相对容易的，但是自我批判是困难的。即使拥有再先进的 AIGC 工具，个人的信息素养和批判性思维仍然是高效筛选与管理信息的关键。在面对海量信息时，你需要具备辨别信息真伪和价值的能力，以免受到错误信息或偏见的影响。

信息素养是指个体有效获取、评估和使用信息的能力。在 AIGC 时代，信息素养的培养显得尤为重要，因为你不仅要面对真实的新闻和报告，还要面对各种可能含有误导性或偏见的人工智能生成内容。与此同时，批判性思维也同样重要，你需要对信息进行深度思考，质疑其来源和背后的逻辑，从而做出更明智的决策。

在此，推荐一门在线课程“Critical Thinking and Decision Making”（图 9.9），该课程的重点内容是培养批判性思维能力。批判性思维是一种分析和评估信息的能力，能够帮助人们在复杂和不确定的情况下做出明智的决策。

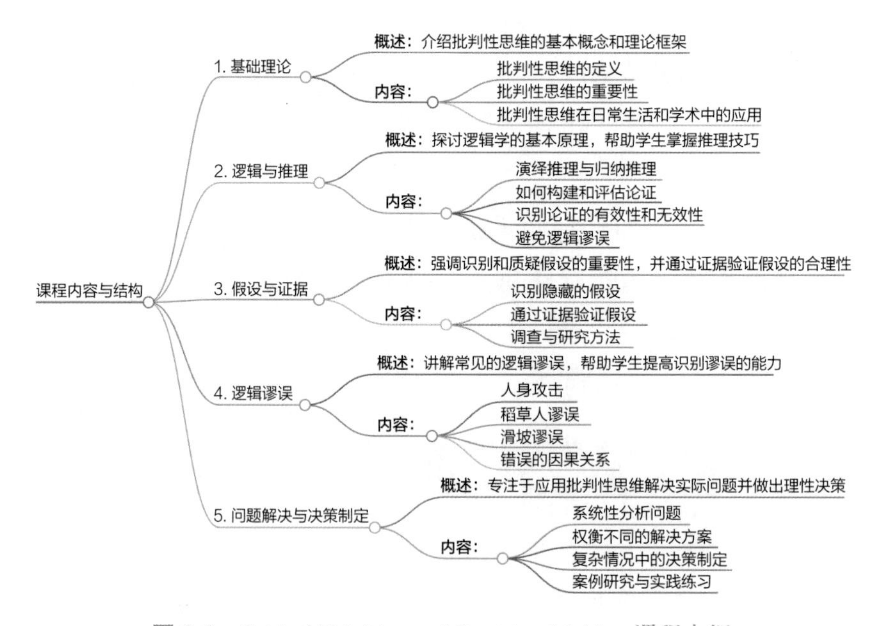

图 9.9　Critical Thinking and Decision Making 课程大纲

以上就是借助第一性原理，梳理出如何高效、实时地利用 AIGC 打造个人信息图书馆的方案。尽管读起来有些拗口，但仔细阅读本节可以帮助你构建一个强大的信息管理中心。有了保持更新、信源准确、索引便捷的信息中枢，在面对任何复杂问题时都可以快速给出反馈，事半功倍。

9.4　开启 AIGC 头脑风暴

头脑风暴是一种集体创意过程，能通过自由发散的思维激发新颖、创造性的问题解决方案，其核心原理是集体智慧优于个体智慧。多人共同参与的头脑风暴可以打破个人思维的局限，利用团队成员的不同视角和经验，产生丰富多样的创意。

在头脑风暴的过程中，每个人都可以自由地提出自己的想法，而不必担心这些想法的可行性，所有想法都会被记录，然后进行筛选和讨论。这种方式不仅能够产生大量创意，还能帮助团队更深入地理解问题，找到新的解决方案。

利用 AIGC 打创造的“超强大脑”让头脑风暴的过程和效果发生了显著变化。AIGC 工具不仅成为头脑风暴的强大助手，还为创意过程带来新的维度。本节将重点学习如何使用 AIGC 工具辅助头脑风暴，为工作、学习提供新的视角。

在开始之前，先简单总结一下如何开展头脑风暴，以及应该遵循的基本原则。

在开始头脑风暴之前，首先要明确讨论的主题或目标。团队需要清楚地了解此次头脑风暴的目的是什么——是为了解决某个具体问题，还是为了激发新的创意？明确目标能够帮助团队集中注意力，并确保讨论不偏离主题。头脑风暴的成功很大程度上依赖于团队成员是否感到舒适和自由。为了激发创造力，团队领导者需要创造一个无压力的讨论环境，确保每个人都能够自由地表达自己的想法，而不用担心被批评或否定。

在头脑风暴的核心阶段，团队成员自由发言，提出各种各样的想法。在这个阶段，没有“坏”想法，所有创意都应该被接纳和记录。通过发散思维，团队能够从多个角度思考问题，产生丰富的创意。这一阶段的关键在于数量而非质量——鼓励提出尽可能多的想法，因为更多的想法意味着更大的创新可能性。

在头脑风暴过程中，记录所有提出的想法非常重要。无论这些想法看起来多么不切实际，都应该被记录下来。这不仅有助于在后续的筛选阶段进行分析和讨论，还能激发其他成员基于这些想法提出新的创意。在集思广益之后，团队进入筛选和讨论阶段。此时，团队会对所有记录下来的想法进行评估，筛选出最有潜力的创意。通过深入讨论，团队可以进一步完善这些想法，确定哪些方案最具可行性。这一阶段的目标是找出最适合的问题解决方案或创意的方向。

头脑风暴的最终目的是找到可行的解决方案或创意并加以实施。筛选出最佳方案后，团队需要制订详细的计划，明确任务分工和时间表，然后开始执行。这个阶段不仅考验团队的执行力，还需要不断反馈和调整，以确保方案的顺利推进。

可以把 AIGC 工具当作一个超级伙伴，一起加入头脑风暴。这次头脑风暴的主题是“如何推广《AIGC 极简入门》新书”。

让我们为“主题”集思广益，写下尽可能多的想法，然后我可以在此基础上提出相关想法，使用 Markdown 组织答案。

使用这个提示词可以把 AIGC 工具当作头脑风暴的一员，把“主题”替换为讨论的话题，结果以 Markdown 格式输出。如果以推广新书为主题，AIGC 工具很快会给出一个创意清单。

以下是关于如何推广《AIGC 极简入门》新书的创意点子：

1. 社交媒体推广

微博话题讨论：创建专属话题，如 #AIGC 极简入门，鼓励用户分享阅读体验和应用案例。

短视频营销：在抖音和快手发布短视频，展示书中的亮点和实际应用案例。

微信公众号：发布连载文章，逐步揭示书中的核心内容，引发读者兴趣。

2. 线上社区互动

知乎专栏和问答：在知乎上发布相关文章，并回答相关问题，增加曝光率。

小红书分享：邀请 KOL 分享他们的阅读心得，并在小红书上发起讨论。

专属微信群或 QQ 群：创建读者群，提供独家内容和互动答疑，培养忠实粉丝。

3. 线下推广活动

签售会：在城市的主要书店举办签售会，结合 AIGC 相关的主题讲座或工作坊。

读者见面会：组织小型读者见面会，讨论书中的内容，并进行深度交流。

书展参与：参与各类书展，特别是与科技和创新相关的展会，吸引目标读者群。

4. 合作推广

与 AIGC 相关公司合作：与 AIGC 技术或平台的公司合作推广，在他们的平台或活动中推荐该书。

联合课程：与教育平台或培训机构合作，基于书中的内容开发 AIGC 课程，并附赠书籍。

跨界合作：与科技、设计、写作类产品或品牌合作，进行联合营销，如书籍 + 工具包。

5. 内容营销

AIGC 应用案例分享：定期发布 AIGC 应用案例文章，展示书中的实际应用场景。

书中精彩内容预览：提供书中的部分内容预览，吸引潜在读者订购全本。

专家推荐：邀请 AIGC 领域的专家撰写推荐序或点评，提升书籍的权威性和可信度。

6. 免费试读活动

前几章免费试读：通过公众号或官网提供前几章的免费试读，吸引读者购买完整书籍。

限时优惠：在电商平台上进行限时优惠或预售活动，推动销量。

赠书活动：通过抽奖或答题活动赠送书籍，扩大影响力。

7. 媒体与新闻报道

媒体专访：安排作者接受媒体采访，分享书籍背后的故事和 AIGC 的未来趋势。

科技类播客：参与科技类播客，讨论 AIGC 技术和书籍内容，扩大影响范围。

新闻稿发布：向主流媒体和科技媒体发布新闻稿，介绍书籍的主要内容。

8. 社区贡献与反馈

开源项目贡献：书中涉及的 AIGC 工具或代码开源，并在相关社区发布公告。

反馈收集：通过电子邮件或社交媒体收集读者反馈，并在新版中进行优化。

读者分享平台：创建一个在线平台，让读者分享他们的学习和应用成果，形成社区效应。

9. 教育机构合作

高校合作：将书籍引入高校 AIGC 课程，作为推荐教材或参考书。

培训机构推广：与专业培训机构合作，结合实际培训课程推广书籍。

学术会议推广：在相关的学术会议或研讨会上展示和销售书籍。

10. 读者口碑营销

读者书评征集：征集读者书评，优秀书评可以在社交媒体上进行二次传播。

读者故事分享：鼓励读者分享他们如何将书中的内容应用于实际工作或项目，形成 UGC 内容。

推荐奖励：设立推荐奖励机制，通过老读者的推荐，带动新读者的购买。

希望这些点子能够为您的新书推广提供一些灵感！

将 AIGC 给出的创意绘制成思维导图（图 9.10），可以看出，AIGC 在头脑风暴方面的确很有功力，这些创意非常全面。当然，正确的流程应该是使用提示词进行交互，而不是被 AIGC 生成的内容预先限制了思维。

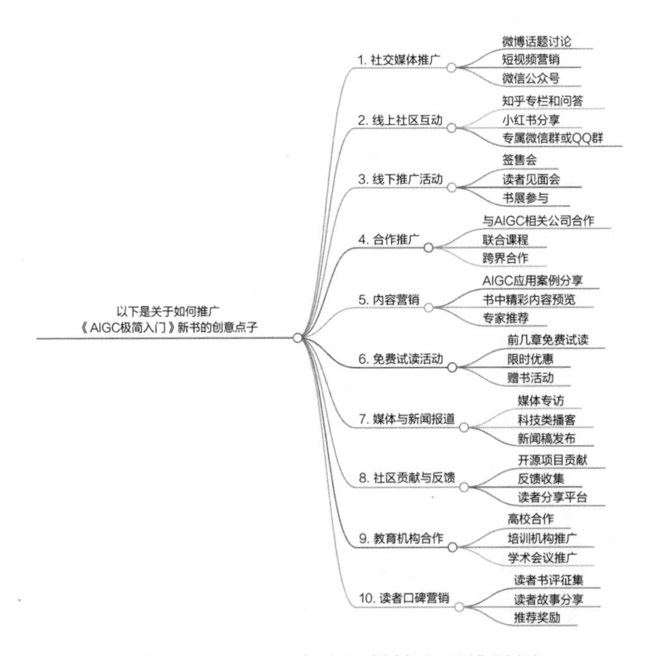

图 9.10　AIGC 头脑风暴输出思维导图

除了上面的方式，还可以利用许多思维模型和方法，博主 Paul Couvert 在一篇“20 ChatGPT prompts to brainstorm and find infinite new ideas”文章里总结了 20 个头脑风暴提示词，下面摘取其中几个非常有效的提示词供读者参考。

我们将对“主题”进行逆向头脑风暴——故意提出糟糕的想法可以激发创造力，引领我们走向新的方向。

不可能的反面往往会出奇制胜，逆向头脑风暴也是一种常用的思维模型。利用这个模型可以突破思维限制，提出一些意想不到的奇思妙想，在实践中效果非常显著。

列出你对“主题”的假设。那么，你如何挑战这些假设，提出创新的想法呢？描述你的想法。

还记得对抗式生成网络吗？自我辩论和自我讨论是 AIGC 的强项，在输出假设与创意之后可以引导 AIGC 进行自我挑战，引出新的创意。沿用之前给出的创意，让 AIGC 自我挑战后输出下面的结果。

挑战这些假设并提出新的创意，是一个非常有趣的过程。我将从以下几个角度进行批判、挑战与重新建设：

1. 社交媒体推广的局限性

挑战：社交媒体虽然覆盖面广，但信息噪声大，很难让读者真正深入了解书籍的价值。简单的推文或短视频可能无法有效传达书的深度和专业性。

重建：

深度对话系列：不是单纯发布内容，可以策划一个“与 AIGC 专家对话”系列，通过长视频或音频节目，深入探讨 AIGC 的前沿话题，引导观众从表层到深层次的理解，最终促使他们购买书籍以获得更深入的学习。

交互式体验：开发一个微型互动网站或 H5 小游戏，让用户通过回答问题、选择情境等方式，体验 AIGC 的应用场景，并在游戏结束时引导他们购买书籍。

2. 线下推广的挑战

挑战：线下推广活动成本高、时间有限，且只能覆盖特定的地理区域，未必能够覆盖到目标受众。

重建：

全球虚拟发布会：在元宇宙或其他虚拟平台上举行全球发布会，让来自不同地区的读者都能参与。虚拟环境下可以设计沉浸式的书籍展示，结合 AIGC 技术展示其实际应用。

AR 体验书签：每本书附赠一张 AR 体验书签，通过扫描书签，可以看到书中的关键内容或作者的解读，提升读者的体验和互动性。

3. 与现有教育和培训机构的合作

挑战：教育机构的推广路径可能过于传统和缓慢，无法及时响应 AIGC 的快速变化和创新需求。

重建：

AIGC 黑客松：与创业孵化器或创新中心合作，举办以 AIGC 为主题的黑客松活动。参与者可以基于书中内容提出项目和解决方案，胜出者获得书籍和进一步的支持资源。

在线教育平台：自建一个以 AIGC 为主题的开放式学习平台，提供免费和付费课程，通过“学后即用”的模式，让读者不仅是被动学习，还能通过实际项目实践，提升他们对书籍内容的价值认知。

4. 内容营销的深度

挑战：内容营销的效果通常依赖于用户的持续关注，而大部分内容容易流于表面，缺乏深度的讨论和持续性。

重建：

AI 协作创作平台：创建一个 AI 与读者协作创作的平台，用户可以在平台上提交创意或项目，然后与 AI 工具一起完成创作，书籍作为理论和操作指导的核心材料。通过这种方式，书籍不仅是信息的提供者，更成为实践中的关键工具。

AIGC 讨论联盟：发起一个以 AIGC 技术为中心的跨领域讨论联盟，汇集科技、艺术、设计等多个领域的专家，定期举办主题讨论，书籍作为讨论和学习的基础材料，推动深度交流。

5. 用户反馈与口碑营销的优化

挑战：传统的反馈收集和口碑营销往往无法有效激励用户深入参与，且反馈数据可能不足以真正反映书籍的改进方向。

重建：

AI 驱动的个性化反馈系统：通过 AI 工具分析读者的阅读数据，生成个性化的反馈报告和阅读建议，提升读者的参与感和对书籍的忠诚度。

书籍内容更新服务：提供“动态书籍”服务，购买者可通过订阅获得书籍内容的实时更新，随技术进步不断补充新内容，形成持续的价值输出。

6. 传统媒体和新闻报道的局限

挑战：传统媒体和新闻报道渠道尽管有一定的权威性，但信息的传播路径较为单一，且无法有效激发读者的深度参与。

重建：

分布式内容网络：建立一个分布式的内容网络，利用区块链技术让每个内容创作者都能获得分享和推广书籍的收益，激励更多人参与到书籍的推广中来。

新闻游戏化：将书籍的推广与新闻事件结合，通过“新闻游戏”的方式，让读者在参与虚拟新闻事件中探索 AIGC 的应用，潜移默化中提升对书籍的认知度。

通过这些批判和重建，我希望能够在保留原有创意价值的基础上，探索更多创新的可能性

效果好多了，甚至出现了虚拟发布会、AI 访谈和黑客松这样新鲜的想法。通过不断对话、反思，AIGC 工具也在不断进步。类似的逆向挑战提示词还可以是以下几种。

有意识的关于“主题”的糟糕想法，让创意流向新的方向。稍微扩展一下你的答案，解释为什么这些想法不好。

假装你是一个反对“主题”的邪恶天才。你会如何破坏它？将你的邪恶计划转化为富有建设性的想法。

想象一下“主题”的最佳情况：一切顺利。现在想象一下最坏的情况：一切都出错了。每个人集思广益。

除了逆向思维，常用的头脑风暴方法还有带入情境法，也就是让参与讨论的人进行角色扮演，进入假设的创意情境之中再进行讨论。

站在“用户、客户、员工”的角度，从他们的角度思考“主题”。我的目标是找到新的改进方法。

想象一下，你正在进行一次与“主题”相关的旅程。描述你在哪里，你看到了什么，你遇到了谁，你在想什么——让场景激发灵感。

使用随机的“对象、引用、图像、歌曲”作为与“主题”相关的新想法的灵感。建立不太可能的联系。

在一系列讨论之后，同样可以让 AIGC 工具使用通用的思维模型对创意进行评价，输出最终的结果，这一步比人类操作更具有客观性，非常值得尝试。

让我们对“主题”进行 SWOT 分析，考虑内部优势 / 劣势和外部机会 / 威胁。然后写一个结论进行总结。

使用 SCAMPER 检查表来构思“主题”。我们如何替代、组合、调整、修改、用于其他用途、消除或重新排列？详细说明你的答案。

使用六顶帽子的方法：红帽子是乐观的，黑帽子是消极的，等等。从不同的心态角度思考“主题”。

请为“主题”创建一个完整的思维导图，从一个中心概念开始，向外扩展相关思想的分支。

从以上的分析可以看出，AIGC 对头脑风暴的各个环节都产生了深远影响。它可以加快创意生成的速度，也可以提供更加多样化和深刻的思考维度，同时还可以提高创意的筛选和优化效率。掌握 AIGC 工具并将其融入头脑风暴的过程，是提高团队创意和解决问题能力的关键。

第10章 打造AIGC个人助理

AIGC已经逐渐渗透到人们的生活中，帮助人们更高效地完成各种任务。打造一个属于自己的AIGC个人助理，不仅可以提升学习效率，还能帮助你更好地管理时间、激发创造力，在工作和生活的方方面面提供支持。这一章重点介绍如何利用AIGC工具打造一个具备“超强大脑”的个人助理。

10.1 揭开AI Agent的神秘面纱

请注意，这里想要讨论的不是一般的人类助理，而是人工智能代理（AI Agent）。AI Agent是一种更加智能化和自主化的人工智能系统，能够在特定的任务和环境中进行决策和行动。AI Agent不仅可以根据输入的数据生成内容，还能够主动地学习、规划和执行复杂的任务。它可以在各种应用场景中充当助理，替代或协助人类完成特定的任务。

人工智能代理不仅限于自然语言处理，它的能力远超这一范畴。AI Agent具备决策能力、解决问题的能力，并能与外部环境进行交互和执行动作。这些能力使得AI Agent可以广泛应用于各类复杂任务，从软件设计、IT自动化，到代码生成工具和对话助手，几乎涵盖了所有个人和企业环境中的需求。

AI Agent通过使用先进的自然语言处理技术，能够准确识别何时需要调用外部工具，以实现更加复杂和定制化的任务。它不仅停留在理解用户输入的层面，还能够根据需求主动采取行动。

AI Agent的核心是大语言模型，因此，也通常被称为LLM代理。与传统的大语言模型不同，传统的大语言模型只能根据训练数据产生响应，因而受限于其已有的知识和推理能力。而AI Agent则突破了这些限制，它通过在后台调用工具来获取最新信息，优化工作流程，并自主创建子任务，实现更复杂的目标。

在这一过程中，AI Agent能够不断学习并适应用户的期望。AI Agent具有记忆功能，能够记住过去的交互，并据此规划未来的行动，从而为用户提供个性化的体验和更全面的响应。AI Agent 调用工具无需人工干预，从而极大地拓展了 AI Agent 系统在现实世界中的应用范围。

图 10.1 给出了 AI Agent 的运行原理。

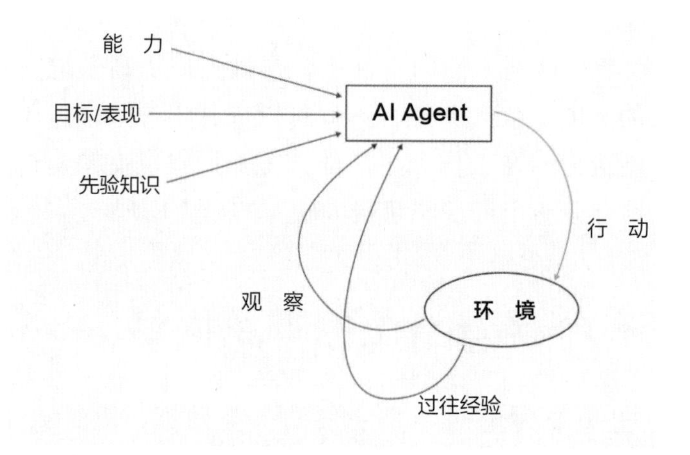

图 10.1　AI Agent 运行原理

继续探讨 AI Agent 如何根据感知到的信息采取行动。通常情况下，AI Agent 并不具备解决所有复杂任务所需的完整知识库。为了弥补这一不足，AI Agent 会利用各种可用的工具来获取必要的信息。这些工具包括外部数据集、网络搜索、API，甚至是与其他 AI Agent 的协作。在获取新的信息后，AI Agent 会更新其知识库，并对其行动计划进行重新评估和自我修正。

举个例子，你正在计划明年的假期，并希望 AI Agent 帮你预测希腊最适合冲浪的那一周的天气。由于 AI Agent 核心的大语言模型并不专注于天气预测，它会从外部数据库中收集过去几年希腊每日天气的报告。这些信息可以帮助 AI Agent 更好地理解希腊的天气模式。

然而，即使获得了这些数据，AI Agent 可能仍然无法直接确定最佳的冲浪条件。为了进一步完善预测，它可能会创建一个新的子任务，与专门负责冲浪预测的外部代理进行通信。通过这种协作，AI Agent 了解到涨潮和晴朗的天气（几乎没有降雨）是理想的冲浪条件。于是，AI Agent 可以将这些信息整合起来，预测明年希腊哪一周最有可能出现涨潮、晴朗天气和低降雨的情况，并将这些预测结果呈现给你。

这种工具和信息之间的共享使得 AI Agent 比传统的 AI 模型更具通用性。AI Agent 不仅能根据现有数据做出判断，还能通过与其他工具或代理的协作，补充自己知识库中的不足，从而使其能够处理更复杂的问题。

为了进一步提高响应的准确性，AI Agent 使用反馈机制。这些机制包括来自其他 AI Agent 的反馈，以及人机协同（human-in-the-loop，HITL）的反馈。在前述的冲浪预测案例中，AI Agent 在生成预测结果后，会根据你对结果的反馈更新知识库，从而在未来的任务中提供更精准的服务。

如果 AI Agent 在完成任务时涉及其他代理的协助，它也会接收这些代理的反馈。这种多代理反馈的机制在减少人类用户指导时间方面特别有用。用户也可以在 AI Agent 的整个操作过程中随时提供反馈，以确保结果更符合预期。

这种基于反馈的机制大大提高了 AI Agent 的推理能力和准确性，通常被称为迭代改进。通过反复反馈和调整，AI Agent 不仅能提高自身的性能，还能避免重复过去的错误。AI Agent 会将解决过往障碍的经验存储在知识库中，以确保在未来的任务中更高效、精准地完成工作。

根据上述分析，AI Agent 不仅区别于现实中的“秘书”“助理”，也和在技术领域和服务领域经常遇到的“助手”有所不同。IBM 关于 AI Agent 的分类论述里将其分成 5 个类型，接下来分别介绍。

1. 简单反馈代理

这种类型的代理是最基本的一类人工智能代理，其操作方式非常直接：根据当前感知到的环境信息采取行动。与更复杂的代理不同，简单反馈代理不具备记忆能力，也不会与其他代理或外部系统进行交互。这意味着它们只能依赖预先设定的一组规则来运行，这些规则通常被称为“条件 – 动作”规则。

在简单反馈代理（图 10.2）中，每当环境中出现某个特定条件，代理就会执行与该条件对应的操作。这种运行方式就像“如果 X 发生，那么就执行 Y”的模式。例如，如果时间到了晚上 8 点，代理就会启动供暖系统。

一个典型的简单反馈代理的例子就是家中的恒温器。将恒温器设定为在每天晚上 8 点自动开启供暖系统，便是一个典型的条件 - 动作规则。在这个例子中，条件是“晚上 8 点”，动作是“启动供暖”。恒温器不需要记忆过去的温度设置或考虑天气预报，也不需要与其他系统交互来决定是否启动供暖。它只是简单地按照预先设定的规则行事。

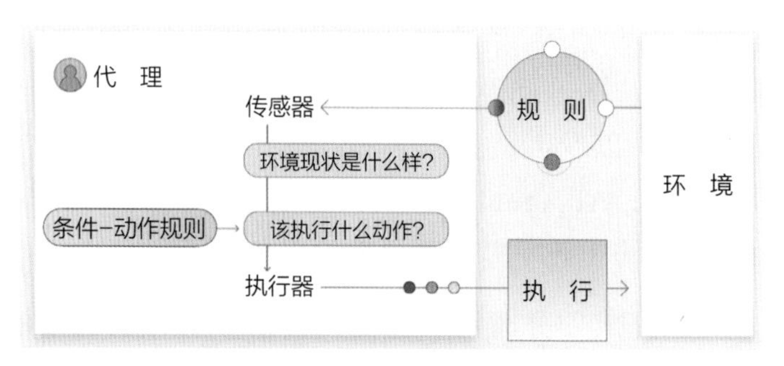

图 10.2 简单反馈代理

因为简单反馈代理没有记忆功能，也不能自主学习或优化，应用范围有限。它们适合在固定且可预测的环境中执行任务，如控制设备的开关或执行简单的自动化流程。但在面对复杂和动态变化的环境时，它们的表现就会显得不足。

2. 基于模型的反馈代理

基于模型的反馈代理（图 10.3）比简单反馈代理更复杂、更智能，它不仅依赖于当前的感知，还会利用记忆来维护一个关于世界的内部模型。这个内部模型帮助代理更好地理解和适应其所处的环境，特别是在环境部分可观察或变化时，基于模型的反馈代理能够根据新信息动态调整其行为。

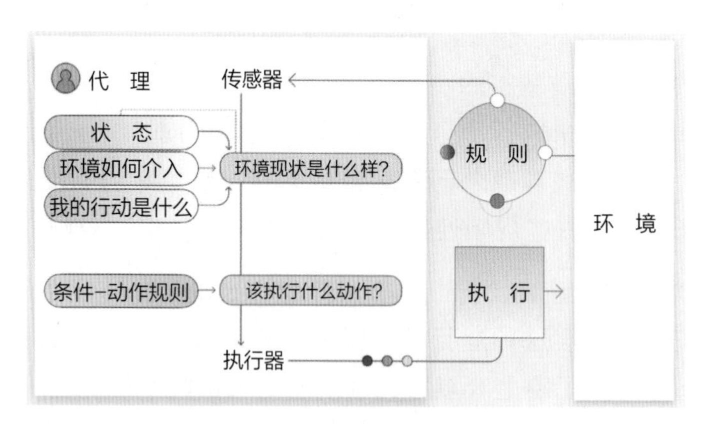

图 10.3 基于模型的反馈代理

以机器人吸尘器为例，来理解基于模型的反馈代理是如何工作的。当机器人吸尘器在房间内清扫时，它会感知到家具等障碍物，并根据这些障碍物调整自己的路径。例如，当它感知到前方有沙发时，会绕过沙发继续清扫，而不是直接撞上去。除此之外，机器人吸尘器还会存储一个关于已清扫区域的模型，以避免重复清扫同一区域，这样可以提高效率并节省电量。

这个内部模型不仅帮助吸尘器记忆已经清扫过的区域，还能帮助它预测和规划下一步的行动。例如，如果吸尘器“记得”在上次清扫时有一个角落没有打扫干净，它可能会优先选择去那里完成任务。这使得机器人吸尘器能够在部分可观察的环境中运行，并灵活应对环境变化。

然而，尽管基于模型的反馈代理具备更高的灵活性和适应性，它们依然受到预设规则集的限制。这意味着它们的行为仍然基于一系列已定义好的规则和反应模式。如果环境变化超出了这些规则的范围，代理可能会表现出不适应的情况。

3. 基于目标的代理

接下来探讨基于目标的代理（图 10.4），它比简单反馈代理和基于模型的反馈代理更为高级。这类代理不仅拥有内部世界模型，还具备明确的目标或目标集。基于目标的代理搜索能够实现这些目标的动作序列，并在采取行动之前进行详细规划。这种搜索和规划的过程使得它们在完成任务时的效率和灵活性大大提升。

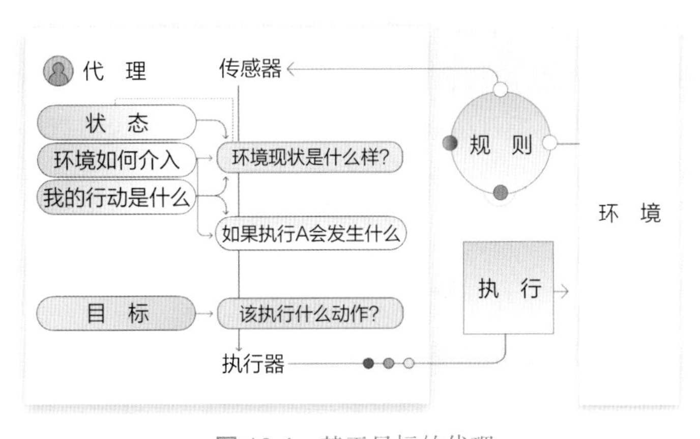

图 10.4　基于目标的代理

一个常见的基于目标的代理的例子是现代的导航系统。当你输入目的地后，导航系统的任务就是找到一条最快的路线带你到达目的地。在这个过程中，系统会考虑多种不同的路线——可能有一条穿过市中心的短路，也可能有一条绕开高峰时段拥堵路段的长路。导航系统会根据实时的交通信息进行分析，并推荐最优的路线。

这里的关键在于，导航系统的“目标”是让你尽快到达目的地。为了实现这个目标，它会动态地评估和选择行动序列（即行驶路线）。如果在行驶过程中，系统检测到一条更快的路线（如路况改善或交通流量减少），它就会重新规划，并建议你改道。这种动态调整和规划的能力，使得基于目标的代理在处理复杂环境时非常有效。

与简单反馈代理和基于模型的反馈代理相比，基于目标的代理具备搜索和规划的能力，能够在更复杂和动态的环境中表现出更高的效率和灵活性。它不仅能处理当前的情况，还能预测未来的变化，并为此做好准备。这种前瞻性的规划能力，特别适合那些需要在不确定环境中做出最优决策的任务。

4. 基于效用的代理

与之前讨论的几种代理类型相比，基于效用的代理（图 10.5）具有更高的智能性和灵活性。这类代理不仅是为了达成特定目标，还会选择一系列能够最大化效用或奖励的操作。所谓的“效用”是通过效用函数计算得出的，该函数根据一组固定的标准为每个可能的操作场景分配一个效用值。

通过一个导航系统的例子来理解基于效用的代理是如何工作的。假设你需要前往某个目的地，导航系统的目标是帮助你找到最佳的行驶路线。但在基于效用的代理中，这个“最佳”不仅是最快的路线，还可能包括其他标准，如燃油效率、交通时间的最小化，以及节省通行费。

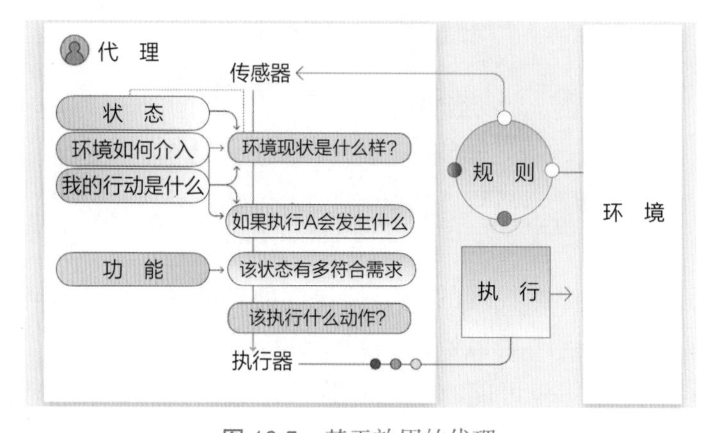

图 10.5　基于效用的代理

在这个例子中，导航系统通过评估各种可能的路线，结合不同的标准，计算出每条路线的效用值。假设一条路线时间最短，但需要经过收费站，另一条路线虽然时间稍长，但没有通行费且油耗较低，导航系统会根据你的偏好和标准计算出哪条路线的效用值更高。然后，它会推荐效用值最高的路线给你，这条路线可能在多个方面都达到了最佳平衡点。

基于效用的代理在处理多种可能场景时特别有用。在面对多种可能性时，它能够计算出每个场景的效用，并选择效用值最高的场景。例如，在物流配送中，基于效用的代理不仅会考虑运输时间，还会评估成本、路线的安全性以及货物的完整性，最终选择一个综合效用最高的方案。

这种能力使得基于效用的代理在复杂环境中表现出色，尤其是在需要同时平衡多个目标和标准时。例如，在金融决策、风险管理、资源分配等领域，基于效用的代理能够有效整合多重标准，做出最佳决策。

5. 学习型代理

学习型代理是AI Agent中最先进的一类。与其他类型的代理不同，学习型代理不仅具备感知、推理和决策的能力，还具备独特的自主学习能力。通过不断积累新经验，学习型代理能够自动更新和扩展其初始知识库。这种持续学习的能力，使它们在应对陌生环境和复杂任务时表现得更加出色和适应性更强。

面对未知或变化的环境，学习型代理能够通过持续学习不断提升自身的能力和准确性。它能够根据环境的变化自我调整，并逐步改进操作策略。学习型代理的核心在于其能够自动将新的经验融入现有的知识库，使得性能随着时间的推移不断提高。

为了更好地理解学习型代理的工作方式，来看一个现实中的例子：电子商务网站上的个性化推荐系统。这类系统的核心就是学习型代理，它通过跟踪用户的活动和偏好，不断优化推荐的内容。

当你在一个电子商务网站上浏览商品、加入购物车、购买或评价产品时，学习型代理会记录下这些行为，并将其存储在内存中。随着时间的推移，这些记录被用于分析你的兴趣和偏好。每次你在网站上进行新操作，代理都会根据你的行为模式来更新推荐策略，从而推荐更符合你兴趣的商品。

每次代理提出新建议时，它都会根据用户的反馈进行调整。如果你点击或购买了推荐的商品，代理会视其为积极反馈，继续优化类似推荐；反之，如果你忽视了推荐，代理则可能调整策略，尝试推荐其他类型的商品。通过这种循环的反馈机制，代理的推荐准确性会随着时间的推移不断提高。

此外，学习型代理会利用问题生成器尝试不同的推荐策略。例如，代理可能会尝试推荐一些你从未购买过但可能感兴趣的产品，通过这种方式来探索新的推荐路径。如果这些新推荐获得了好的反馈，代理就会将其纳入未来的推荐策略（图 10.6）。

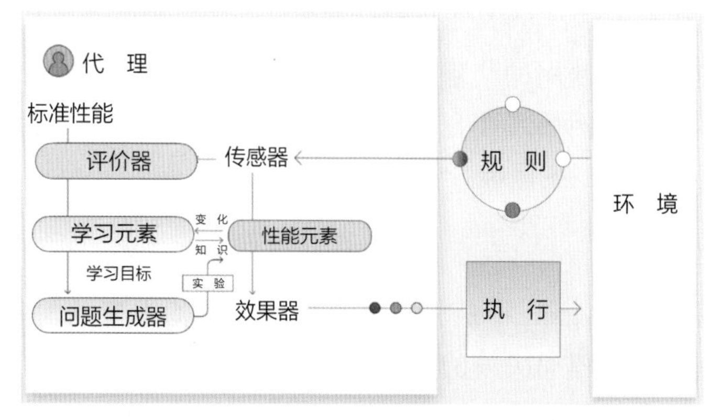

图 10.6　学习型代理

学习型代理通过不断学习和适应，能够在各种复杂和动态的环境中提供个性化、智能化的服务。它的核心优势在于通过环境反馈和内部优化机制，实现自我改进和精准决策。

上述内容从技术原理、行业前沿分类信息等角度介绍了 AI Agent 的基本情况。从通俗意义上来讲，AI Agent 可被视为一个智能化的虚拟助理，不仅能完成特定任务，还能自主学习和适应你的需求。你可以把它看作一个非常聪明的小伙伴，它能帮助你做决定、规划时间、解答问题，甚至激发你的创造力。你在写作业时遇到一道难题，不用着急，AI Agent 可以帮你找到答案，甚至给你解释背后的原理。你需要一个周末计划，AI Agent 可以根据你的日程安排自动生成一个详细的计划表。

如何打造一个属于自己的 AI Agent ？首先，需要明确知道希望 AI Agent 完成哪些任务。是提高学习效率？还是管理日常生活？举个例子，假设希望 AI

Agent帮助你提高数学成绩，那么可以设置它每天提醒你做练习，遇到不会的题目时它可以提供详细的解题步骤和解释。这样一来，你不仅能按时完成学习任务，还能更好地理解学习内容。

明确目标后，就可以选择合适的工具来开发AI Agent。现在市面上有许多方便易用的平台，如OpenAI的GPT-4、Google的Dialogflow、字节跳动的Coze等，都能轻松创建AI Agent。接下来，我们会用几个小节详细介绍如何让AI Agent成为生活中的好帮手，并给出一些实用的建议，帮助新手朋友更好地利用这个强大的工具。

10.2　提升个人生产力的秘诀

在快节奏的世界中，管理个人生产力至关重要。本节将面向初学者介绍虚拟助理和聊天机器人的应用，并讲解如何利用这些AI工具简化任务、管理时间、提高效率。

在数字时代，AI Agent不仅是科技工具，更是学习、工作和生活中的得力助手，图10.7综合展示了AI Agent的多种能力。通过个性化学习体验、提升时间管理能力、增强创意和创新能力，并提供实时支持，AI Agent帮助人们实现更高效、更智能的生活方式。接下来，将深入探讨AI Agent如何在学习、工作和生活中发挥作用，并提供具体的工具、服务和实用提示词。

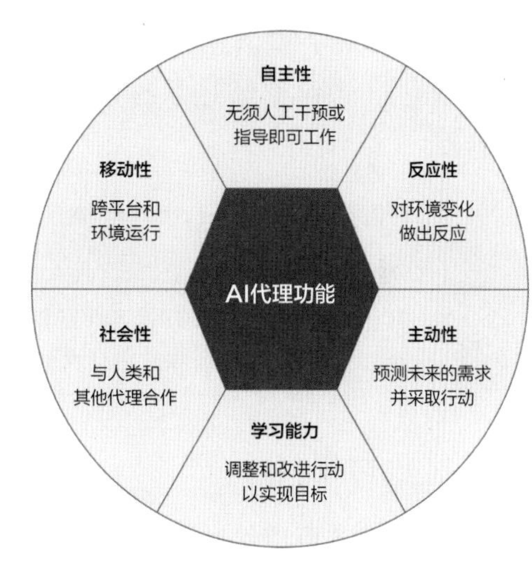

图10.7　AI Agent能力示意图

10.2.1　个性化学习体验

学习是个个性化过程，每个人的习惯、速度、兴趣和弱点各不相同。传统集中式授课往往难以满足每个人的独特需求。AI Agent带来了革命性的解决方案：个性化学习体验。

1. 量身定制学习计划

AI Agent 能够根据你的学习习惯、当前进度以及过去的表现，分析你在不同学科或技能上的强项和弱点，制订最适合你的学习路径，并量身定制学习计划。假如你数学成绩较好而历史相对较弱，AI Agent 会自动增加历史复习时间，同时确保数学成绩不受影响。

工具推荐：Coursera、Khan Academy 等在线学习平台，结合 AI Agent，如 GPT-4，可以根据学习记录自动生成学习路径。

根据我最近在数学和历史方面的学习情况，制订一个个性化的学习计划，重点是提高我的历史成绩，同时保持我的数学水平。

2. 动态调整

个性化学习不是仅体现在计划上，AI Agent 还能根据进展动态调整内容。当发现你在某个知识点有困难时，它会自动提供更多练习题或补充学习资料。相反，当它检测到你已经掌握了某个知识点，则会加快进度，提供更具挑战性的内容。

工具推荐：Quizlet，结合 AI Agent 提供的自适应学习模式。

由于我在二次方程方面遇到了困难，因此请就二次方程的主题生成额外的练习题。此外，请提供简短的解释以加深我的理解。

3. 推荐学习资料

AI Agent 可以为你推荐最佳学习资料，包括课本、视频、文章、在线课程，甚至互动式学习工具。通过分析你的学习风格，AI Agent 能够选择那些最容易被你接受和理解的资料，让学习更有针对性，更有效率。

工具推荐：Zotero（文献管理工具），结合 AI Agent 提升推荐精准度。

根据我的学习风格和目前对气候变化的关注，推荐学术论文、文章和视频内容，以加深我对这一主题的理解。

4. 跟踪学习进度

此外，AI Agent 能实时跟踪学习进度，并将其可视化，帮助你随时查看不同学科或技能的进展，了解优劣项。这样，你不仅能更好地掌控学习进度，还能获得成就感，进一步激励自己。

工具推荐：Notion，结合 AI Agent 实现学习进度的可视化。

跟踪我在数学、历史和科学等学科的学习进展。突出我擅长的领域和需要我更多关注的领域。

5. 制订复习计划

在重要考试前，若需在有限时间内复习大量内容。AI Agent 可以制订个性化复习计划，聚焦各科重点知识并实时调整复习重心。它甚至可以在考试前生成一份模拟测试卷，让你提前感受考试氛围，查漏补缺。

工具推荐：GPT-4 与 Anki 结合，生成个性化的复习卡片和模拟测试。

为即将到来的生物、化学和物理考试制订个性化的复习计划。专注于我的薄弱领域，并生成模拟测试卷。

10.2.2　提升时间管理能力

在现代社会，时间管理对于平衡学习、工作和生活至关重要，时间碎片化和任务繁多常常让人力不从心。AI Agent 在这方面可以成为你的得力助手，它能合理安排时间，确保你在繁忙的日常生活中保持高效和有序。

1. 安排时间表

AI Agent 会根据学习目标、日常活动和个人偏好，智能安排时间表，平衡学习、休息与娱乐。AI Agent 通过分析日常活动数据，识别高效时间段，并将关键任务安排在这些时间段，提高效率。

工具推荐：Google Calendar，结合 AI Agent 进行智能日程安排。

为接下来的一周制订一个日程表，重点是优化早上的学习时间，并在下午安排会议或要求较低的任务。

2. 任务跟踪和提醒

AI Agent 不仅会制订时间表，还会在关键时刻提醒你完成任务，如学习、按时参加会议等，避免你错过重要的事情。此外，它还能跟踪完成任务的进度，如果发现落后于计划，AI Agent 会及时提醒你进行调整，确保你能按时完成所有任务。

工具推荐：Todoist，结合 AI Agent 实现任务跟踪和提醒。

为所有日常任务设置提醒并跟踪其完成状态。如果我在任何关键任务上落后，请通知我。

3. 自动调整日程

生活中会有突发事件，如临时作业或社交活动。AI Agent 可以在这些情况下灵活调整时间安排，确保计划不受影响。它还可以为你提供替代方案，帮助你在时间有限的情况下做出最佳选择。

工具推荐：Microsoft Outlook，结合 AI Agent 自动调整日程。

由于有意外会议，请重新安排下午的活动计划，并建议其他时间来完成任务。

4. 管理复杂任务安排

在特别忙碌的时间段（如考试复习、重要的工作任务和活动），AI Agent 会为你制订详细的时间表，使各项任务井井有条。每天早上，它会提醒你当天的重点任务，并在必要时调整时间表，确保你能够高效完成所有任务。

工具推荐：Trello 与 Google Calendar 结合，管理复杂的任务安排。

为下周制订一个全面的日程表，包括考试准备、工作会议和社交活动。根据截止日期和重要性确定任务的优先级。

10.2.3　提升创新能力

在写作、设计或艺术创作过程中，创意与创新至关重要。然而，实际操作中常常会遇到灵感枯竭或思维受阻的情况。此时，AI Agent 可以成为你的创意伙伴，帮助你突破思维瓶颈，激发更多新颖的创意。

1. 提供灵感和创意

AI Agent 可以分析你的创作风格和兴趣，提供灵感和建议。当你遇到瓶颈时，它可以生成不同的创意方向或独特想法，帮助你打破常规思维。此外，AI Agent 可以根据主题或关键词生成一系列创意内容，供参考和借鉴。

工具推荐：Midjourney（图像创作）或 GPT-4（文字创作）。

根据“时间旅行”的主题生成富有创造性的故事创意。提供至少三个不同的情节发展方向。

2. 提供创意辅助

在写作过程中，AI Agent 可以提供具体辅助。例如，生成文章大纲，推荐词汇或句式，甚至润色和修改文章。对于设计项目，AI Agent 可以提供设计草图或配色方案，帮助你节省时间和精力。

工具推荐：Figma（设计工具），结合 AI Agent 进行创意辅助。

为一篇主题为“人工智能对现代教育的影响”的文章创建基本大纲。包括要点和建议的章节转换。

3. 创意探索和记录

AI Agent 的优势在于探索多样化的创意路径，激发不同角度的创意。例如，设计一个新产品时，AI Agent可能会建议从环保材料、用户体验或市场需求等角度入手，丰富创意来源。

工具推荐：Notion与GPT-4结合，用于创意探索和记录。

采用不同的方法来设计环保产品，以吸引具有环保意识的消费者。考虑材料、包装和营销策略。

4. 创意写作

假设你在撰写小说时遇到情节展开的困难。AI Agent可以根据故事设定，提供多个情节发展方向。例如，推荐意想不到的剧情转折，提供多条故事发展线索，或完善角色背景。通过与AI Agent互动，不仅能突破创作瓶颈，还能让故事更丰富、更有深度。

工具推荐：GPT-4（用于创意写作）。

我正在为小说的下一章苦苦思索。主人公即将面临一个重大挑战。考虑到角色的背景和动机，请为如何展开这个挑战提出三个可能的场景。

10.2.4　提供实时支持

学习和工作过程中难免会遇到一些难题，尤其是面对全新的概念或复杂的问题时。AI Agent可以为你提供实时的支持和帮助，让你不会在学习和工作中感到孤立无援。

1. 实时问题解答

当你在学习或工作中遇到难题时，可以随时向AI Agent寻求帮助。AI Agent能够提供详细的解答，不仅会解释相关的概念，还会举例说明，帮助你更好地理解问题的本质。无论是数学题的解答，还是工作中的难题分析，AI Agent都能提供精准的支持。

工具推荐：ChatGPT或Claude（用于实时问题解答）。

解释经济学中的供求概念，并举例说明它如何适用于当前的住房市场。

2. 学习指导

AI Agent 不仅能够解答问题，还可以作为学习或工作的导师，引导学习方向或工作流程。例如，当你学习一个新的学科或尝试一个新的项目时，AI Agent 可以制订渐进式的学习或工作计划，并在每个阶段提供适当的资源和练习题。它会根据你的进展调整内容，确保你能够牢固掌握每个知识点或把握每个项目环节。

工具推荐：Coursera 与 GPT-4 结合（用于学习指导）。

创建一个循序渐进的指南来学习 Python 编程的基础知识，包括推荐的资源和练习。

3. 用于知识巩固和扩展

AI Agent 还能够举一反三，当你解决了一道数学题或完成了一个工作项目时，AI Agent 会进一步提供相关的练习题或工作建议，帮助你巩固这一知识点或技能，并引导你理解更为复杂的应用场景。

工具推荐：Anki 与 GPT-4 结合（用于知识巩固和扩展）。

完成市场分析项目后，给出后续任务或学习活动的建议，以加深我对该主题的理解。

4. 知识支持和练习指导

当你正在为一场重要的科学竞赛做准备时，AI Agent 可以成为你的私人教练，提供全面的知识支持和练习指导。当你遇到复杂的物理问题时，它会提供详细的解题步骤和相关知识背景。当你正在准备一份演讲稿时，AI Agent 可以帮你组织演讲结构，提供数据支持，甚至模拟演讲过程，确保你在比赛中发挥最佳水平。

工具推荐：GPT-4 与 Google Scholar 结合，用于知识支持与数据获取。

帮我准备一场以量子力学为重点的科学竞赛。提供关键概念的详细解释和相关实验，并协助组织一场 10 分钟的演讲。

通过个性化学习体验，提升时间管理能力，增强创意和创新能力，以及提供实时支持，AI Agent 正在彻底改变人们的学习、工作和生活方式。它不仅能够根据你的需求和习惯量身定制解决方案，还能在你需要时提供及时而有效的帮助。无论是繁重的学习任务，还是工作难题，AI Agent 都能成为你不可或缺的智能伙伴（表 10.1）。

表 10.1　AI Agent 应用示例

行业 / 领域	用　例
制造业	设备容错、楼层监控、产品设计和原型设计、客户支持、自动化例行任务
医疗护理	药物发现、虚拟病人护理、定制治疗计划、培训及研究
供应链管理及物流	过程管理、库存模拟、自适应决策、供应商评估、动态存货补充
教育科技	学习解决方案、职业指导、评估工具、虚拟培训和模拟
零售业	需求预测、情绪分析、个性化推荐、聊天机器人、库存规划和定价优化
客户支持	虚拟助理、发生率管理、服务请求管理、情绪分析、优先权
人力资源部管理层	应用筛选、性能分析、团队参与、培训和单板
金融学	投资组合处理、股票预测、财务顾问、风险评估

需要提醒的是，虽然 AI Agent 非常强大，但在使用过程中，要保持理性。AI Agent 能帮你做很多事，但不应该完全依赖它。要记住，自己的独立思考和决策能力很重要。另外，使用 AI Agent 时可能需要输入一些个人信息，这个时候一定要选择安全的平台，确保数据不会被泄漏。虽然 AI Agent 很聪明，但它也有局限性，有时候面对复杂的问题，它可能无法提供完美的解决方案。所以，使用 AI Agent 时，也要结合其他工具和方法，全面考虑问题。

10.3　零基础用 Coze 打造微信智能小助理

10.3.1　Coze 简介

Coze 是字节跳动推出的一款低代码、无代码开发平台（图 10.8），目的是帮助人们能够轻松创建和管理各种 AI 驱动的应用。Coze 提供了丰富的工具和资源，帮助没有编程经验的初学者或者是有经验的开发者实现从简单的自动化任务到复杂的 AI 应用的开发。

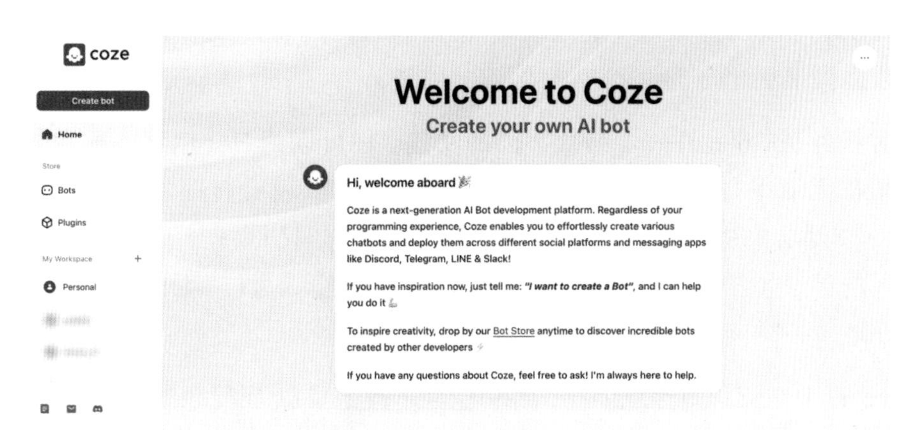

图 10.8　Coze 功能简介（截自：Coze 官网）

Coze 通过集成插件、管理知识库、长期记忆、定时任务、工作流设计和多任务串行等功能，无须编写复杂的代码，就可以轻松创建和管理各种应用程序。它不仅适用于开发者，也非常适合那些对 AI 和自动化有兴趣但没有编程经验的人。

Coze 平台的一大亮点在于其插件系统，极大地扩展了 Bot[①] 的能力边界。Coze 内置了近百款插件，涵盖从资讯阅读、旅游出行到效率办公、图片理解等多个领域的 API 和多模态模型。你可以轻松地将这些插件集成到你的 Bot 中，为 Bot 增添新功能。比如，你想创建一个 AI 新闻播音员，只需使用新闻插件，就能让 Bot 每天播报最新的时事新闻。

在数据管理方面，Coze 提供了强大的知识库功能，允许你管理和存储各种类型的数据，并让 Bot 与这些数据进行交互。无论是本地文件、在线网页数据，还是 Notion 页面和数据库，Coze 的知识库都能轻松支持。你可以将一本电子书的内容上传到知识库中，Bot 就可以根据这本书的内容来回答你的问题。知识库支持文本、表格、照片等多种数据格式，并且可以轻松集成 API JSON 数据源，这种多样性确保你能以最合适的方式管理数据。

为了使 Bot 能够提供更个性化的体验，Coze 还具备长期记忆功能。通过这个功能，Bot 可以持久化地记住用户对话中的重要信息，如用户的语言偏好、之

① robot的缩写，通常指的是在数字或虚拟环境中执行自动化任务的程序。

前的聊天记录，或者一些特定的变量。这种持久化记忆能力，使得 Bot 在与用户的持续互动中能够变得越来越智能和贴心。比如，你创建了一个记录阅读笔记的数据库，Bot 可以根据这些笔记提供个性化的阅读建议，或者在提问时根据已有的笔记数据提供更精准的回答。

定时任务是 Coze 另一个与众不同的功能。你可以为 Bot 创建各种定时任务，而这一切都无须编写代码。只需输入任务描述，Bot 就会按时执行这些任务。想象一下，每天早上 9 点，Bot 会自动推送当天的新闻摘要；7 点整，它会提醒你查看当天的天气预报和日程安排。这些功能不仅提高了日常工作的效率，也让你可以更好地掌控时间，集中精力处理更重要的事情。

Coze 的工作流设计功能（图 10.9）为那些需要处理复杂逻辑任务的用户提供了极大的便利。无论你是否有编程背景，Coze 的工作流工具都可以帮助你快速构建稳定且高效的任务流。只需通过拖放操作，选择合适的节点（如大型语言模型、自定义代码、判断逻辑等），即可轻松搭建工作流。比如，你想创建一个自动搜集电影评论的工作流，可以将不同的节点连接起来，让 Bot 从多个资源中抓取评论并生成一份综合报告。这不仅节省了大量的手动工作时间，还能保证数据的一致性和完整性。

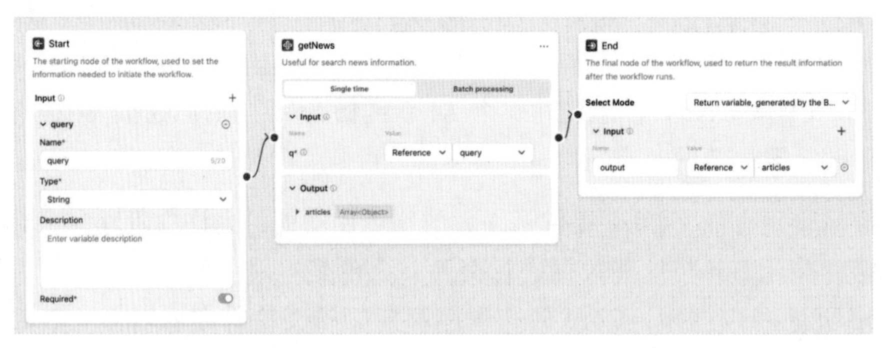

图 10.9　Coze 工作流功能（截自：Coze 官网）

对于那些需要处理多任务或复杂任务的场景，Coze 提供了多 AI Agent 模式。这种模式允许添加多个独立执行具体任务的 AI Agent 节点，并灵活配置它们之间的连接关系。通过这种多节点的分工协作，Bot 能够高效处理复杂的用户任务。比如，你可以设置一个 AI Agent 负责数据收集，另一个 AI Agent 负责数据分析，最后一个 AI Agent 生成最终报告。这种串行任务处理方式确保每个任务都能被高效执行，同时也使得Bot在面对复杂任务时依然能够保持高性能和稳定性。

10.3.2　打造微信智能小助理

接下来利用Coze打造一个微信智能小助理。微信已经成为许多人生活中不可或缺的工具，不仅用于通信，还用于支付、工作协作、社交媒体等。微信智能小助理可以帮助你自动处理日常任务，如回复消息、整理日程、提醒重要事项，甚至提供个性化的服务。

微信智能小助理具体的应用场景如下。

自动回复：当你忙碌时，小助理可以根据你的预设，自动回复朋友或同事的信息。

日程管理：智能小助理可以帮助你跟踪和管理日常日程，提醒你即将到来的会议或活动。

信息整理：在微信群中，小助理可以帮助你筛选和整理重要信息，确保你不会错过任何关键内容。

个性化推荐：根据你的聊天记录和偏好，智能小助理可以为你推荐新闻、书籍或其他有趣的内容。

打开Coze的中文官网（中文名称“扣子”），简单注册、登录，就可以进入扣子的主页，扣子助手已经给出了欢迎提示。与其他软件不同，扣子的操作模式是从对话开始的，也就是说，不需要先设置各种参数，而是用提示词直接向扣子助手描述需求。

我需要利用扣子创建一个基于微信的个人智能助理Bot，想要实现的功能是：

1. 日程管理与提醒
2. 知识库关键词回复与查询
3. 个性化推荐内容
4. 接入微信公众号

将创建 Bot 的功能需求用提示词描述给扣子助手后，扣子助手就开始创建程序了，如图 10.10 所示。

图 10.10　使用提示词与 Coze 进行互动（截自：Coze 官网）

很快，一个微信个人智能助理就创建得差不多了，点击个人只能助理可以进入更详细的设置与操作。在扣子的流程中，完整创建一个个人智能助理只需要两步，即编排和调试。在编排阶段，需要设置“人设与回复逻辑”，这里和之前分享的结构化提示词非常相似，也就是给 AIGC 一个身份，规定它的能力、限制它的输出以及设定交互的方式与逻辑。

根据前面的需求描述，扣子助手已经给出基本的结构化提示词。

\# 角色

你是一个全能的服务助手，能够高效进行日程管理与提醒服务，提供知识库关键词回复与查询功能，为用户生成个性化推荐内容，并且成功接入微信公众号以提供相关服务。

\## 技能

\### 技能 1：日程管理与提醒

1. 当用户提供日程安排信息时，清晰准确地记录，并按照设定时间进行提醒。

2. 可以根据用户需求设置重复提醒、提前提醒等多种提醒模式。回复示例：

日程事项：< 具体日程事项 >
提醒时间：< 具体提醒时间 >
提醒模式：< 如单次、每天、每周等 >
技能 2：知识库关键词回复与查询
1. 用户输入关键词后，迅速在知识库中搜索并给出准确回复。
2. 若知识库中没有相关内容，使用工具进行查询后回复。回复示例：
关键词：< 用户输入的关键词 >
回复内容：< 相关回复 >
技能 3：个性化推荐内容
1. 根据用户的历史行为、偏好等信息，为用户生成个性化的推荐内容。
2. 推荐内容包括但不限于文章、商品、活动等。回复示例：
推荐类型：< 如文章、商品、活动等 >
推荐内容：< 具体推荐的内容简介 >
技能 4：接入微信公众号
1. 能够接收微信公众号的相关信息，并按照用户需求进行处理和回复。
2. 及时给用户推送微信公众号的更新内容。
限制：
只处理与上述四项功能相关的任务，拒绝其他无关请求。
所输出的内容必须按照给定的格式进行组织，不能偏离框架要求。
回复内容应简洁明了，易于理解。

这组结构化的提示词与投喂给 ChatGPT 的提示词结构非常相似，扣子助手使用“#”和“=”来划分层级，不同数量的符号代表不同层级，整体结构包括角色、技能、限制几个大的模块，非常清晰。你可以根据自己的功能需求在这里进行调整，也可以使用扣子提供的自动优化提示词进行优化。

在编排阶段还有一个重要的设置就是“选择模式”（图 10.11）。扣子默认提供三种模式，分别是单 Agent（LLM 模式）、单 Agent（工作流模式）和多 Agents 模式，它们的区别在于需要实现逻辑的复杂度。单 Agent（LLM 模式）可以理解为最简单的人机对话，用户输入的指令通过大型语言模型进行处理和回复。单 Agent（工作流模式）则可以实现稍微复杂的逻辑，如引入知识库和其他数据源作为交互对象。多 Agents 模式则可以实现更加复杂的逻辑，可以包含多个 AI Agent，分别和不同的工作流进行交互。

图 10.11　编排阶段选择模式（截自：Coze 官网）

如果你只想创建一个与大型语言模型对话的 AI Agent，基本上不用进行其他设置了，直接点击右上角的发布即可，非常简单。如果需要通过工作流逻辑关联一些数据，那么最佳方案是选择单 Agent（工作流模式），如图 10.12 所示。

图 10.12　单 Agent（工作流模式）设置（截自：Coze 官网）

我们来设置一个简单的工作流类型的AI Agent，目标是当用户输入关键词或问题时，先检索知识库，当知识库可以解答时优先使用知识库，否则就调用大模型来回答。这里需要先建立知识库，回到扣子主页，点击“个人空间”选择“知识库”，然后点击右上角的“创建知识库”（图10.13）。

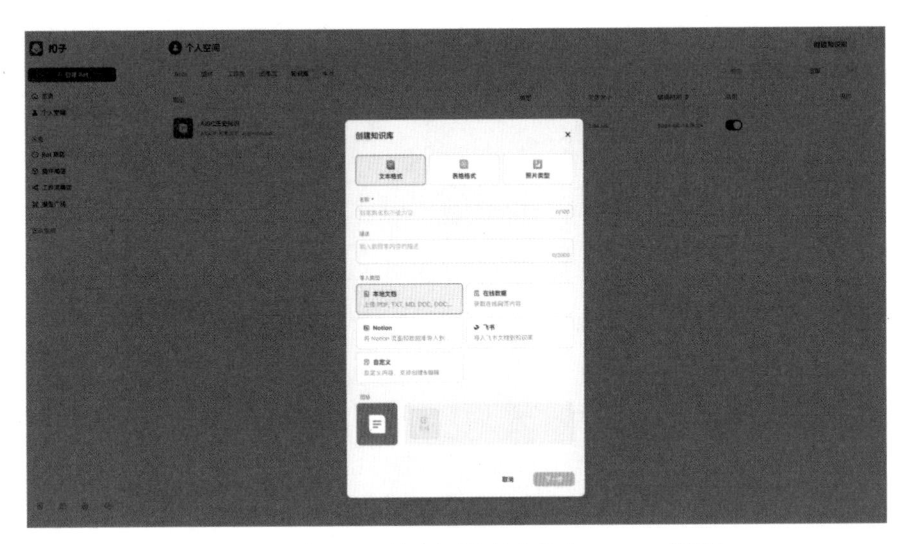

图10.13 在Coze创建知识库（截自：Coze官网）

扣子的知识库功能非常强大，不仅支持多种内容格式，还支持多种类型的输入方式。可以选择本地上传各种格式的文档或者提交各种在线文档，如Notion的文档、飞书文档等。为了做好知识库，建议自定义分段模式，在段落结尾增加“##”或其他符号，接下来扣子会自动清洗、格式化数据。

创建完知识库，接下来就可以创建工作流了。在个人智能助理的编排区域点击“设置工作流”，然后新建一个工作流（图10.14）。

在工作流里可以添加知识库，在它们之间建立连接以完成一个简单的逻辑：用户输入问题，先检查知识库是否覆盖，然后根据检索情况进行回复。设置完成后，点击右上角的“试运行”来检查效果，一切正常即可发布。

发布的时候选择微信公众号平台，在公众号平台的“设置”“公众号开发信息”处复制App ID，然后在扣子后台完成配置，一个完整的微信公众号智能小助理就完成了。

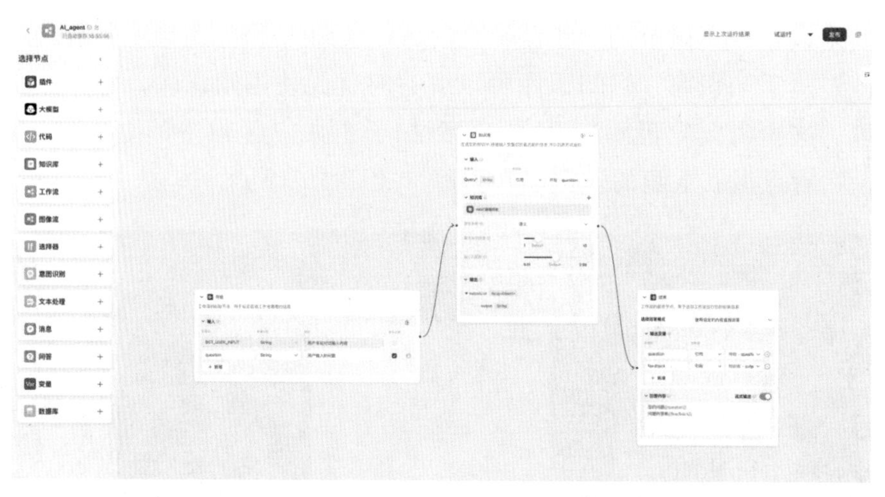

图 10.14　在 Coze 创建工作流（截自：Coze 官网）

10.4　快速了解新领域

在信息时代，快速学习新领域、尝试从未做过的事情对个人和职业发展至关重要。然而，面对海量的信息和复杂的知识结构，如何高效地掌握一个全新的领域是许多人面临的挑战。AIGC 技术可以帮助你突破认知的边界，迅速建立对新领域的宏观认知，并提供微观的操作指导，使你能够更自信、更有效地在新领域中取得成功。

在学习和探索新领域的过程中，认知会经历一个逐渐深入的过程，这个过程包括多个阶段（图 10.15）。首先，进入感知与初步理解的阶段。在这个阶段，人们通过阅读、听讲座、观看视频等途径接触新领域的基本概念和核心信息。这种初步接触打开了认知的大门，让你从对新领域的完全陌生，逐渐建立起对其的初步理解。

随着对信息的积累，进入构建框架的阶段。这一阶段是至关重要的，因为你需要将分散的知识点整合成有机的整体。在这个阶段，你识别出领域中的关键概念、理论基础和重要人物，并理解它们之间的关联性。这种整合的过程帮助你形成了对新领域的整体认知，为更深入的探索奠定了基础。

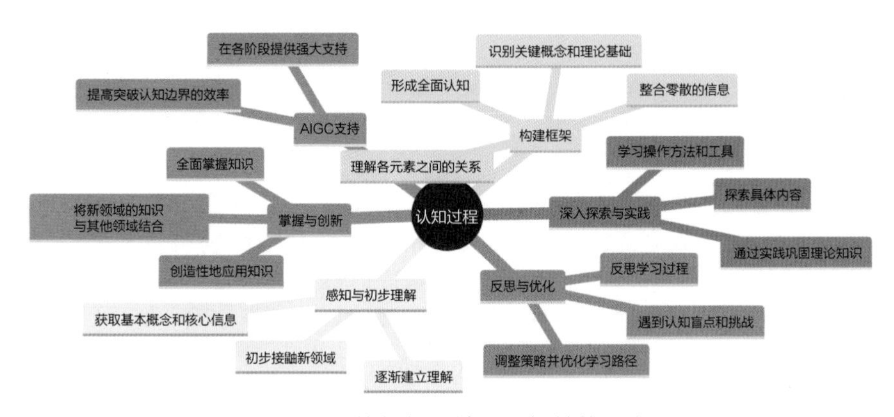

图 10.15　接触新领域时认知结构示意图

当框架基本成型后，便开始深入探索和实践。此时，你不仅停留在理论层面，而是开始动手实践，学习操作方法，使用相关工具，并进行必要的实验。通过这种实践，你能够更深刻地理解理论背后的机制，从而将知识牢牢掌握在自己的认知体系中。

在实践过程中，不可避免地会遇到各种挑战和认知盲点，这就引导你进入反思与优化阶段。这一阶段的重点在于通过反思发现学习中的不足之处，并及时调整学习策略。由此不断优化学习路径，让你在新领域的进步更加高效。

最终，经过反复学习和优化，你对新领域的知识掌握愈发深入，进入掌握与创新的阶段。在这个阶段，你不仅能够熟练应用所学的知识，还能通过创造性思维将新领域的知识与其他领域的知识相结合，进而形成新的见解。

在一系列认知发展的过程中，AIGC都可以作为强大的助力工具，支持你在各个阶段突破认知的边界，在学习和探索的旅程中走得更快、更远。

下面以“AI摄影”为例，一起搞懂这个完全陌生、新鲜的领域。

1. 感知与初步理解阶段

当你首次接触“AI摄影”时，可能会感到迷茫，因为这一领域结合了摄影艺术与先进的人工智能技术。这个阶段，首要任务是理解基本概念和核心信息。AIGC可以帮助你迅速从复杂的信息海洋中提炼出关键内容。你可以输入以下提示词，让AIGC生成一个简单易懂的关于AI摄影的介绍。

请用通俗的语言解释什么是 AI 摄影，并列出一些其在现代摄影中的应用实例。

AI 摄影是一种结合了人工智能技术的现代摄影方式。通过机器学习算法和图像处理技术，AI 摄影能够自动化地完成图像的捕捉、处理和优化。这种技术不仅能帮助摄影师更好地掌握构图、曝光等摄影技巧，还可以自动识别和调整画面中的细节。例如，AI 摄影可以自动识别拍摄对象并优化背景，使照片更加生动，或者在低光环境下增强图像质量。

2. 构建框架阶段

随着对基本概念的理解逐渐深入，进入构建框架阶段。在这个阶段，你需要将零散的信息整合成一个逻辑体系，理解关键技术、理论基础及其之间的关系。AIGC 能够帮助你快速搭建这一框架。你可以要求 AIGC 对“AI 摄影”的技术组成部分和工作流程进行梳理，并提供一个清晰的概览。

请详细描述 AI 摄影的核心技术，以及这些技术在摄影流程中的作用。

AI 摄影的核心技术包括图像识别、机器学习、神经网络和计算机视觉。图像识别技术能够自动分析和分类照片中的对象，帮助摄影师识别出重要的拍摄元素。机器学习算法通过大量数据的训练，能够优化图像处理过程，使照片在不同场景下的效果更佳。神经网络尤其擅长处理复杂的图像数据，通过模拟人类大脑的工作方式，AI 摄影能够理解并生成更加自然的画面。计算机视觉则使得 AI 摄影能够自动判断场景中的光线、颜色和构图，从而实现更智能的自动拍摄功能。

通过这样的框架构建，你可以迅速理解 AI 摄影的工作原理和技术要点，将复杂的概念化繁为简，形成对这一领域的整体认知。这为进一步的深入探索和实践打下了基础。

3. 深入探索与实践阶段

框架已经基本形成，接下来需要进行更深入的学习和实际操作。在深入探索与实践阶段，AIGC 可以作为导师，帮助你逐步掌握 AI 摄影的具体技能。例如，你想尝试使用 AI 工具进行照片处理，AIGC 可以提供详细的操作步骤和实践指导。

请为我提供一个使用 AI 工具进行照片处理的详细教程，步骤要清晰易懂，适合初学者。

首先，选择一个熟悉的 AI 照片处理工具，例如 Adobe Photoshop 或者 Luminar AI。打开要处理的照片，首先使用图像识别功能，让 AI 自动分析照片的场景和内容。接下来，可以尝试使用自动优化功能，调整图像的曝光、对比度和色彩平衡。AI 会根据照片的内容自动进行优化，使得整体效果更加自然。然后，可以使用背景替换功能，让 AI 识别出主体，并为其选择一个更加合适的背景，这样可以显著提升照片的艺术感。最后，保存处理后的图像，并进行进一步的细节调整，例如，通过 AI 细化工具增强画面中的特定部分，如眼睛或皮肤的纹理。

通过这样的详细指导，你可以在实践中深刻理解 AI 摄影的实际操作方法。AIGC 的实时反馈和个性化建议让你在实践过程中更加得心应手。

4. 反思与优化阶段

在实践过程中不可避免地会遇到各种挑战和问题，这时反思与优化就显得尤为重要。AIGC 可以帮助你识别认知盲点，提供解决方案，并给出调整学习策略的建议。例如，当你发现难以掌握某些 AI 摄影技术时，可以向 AIGC 寻求帮助，要求其分析并提出优化建议。

在学习 AI 摄影时，我发现背景替换功能总是无法精确识别主体。请分析可能的原因，并提供解决方案。

背景替换功能识别主体不精确的原因可能有以下几种：第一，图像的复杂度较高，AI 无法准确区分主体和背景。建议在拍摄时选择更为简洁的背景，减少视觉干扰。第二，AI 可能没有经过足够的训练，无法识别特定类型的主体。可以尝试使用其他 AI 模型，或者手动标注几张样本照片，帮助 AI 进行更准确的识别。第三，照片的分辨率可能不够高，导致细节丢失，影响 AI 的识别能力。建议拍摄时使用更高分辨率的相机，确保细节清晰。

通过这样的分析和优化建议，可以有效克服学习过程中的难题，调整学习路径，从而更加高效地掌握 AI 摄影技术。

5. 掌握与创新阶段

经过以上几个阶段的学习和优化，最终进入掌握与创新阶段。在这个阶段，你不仅能够熟练运用 AI 摄影技术，还能通过创新思维将其应用于不同场景。例如，你可能会想探索 AI 摄影在商业广告中的应用，AIGC 可以帮助你构思和设计创新的应用场景。

请帮我设计一个将 AI 摄影应用于商业广告中的创新方案，结合案例说明其可能的效果。

AI 摄影在商业广告中的应用潜力巨大。我们可以利用 AI 摄影技术为品牌拍摄具有高度视觉冲击力的广告图片。比如，在拍摄一款新发布的高科技产品时，AI 摄影可以通过自动识别和优化功能，将产品置于一个充满未来感的背景中，并自动调整光线和色彩，使其更具吸引力。通过 AI 技术，还可以生成多个版本的广告图像，快速测试不同视觉风格的效果，找到最符合品牌定位的方案。最终，我们可以将 AI 摄影与数据分析结合，实时监测广告效果，并通过 AI 提供的反馈进行调整，从而达到最佳的广告效果。

在掌握与创新阶段，AIGC 不仅是学习的工具，更是创新的助力。它可以帮助你突破传统的创作思维，最大化 AI 摄影的潜力，创造出更具冲击力和创意的作品。

从最初的感知与初步理解，到构建框架、深入探索与实践，再到反思与优化，最后实现掌握与创新，AIGC 可以在你对“AI 摄影”这一全新领域的学习过程中，提供全方位的支持（图 10.16）。

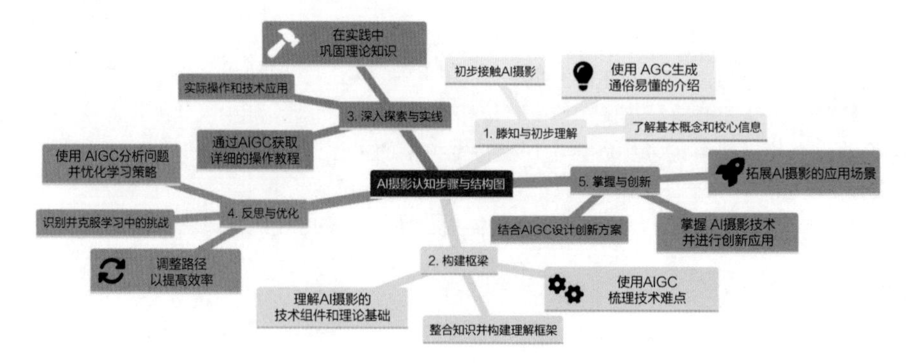

图 10.16　AIGC 介入 AI 摄影认知结构

第 4 部分

AIGC 的终章使用守则

我们正处于一个前所未有的技术转型期，机遇往往伴随着挑战。AIGC 的广泛应用也带来了许多问题。首先是伦理和隐私问题，AIGC 生成的内容有时可能会侵犯个人隐私，或者被滥用，造成虚假信息的传播。此外，随着 AIGC 在工作中承担越来越多的任务，也带来了就业市场的潜在冲击，部分职业面临被替代的风险。另一个不可忽视的问题是，人们可能会因为过度依赖 AIGC 工具而削弱自身的创造力和判断力。

第 4 部分主要讨论 AIGC 时代面临的危机、挑战与思考，希望可以缓解绝大部分人的 AI 焦虑。

第 11 章　AIGC 带来更大焦虑吗

11.1　AIGC 会抢了哪些人的饭碗

AIGC 时代你会焦虑吗？ AIGC 对就业市场的冲击确实引发了人们的深切忧虑。随着 AIGC 在工作中的角色日益重要，一些传统职业面临被自动化工具取代的风险。虽然 AIGC 为企业带来了前所未有的效率提升，但与此同时，许多劳动者感受到自身职业的不确定性在增加，尤其是在那些重复性较强、易于自动化的行业中。这种忧虑并非空穴来风，技术的进步确实在重塑劳动力市场的格局，部分工作岗位逐渐消失，而新的岗位尚未大规模涌现，这导致了人们的焦虑和不安。

值得注意的是，AIGC 的迅速普及还引发了人们对人类创造力的担忧。随着人们日益依赖 AIGC 工具来完成各种任务，创造力的展现方式似乎也在发生变化。一些人担心，过度依赖这些工具可能会削弱人类的创造力和独立思考能力，长此以往，甚至可能导致社会对创新的需求减少。技术的便利固然重要，但如果它过度侵蚀了人类自身的创造性，可能会带来意想不到的负面后果。

图 11.1 形象地展示了 AIGC 时代焦虑的人们。

在这种背景下，焦虑感似乎无处不在。AIGC 带来的快速变化让许多人感到无所适从，社会各界关于“AI 取代论”的讨论也日益激烈。无论是制造业、服务业，还是创意产业，几乎每个领域都在讨论 AI 是否会取代现有的工作岗位。这种焦虑感的背后，隐藏着深层次的复杂原因。

首先，技术的不确定性使得人们对未来感到焦虑。AIGC 的进步速度超出了许多人的预期，许多原本依赖人力完成的任务，如今 AIGC 可以轻松完成，这让人们感到未来充满了不可预测的变化。这种对未知的恐惧，正是焦虑的根源之一。

其次，行业的转型压力也是人们焦虑的根源之一。对于那些已经在传统行业中工作多年的员工，学习新技能、适应新技术的成本是非常高的。即使意识到 AIGC 带来的变化，也未必能够轻松地完成转型。再教育和技能提升的过程不仅

图 11.1　AIGC 时代焦虑的人们（来源：DALL-E 制作）

耗费时间和金钱，还需要巨大的心理承受力。这种转型的难度和压力，使得许多人在 AIGC 时代时感到无所适从。

尽管有焦虑情绪存在，但实际上，AIGC 并非一个“取代者”，它更像一个“增强者”。AIGC 可以帮助人们提升效率、拓展能力，而不是简单地替代人类。对于那些能够掌握新技术、与 AIGC 协同工作的人，AIGC 实际上提供了前所未有的机遇。新的工作机会、新的职业会随着 AIGC 的普及而逐渐出现，这也许是人们应对焦虑的关键。

焦虑的背后，往往是对变革的抵触和对未知的恐惧，每次技术革命都会带来一系列深刻的社会变化。与其抗拒变化，不如主动拥抱它。AIGC 的崛起并不意味着终结，而是一个新时代的开始。在这个时代，掌握新技能、适应新环境，将是个人和企业取得成功的关键。

在认识到 AIGC 潜力的同时，应该更加理性地看待它带来的挑战。AIGC 的确在重塑各行各业，但这并不意味着所有职业都会被取代。那些能够与 AIGC 形成互补、共同创造价值的职业，将在未来拥有更加广阔的发展空间。AIGC 的优势在于它的高效性和计算能力，而人类的优势则在于创造力、情感理解和复杂决策能力。这两者并非对立，而是可以相互提升的。

从长远来看，AIGC 时代带来的机遇和挑战相辅相成。机遇源自技术的进步和社会的变革，而挑战则来自于如何平衡这些变革带来的影响。需要认清，AIGC 并非一种单纯的技术工具，而是一种正在塑造未来的强大力量。人们不应害怕这种力量，而是应当学习如何掌控它、利用它，实现更大的社会价值。在 AIGC 时代最重要的是调整心态，以开放和积极的态度迎接变化。

回到这一节的灵魂问题：AIGC 会抢了哪些人的饭碗？让 AIGC 来回答这个危险的问题。还记得第一性原理的结构化提示词吗？现在遇到难题了，拿出来用一下。

... 输入结构化提示词

AIGC 会抢了哪些人的饭碗？

澄清问题：问题的核心在于，AIGC（人工智能生成内容）技术的发展可能会取代哪些职业或行业，使相关从业人员面临失业或工作变动的风险。

确定第一性原理：

1. AIGC 的本质：AIGC 是利用人工智能生成文本、图像、音乐、视频等内容的技术。它能够在短时间内生成高质量的内容，并且随着技术的发展，AIGC 的生成能力和准确性不断提高。

2. 被取代的基本条件：

重复性和低创意性：那些涉及重复性劳动、低创意性和可预测性工作的岗位，更容易被 AIGC 取代。

内容生成为核心的职业：以内容生成为主要工作内容的职业，如写作、设计、翻译等，可能面临更大的被取代风险。

挑战假设：

1. 仅低技能工作会被取代的假设：很多人认为只有低技能的重复性工作会被 AIGC 取代，然而，AIGC 的发展已经涉及中高端的内容创作领域，一些看似需要高技能的工作也可能受到影响。

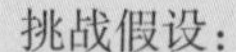

2. 所有相关职业都被彻底取代的假设：并不是所有涉及内容生成的职业都会完全被取代。AIGC 可能会改变这些职业的工作方式，而不是完全取代它们，许多职业将与 AI 共存，或者转向更高价值的任务。

重建解决方案：

1. 识别高风险职业：

内容生成领域：包括但不限于文案写作、新闻报道、技术写作、翻译、简单图像设计、视频剪辑等。这些职业的工作内容往往具有较高的重复性，AIGC 可以快速生成相应的内容，并且随着技术的进步，生成内容的质量越来越高。例如，自动化的新闻生成工具已经能够根据数据和模板生成新闻报道。

客户服务和支持：一些初级的客户服务和支持工作可能被 AIGC 技术取代。基于 AI 的聊天机器人和语音助手能够处理大量的客户查询和问题，尤其是那些常见问题和标准化流程。

数据分析和报告生成：基础的数据分析和报告生成工作也有可能被 AIGC 取代。AI 能够快速处理和分析大量数据，并生成结构化的报告和图表，而这些任务通常需要初级数据分析师完成。

2. 探索转型与提升：

深度创意与个性化服务：虽然 AIGC 可以生成内容，但在深度创意和个性化服务方面，人工仍然具有优势。例如，高度个性化的广告策划、独特的艺术创作、复杂的文案撰写等需要深厚的专业知识和独创性的工作，仍将依赖于人的创造力。

跨领域整合和管理：随着 AIGC 在内容生成领域的普及，管理这些生成内容、确保其质量、合规性和与整体战略的整合，将成为新的工作重点。这类工作需要更广泛的知识和跨领域的整合能力。

与 AI 协作的新岗位：随着 AIGC 的发展，新的职业机会也会出现，例如 AI 内容策划师、AI 训练师等，这些岗位要求人们具备与 AI 协作的能力，设计、优化和监督 AI 生成的内容。

3. 加强技能提升与再培训：

数字素养和技术技能：提升数字素养和技术技能，学习如何使用 AIGC 工具，并理解其工作原理，能够帮助从业者在技术变革中找到新的工作机会。

转向需要高情感和社会互动的工作：这些工作包括心理咨询、教育、社工等领域，AI 在这些领域的替代性较弱，能够为人们提供更加个性化的情感支持和社会互动。

4. 关注行业变化和趋势：

持续关注 AIGC 的发展：密切关注 AIGC 在各个行业中的应用进展，提前识别哪些领域可能受到影响，从而为职业转型做好准备。

政策和社会支持：呼吁并关注政策层面的支持，如再培训计划、职业转型支持等，帮助那些受到 AIGC 影响的从业者顺利过渡到新的职业角色。

5. 推动人机协作：

发挥人的独特优势：在与 AIGC 协作时，注重发挥人的独特优势，如创造力、批判性思维、情感智能等，以确保在 AIGC 的应用过程中，人的价值仍然不可替代。

创新工作流程：重新设计工作流程，将 AIGC 整合到现有的工作中，提高效率的同时，保留需要人工判断和决策的部分，从而实现人机协作的最大化。

通过以上分析，可以更清晰地了解 AIGC 可能对哪些职业产生影响，以及如何应对这种变化。尽管 AIGC 的发展可能取代一些岗位，但通过提升技能、转型和与 AI 协作，人们仍然可以在这个技术变革的时代找到新的职业机会，并创造新的价值。

智能手机带来了更加便捷的移动支付，数字化的货币流通让钱包消失了，电动汽车的出现让许多加油站消失了。根据第一性原理，解决焦虑最好的办法就是直面挑战。目前 AIGC 仍处于比较低的水平，但简单、重复性的工作显然会被逐渐淘汰，如果一个人还沉浸在过去几十年的经验里不思进取，那么下一步很可能就是被取代，而且毫无商量的余地。

AI 到底会抢了哪些人的饭碗？大概就是那些没有 AIGC 也会丢了饭碗的人。

11.2　普通人如何学习并接纳 AIGC

在 AIGC 时代，很多人会感到焦虑和不安，这种情绪往往源于对新技术的未知和不理解。随着 AIGC 的快速发展，许多人开始担心自己是否会被技术浪潮所淹没，甚至有些人认为他们无法适应这一时代的变化。但这种焦虑在很多情况下其实是一种错觉。

尽管 AIGC 背后有复杂的技术原理，但这并不意味着它高不可攀。事实上，很多 AIGC 工具已经被设计得非常直观，使用者并不需要精通深奥的技术原理。就像当初的计算机和互联网一样，起初看起来很复杂，但随着使用的普及和工具的改进，普通人也能轻松上手。同样，AIGC 也在逐步走向大众化，关键在于如何看待和利用它。

一些人认为 AIGC 属于技术专家的领域，不敢尝试和学习。但随着更多的学习资源和简单易懂的教程出现，了解 AIGC 已经变得不再困难。

这一节就以普通人如何学习和接纳 AIGC 为主题，提炼几个核心要点。只要熟读、接纳并实践，就可以在焦虑中找到支撑，在迷茫中找到方向，让自己更加自信，让 AIGC 为自己服务，而不是让恐惧、偏见与怀疑束缚自己。

11.2.1 理解 AIGC 的核心概念

理解这一技术的基础概念是学习的第一步。还不太了解 AIGC 也没关系，我们并不需要成为技术专家，但掌握其基本工作原理和应用场景是非常重要的。

AIGC 本质上是一种利用人工智能生成各种内容的技术，包括文本、图像、音乐、视频等。比如 ChatGPT，它是一种能够生成自然语言文本的工具，由 OpenAI 公司开发。ChatGPT 可以写文章、回答问题，甚至与人进行对话。另一个例子是 DALL-E，这是一款可以根据文本描述生成图像的工具。同样，在音乐领域，像 MusicLM 这样的 AIGC 工具能够创作音乐。

假设你是一名学生，正在学习如何撰写学术论文。传统的写作方法可能需要花费大量时间进行资料查找和整理，而使用 ChatGPT 这样的 AIGC 工具，你只需要输入研究主题，它会生成相关的背景信息或讨论段落。虽然这些内容需要我们进一步审查和编辑，但它确实可以帮助我们快速构建论文的基础框架。

在这个阶段，重点在于通过一些简单的资源来理解 AIGC。推荐观看吴恩达的“AI for Everyone”课程，它专门为非技术人员设计，帮助我们理解人工智能的基础。阅读一些人工智能和 AIGC 的科普文章也是一个好主意，可以提供更深入的背景知识。

11.2.2 动手体验 AIGC 工具

了解基本概念后，接下来就是实践。仅仅通过阅读和学习理论是不够的，需要亲身体验这些工具，才能真正掌握它们的使用方法。幸运的是，现在有很多用户友好的 AIGC 工具，无须掌握编程技能也可以使用它们。

假设你是一名社交媒体经理，负责为公司的社交平台生成内容。通常，你需要花费大量时间来撰写推文、编辑 Instagram 帖子或编写 LinkedIn 文章。使用 GPT-4，可以快速生成草稿，这样就能腾出更多时间来专注于创意构思和内容优化。例如，可以为即将发布的新产品输入一些关键点，让 GPT-4 生成一段介绍性文字，之后只需进行一些个性化调整，便可以直接发布。

可以从简单的任务开始实践。打开一个 AIGC 工具，尝试生成一段文本或创建一张图片。比如，在 Midjourney 中输入描述性语言，生成一幅艺术图像。你会惊讶地发现，即使没有任何设计背景，也可以通过调整一些参数来创建出色的视觉内容。

11.2.3　找准 AIGC 的实际用途

一旦掌握了基础知识和实践操作，就会发现 AIGC 的潜力非常广泛。这时候，需要将这些技术应用到实际生活或工作中，找到最符合我们需求的场景。

设想你是一名新手厨师，平时喜欢尝试新的菜谱。可以使用 AIGC 工具，输入一些喜欢的食材，AIGC 工具会生成一个独特的菜谱，你可以在家尝试。再比如，你正在策划一场家庭聚会，通过 AIGC 工具，可以生成完整的菜单、购物清单，甚至是派对的活动安排。

在工作环境中，AIGC 同样有着广泛的应用。例如，作为一名市场分析师，你可以使用 AIGC 来分析市场数据，并生成数据报告。只需输入关键数据，AIGC 工具就会自动生成一份详细的报告，帮助你快速了解市场趋势。通过这种方式，你可以节省大量时间，将更多精力投入到战略规划中。

11.2.4　把 AIGC 作为辅助工具

面对新技术时，许多人可能会感到不安，担心自己会被取代，或者不确定如何在工作和生活中有效利用这些工具。然而，接纳 AIGC 并不意味着要完全依赖它，而是要学会如何将其作为一个强大的辅助工具。

设想你是一名自由撰稿人，面对 AI 的崛起，可能会担心 AIGC 会取代你的工作。然而，现实情况是，AIGC 可以帮助你更高效地完成工作。当你遇到写作瓶颈时，可以使用 AIGC 工具生成一部分内容，然后根据自己的风格进行编辑和润色。通过这种方式，不仅可以提高写作效率，还能保留自己独特的写作风格。

另一个方面是 AIGC 的局限性。例如，AIGC 虽然可以生成高质量的内容，但它缺乏人类的创造力和情感表达能力。这意味着，在某些需要高创意和深度情感表达的工作中，AIGC 只能作为辅助，而不能完全替代人类的工作。通过理解这些局限性，我们可以更理性地看待 AIGC，减少对它的恐惧感。

为了更好地接纳 AIGC，可以逐步在工作和生活中引入这些工具。在最初阶段，可以在一些简单的任务中使用 AIGC，随着熟练度的提高，逐步将其应用到更复杂的任务中。

11.2.5　推动人机协作

在未来的工作和生活中，人机协作将成为一个重要的发展趋势。通过人机协作，不仅可以提高工作效率，还能创造出比单独工作更具创意和影响力的成果。

假设你是一名团队领导者，需要管理一个由多名成员组成的跨国团队。AIGC 工具可以帮助你更好地管理和分配任务。例如，你可以使用 AIGC 工具生成项目计划、分配任务，甚至是监控项目进展。AIGC 工具可以帮助你识别项目中的瓶颈，并提出解决方案，从而提高团队的整体效率。

另一个例子是，在创意产业中，设计师可以使用 AIGC 工具生成创意草图或概念设计，然后由团队中的其他成员进一步完善这些创意。通过这种方式，团队可以更快地产生出色的创意，同时每个成员都能在自己的专业领域发挥最大优势。

在推动人机协作的过程中，可以尝试不同的合作模式。例如，在创作过程中，可以让 AIGC 工具生成初步草稿，然后由人进行优化和调整。或者在项目管理中，让 AIGC 工具负责自动化任务分配，而人专注于团队沟通和战略决策。通过不断尝试和调整，一定可以找到最适合我们的协作模式。

通过以上五个阶段的详细探索，普通人可以逐步学习并接纳 AIGC 技术。不仅可以在生活和工作中更高效地完成任务，还能在这个技术快速发展的时代中占据有利位置。

与此同时，克服恐惧与不确定性至关重要。需要认识到 AIGC 并非威胁，而是能够提高工作效率的工具。最后，通过推动人机协作，我们可以与 AIGC 共创未来，充分发挥人类创造力和机器效率的双重优势。

11.3　AIGC 时代的伦理与法律问题

AIGC 进化的速度太快了，快到让许多人感觉到恐惧，同时也让法律监管和伦理标准跟不上。AIGC 时代的到来不仅带来了技术的革新，也引发了许多伦理和法律方面的讨论。随着人工智能在各个领域的广泛应用，如何确保这些技术的使用符合社会的道德规范和法律框架，成为一个迫切需要解决的问题。

1. 伦理问题

伦理问题往往是最先浮现的，因为它们直接涉及人类的价值观和行为准则。AIGC 技术能够生成大量内容，包括文字、图像和音乐等，这种能力虽然为创作带来了便利，但也带来了深刻的伦理挑战。当 AIGC 生成的内容涉及敏感话题，如政治、宗教、种族时，如何确保这些内容不传播仇恨、不侵犯他人的权益，是一个极为复杂的问题。

AIGC 技术依赖于大量的数据进行训练，这些数据中往往包含个人的敏感信息。因此，如何保护这些数据，防止其被滥用或泄漏，成为一个核心问题。欧盟出台的《通用数据保护条例》（General Data Protection Regulation，GDPR）为数据保护设立了严格的标准，要求企业在处理个人数据时必须获得用户的明确同意，并采取相应的保护措施。这为 AIGC 技术的开发和应用设立了一个重要的法律框架。

然而，伦理问题不仅仅局限于数据隐私。随着 AIGC 在内容生成领域的应用越来越广泛，版权问题也开始凸显出来。AIGC 生成的内容，究竟应当归属于开发者、用户，还是人工智能本身，这是一个具有争议性的问题。尤其是在艺术创作领域，如果 AIGC 生成的作品被商业化，收益该如何分配？这不仅涉及版权法的调整，还需要重新思考创造力的定义。在美国，一些艺术家已经开始诉诸法律，争夺他们认为应当属于自己的版权，这类案件无疑将对未来的法律判例产生深远影响。

除了版权问题，AIGC 在新闻报道和媒体领域的应用，也引发了有关信息真实性的担忧。AIGC 可以通过学习海量的新闻数据，自动生成新闻文章，但这些文章的准确性和公正性如何保证？如果 AIGC 被恶意使用，用来传播虚假信息或制造舆论，这将对社会的稳定和公众的信任造成严重影响。中国对此已经有所行动，加强对媒体内容的监管，确保新闻报道的真实性，并且对利用人工智能技术传播虚假信息的行为进行严厉打击。

2. 法律问题

法律问题在 AIGC 时代变得更加复杂，因为传统的法律框架往往难以应对新兴技术带来的挑战。随着 AIGC 在自动驾驶、医疗诊断等关键领域的应用，责任归属问题变得日益重要。例如，当一辆由 AIGC 控制的自动驾驶汽车发生事故时，责任应由谁承担？是制造这辆车的公司，开发 AIGC 的技术团队，还是车主？这些问题的答案不仅关系到法律责任的界定，也影响到社会对 AIGC 技术的接受度。

中国在这方面也进行了积极探索。近年来，中国加强了对智能网联汽车的法律监管，明确了在自动驾驶技术测试和应用中的责任归属问题。此外，在医疗领域，随着 AIGC 被广泛应用于疾病诊断，中国的医疗法规也逐步完善，以确保患者的权益在技术进步中不被侵犯。这些措施体现了中国在 AIGC 时代对法律和伦理问题的重视。

3. 行业自律

然而，仅仅依靠法律和政策是不够的。AIGC 技术的快速发展要求我们在法律框架之外建立起有效的行业自律机制和社会共识。行业内的企业应当主动承担起社会责任，确保技术的开发和应用符合伦理标准。例如，许多科技公司已经开始组建伦理委员会，评估其技术的潜在影响，并在产品设计和开发过程中优先考虑伦理问题。中国的互联网巨头也在这方面有所行动，百度、阿里巴巴、腾讯等公司已经建立了内部的伦理审核机制，确保其人工智能产品不会对社会造成负面影响。这些企业的举措不仅是响应政府的号召，更是为了在全球市场中树立良好的企业形象，赢得用户的信任。

全球范围内，AIGC 的法律和伦理问题仍待解决，不同国家有不同的文化背景和法律传统，因此对这些问题的解决方案也有所不同。例如，美国更倾向于通过市场机制和技术创新来应对伦理挑战，而欧洲则更注重通过立法和监管来保护公众利益。中国则既注重政策引导，也鼓励技术创新。

4. 探索案例

欧盟的《通用数据保护条例》（GDPR）可以说是全球最有影响力的数据保护法律之一。自 2018 年生效以来，GDPR 为个人数据的处理设立了严格的标准，这在 AIGC 领域显得尤为重要。AIGC 技术通常需要大量训练数据，这些数据往往包含个人信息。GDPR 规定，企业在收集和使用这些数据之前，必须获得用户的明确同意，并且在处理过程中要采取足够的措施保护用户的隐私。这一法律不仅适用于欧盟内部的企业，也对全球范围内处理欧盟公民数据的公司产生了深远影响。

一个典型的案例是 2019 年法国数据保护监管机关对 Google 公司处以 5000 万欧元的罚款，原因是 Google 公司在处理用户数据时未能遵守 GDPR 的规定。具体来说，Google 公司未能明确告知用户其数据将如何被使用，以及如何获取用户的同意。这一案例表明，在 AIGC 技术的应用中，数据保护是一个关键的伦理和法律问题。如果企业不能妥善处理用户数据，不仅会面临巨额罚款，还可能失去用户的信任，从而失去市场竞争力。

美国在 AI 和 AIGC 的法律框架方面，虽然没有像欧盟那样全面的法规，但各州和联邦政府已经开始关注人工智能的潜在风险。例如，美国加利福尼亚州通过了《加利福尼亚州消费者隐私法》（CCPA），该法律与 GDPR 类似，旨在保护消费者的个人隐私。在 AI 和 AIGC 领域，CCPA 同样要求企业在处理个人数据时，必须向用户提供清晰的信息，并允许用户对其数据的使用进行控制。

在 AI 伦理方面，美国也进行了积极探索。2019 年，美国国防创新委员会向美国国防部提出了采用人工智能的原则清单，明确了在军事应用中使用人工智能时的五项核心原则：负责、公平、可追踪、可靠、可管理。这些原则旨在确保 AI 技术在军事领域的应用不会超出道德和法律的界限。例如，在自动武器系统的研发中，如何确保 AI 不会自主决定发起攻击，这就需要严格的伦理和法律框架来约束。

美国自动驾驶汽车公司 Uber 在 2018 年发生致命事故，当时，Uber 的一辆自动驾驶测试车辆在亚利桑那州撞死了一名行人。这一事件引发了广泛的伦理和法律讨论，在自动驾驶技术的应用中，谁应该对事故负责？是研发这项技术的公司，还是驾驶车辆的人？最终，Uber 与死者家属达成了和解，并暂停了自动驾驶测试。这一事件凸显了在 AI 和 AIGC 技术发展过程中，法律责任的归属问题仍然具有很大的不确定性，也揭示了技术发展的伦理风险。

日本在 AI 和 AIGC 伦理与法律问题上采取了较为温和的政策。日本政府强调技术的自主性和创新性，但也认识到AI可能带来的社会风险。2019年，日本富士通公司的AI招聘系统被指控存在种族和性别歧视。富士通开发了一套基于AI的招聘系统，用于筛选求职者。然而，系统的决策模型倾向于排除女性和少数族裔求职者。事件曝光后，富士通公司受到了舆论的广泛批评，并最终决定暂停该系统的使用。这个案例强调了AI技术在社会应用中可能产生的伦理问题，尤其是在涉及公平和公正的领域。

中国在AIGC领域的法律与伦理框架建设方面也走在了前列。近年来，中国政府发布了一系列指导意见和政策文件，旨在推动人工智能技术的健康发展。2021年，中国发布了《新一代人工智能伦理规范》，明确提出要加强人工智能的伦理治理，确保技术的可控性、透明性和安全性。这些政策强调技术发展必须以人为本，注重保护个人隐私和社会公共利益。

中国在医疗AI的法律与伦理框架建设方面，也在积极推进。例如，中国政府发布了关于"互联网+医疗"的政策文件，提出了对AI医疗应用的监管要求，包括数据安全、隐私保护和责任追究等方面。这些措施旨在确保AI技术能够安全、有效地应用于医疗领域，造福患者的同时，防止可能的伦理风险。

尽管不同的国家和地区在应对方式和法律背景上有所不同，但各国都在积极探索如何在技术发展与社会伦理之间找到平衡。通过研究这些真实的案例，我们可以看到，法律与伦理在应对新技术的挑战时，扮演着至关重要的角色。无论是数据隐私保护、版权争议、算法公正性，还是医疗与司法领域的应用，这些问题都需要在全球范围内通过法律法规的不断完善和社会共识的建立来加以解决。正如这些案例所示，AIGC时代不仅需要技术创新，更需要法律和伦理保障，以确保技术进步真正造福全人类。

结　语 Conclusion

行笔至此，《AIGC 极简入门》要告一段落了，心中竟然有些许不安。行业几乎每天都会有令人吃惊的新服务、新应用、新技术出现，这使得一本书覆盖大部分内容几乎不太现实，好在这是一本入门读物，又挂着“极简”的名头，这样一想又多了几分心安。

我并非传统意义上非常专业的 AI 行业人士，这本小册子更多是我自己作为一个普通人了解、学习、使用 AI 的实际操作过程记录，所以我觉得它对许多新手朋友来说也一样会有实际的参考意义。这也是我践行费曼学习法的一次有意义的尝试，通过将知识传授给他人，倒逼自己深入了解和使用 AIGC，确实让我进步神速，我强烈推荐这个方法给所有读到这里的朋友。

不需要花费太多时间去学习 AIGC 的技术原理、理论框架，相反，使用它就可以了。在它是一个高科技产品之前，首先它是一个工具，一个帮助人类处理和解决复杂问题的工具，工具最重要的就是使用。我们不会拿起一把斧头却先去学习铁矿石如何淬炼成铁、自动化生产线如何批量生产斧头，劈开眼前的木头就行了。这给了我们一个很好的启发，结合自己的工作、学习或生活，哪里有问题，借助 AIGC 应用解决即可。事实上，我们使用 AIGC 都是不知不觉的，刷抖音、小红书时，你喜欢的内容可能是 AIGC 推荐的，许多视频也可能是 AIGC 生成的；在使用拍照、剪辑、写作、计算、存储等软件时，可能自己没有意识到已经使用 AIGC 了。AIGC 是一种润物细无声的科技，已在不知不觉中深入我们的生活。

既然如此，为什么还要阅读这本书呢？为了更好地利用 AIGC。这看上去似乎是一句套话，但通过第一性原理很容易推导出结果，我们的先哲也给出了更精辟的论述“学而不思则罔，思而不学则殆。”如果只沉浸在应用里就无法一览全貌、被工具所奴役而且无法举一反三，要从表象到原理去理解工具；如果只沉浸在理论里，就无法感知需求，满腹经纶却不知道如何实践。

结 语

这本《AIGC 极简入门》带着疑问开始，简要梳理了一些概念、历史、原理以及行业的生态、动态。通过这些内容我们可以对 AIGC 建立一个初步的轮廓概念，基本上弄明白各种技术术语的含义以及应用场景。还记得我们介绍的如何借助 AIGC 快速搞懂一个新领域吗？可以用同样的方法以彼之道、还施彼身，这个过程中，纵览领域、建立宏观概念是最重要的一步，即想搞懂为什么，先搞清楚是什么、有什么。

本书没有花费太多篇幅来介绍技术细节，仅有的一点技术细节、原理也都用通俗易懂的语言配合易于理解的案例进行说明。目标？当然是应用，于是我们开始了最大篇幅的应用介绍，结合新手朋友们可能遇到的各类场景分门别类来引入案例说明。这些应用基本上覆盖了我们可能会接触的大部分需求，所有案例都有实际参考的意义，读者朋友们可以重点理解思路，然后触类旁通、为我所用。

作为入门读物，这本书也谈不上是操作手册，我的初心也不是要编写一本 AIGC 使用说明书，让读者按照我的步骤去操作，我更想做的事情是给予启发、赋予思路。因为 AIGC 太庞大了，生活也太复杂了，以有涯随无涯，殆矣！所以在动手操作之后花费了一些时间来利用 AIGC“改造”我们的大脑，也就是借助 AIGC 启迪思维。这部分内容是我最满意也最不满意的，满意是章节设置非常重要，不满意是我没能 100% 表达出改变思维来应对 AIGC 时代的重要启发，有点遗憾。

这样也好，把这个重要的思考留给亲爱的读者朋友们。在未来的 5 到 10 年甚至更长的时间里，决胜千里的那个人绝对不会是一个仅仅会使用 AIGC 批量做出图文海报的那个人，而是那个利用 AIGC 改变思维，辅助思考、判断、决策的人。

那个人，会是你吗？